中国科学技术大学
数学丛书

数学分析讲义

（第三册）

程艺　陈卿　李平　许斌　编著

高等教育出版社·北京

内容简介

《数学分析讲义》共分三册，其中第一、二册涵盖了微积分的基本内容，是理工科一年级各专业学生必须掌握的微积分基础知识。在此基础上，第三册在广度和深度上做进一步增加和提高，满足数学类专业学生的需要。从结构上看，本教材将根据内容编写的"分块式"结构改变为按照层级编写的"分层级"结构，力争适应于当前高等学校"按学科大类招生"和学生"自主选择专业"的需要。本教材已经在中国科学技术大学"少年班"等各类教改试点班试用十多年，取得了较好效果，积累了较丰富的经验。

本册补充了扩展数字资源，以二维码示意。

本教材可供综合性大学数学类专业作为数学分析教材使用，其中前两册可独立地作为理工科各专业关于微积分的教材。

图书在版编目（CIP）数据

数学分析讲义．第三册 / 程艺等编著．－－北京：高等教育出版社，2020.8

（中国科学技术大学数学丛书 / 马志明主编）

ISBN 978-7-04-054247-9

Ⅰ.①数… Ⅱ.①程… Ⅲ.①数学分析－高等学校－教材 Ⅳ.① O17

中国版本图书馆 CIP 数据核字（2020）第 105938 号

策划编辑	田 玲	责任编辑	田 玲	封面设计	王 鹏	版式设计	马 云
插图绘制	邓 超	责任校对	马鑫蕊	责任印制	毛斯璐		

出版发行	高等教育出版社	网　址	http://www.hep.edu.cn
社　　址	北京市西城区德外大街4号		http://www.hep.com.cn
邮政编码	100120	网上订购	http://www.hepmall.com.cn
印　　刷	高教社（天津）印务有限公司		http://www.hepmall.com
开　　本	787mm×960mm 1/16		http://www.hepmall.cn
印　　张	15		
字　　数	280 千字	版　次	2020 年 8 月第 1 版
购书热线	010-58581118	印　次	2020 年 8 月第 1 次印刷
咨询电话	400-810-0598	定　价	28.30 元

本书如有缺页、倒页、脱页等质量问题，请到所购图书销售部门联系调换

版权所有　侵权必究

物 料 号　54247-00

目 录

第 14 章 实数理论 · 1

§14.1 预备知识 · 1

    14.1.1 量词的规则 · 1

    14.1.2 无限集合 · 5

    14.1.3 有理数系 · 9

    习题 14.1 · 11

§14.2 实数的定义 · 12

    14.2.1 实数的定义 · 12

    14.2.2 实数的算术 · 16

    习题 14.2 · 24

§14.3 实数的完备性 · 25

    14.3.1 实数列的极限 · 25

    14.3.2 完备性 · 26

    14.3.3 确界与极限点 · 29

    14.3.4 上极限与下极限 · 34

    习题 14.3 · 38

§14.4 实直线的拓扑 · 40

    14.4.1 开集与闭集 · 40

    14.4.2 紧致集合 · 46

    习题 14.4 · 48

*§14.5 实数系的其他等价形式 · 49

    14.5.1 无限十进小数 · 49

    14.5.2 Dedekind 分割 · 51

    习题 14.5 · 54

第 15 章　连续性与收敛性　　　　　　　　　　　　　　　　　　55

§15.1　连续函数　　　　　　　　　　　　　　　　　　　　　　　55
　　15.1.1　连续的等价条件　　　　　　　　　　　　　　　　　56
　　15.1.2　函数的一致连续性　　　　　　　　　　　　　　　　60
　　15.1.3　连续函数的性质　　　　　　　　　　　　　　　　　62
　　15.1.4　单调函数　　　　　　　　　　　　　　　　　　　　66
　　习题 15.1　　　　　　　　　　　　　　　　　　　　　　　67

§15.2　级数的收敛性　　　　　　　　　　　　　　　　　　　　70
　　15.2.1　收敛与绝对收敛　　　　　　　　　　　　　　　　　70
　　15.2.2　一致收敛　　　　　　　　　　　　　　　　　　　　77
　　15.2.3　等度连续　　　　　　　　　　　　　　　　　　　　86
　　习题 15.2　　　　　　　　　　　　　　　　　　　　　　　88

§15.3　连续函数的多项式逼近　　　　　　　　　　　　　　　　91
　　15.3.1　Weierstrass 一致逼近定理　　　　　　　　　　　　91
　　15.3.2　卷积与单位近似　　　　　　　　　　　　　　　　　93
　　15.3.3　Weierstrass 一致逼近定理的证明　　　　　　　　　96
　　15.3.4　导函数的一致逼近　　　　　　　　　　　　　　　　99
　　习题 15.3　　　　　　　　　　　　　　　　　　　　　　　100

§15.4　Fourier 级数的收敛性　　　　　　　　　　　　　　　　102
　　15.4.1　部分和函数的积分表示　　　　　　　　　　　　　　102
　　15.4.2　逐点收敛　　　　　　　　　　　　　　　　　　　　103
　　15.4.3　一致收敛　　　　　　　　　　　　　　　　　　　　107
　　15.4.4　Cesàro (塞萨罗) 和的收敛性和平方平均收敛　　　　110
　　习题 15.4　　　　　　　　　　　　　　　　　　　　　　　114

第 16 章　度量空间的连续函数　　　　　　　　　　　　　　　116

§16.1　$\mathbb{R}^n$ 与度量空间　　　　　　　　　　　　　　　　　　116
　　16.1.1　内积与范数　　　　　　　　　　　　　　　　　　　117
　　16.1.2　距离　　　　　　　　　　　　　　　　　　　　　　120
　　16.1.3　极限与完备性　　　　　　　　　　　　　　　　　　122
　　习题 16.1　　　　　　　　　　　　　　　　　　　　　　　127

§16.2　度量空间的拓扑　　　　　　　　　　　　　　　　　　　128
　　16.2.1　开集　　　　　　　　　　　　　　　　　　　　　　128

  16.2.2 闭集与紧致集合 · 130

  习题 16.2 · 135

 §16.3 度量空间上的连续函数 · 137

  16.3.1 连续的定义 · 137

  16.3.2 压缩映射原理 · 139

  16.3.3 紧致空间上的连续函数 · · · · · · · · · · · · · · · · · · · 141

  16.3.4 连通性 · 142

  习题 16.3 · 145

第 17 章 映射的微分 147

 §17.1 线性映射 · 147

  习题 17.1 · 150

 §17.2 映射的微分 · 151

  17.2.1 可微映射 · 151

  17.2.2 复合映射的微分 · 156

  17.2.3 拟微分中值定理 · 157

  习题 17.2 · 159

 §17.3 逆映射定理 · 160

  习题 17.3 · 169

 §17.4 隐映射定理与秩定理 · 169

  17.4.1 隐映射定理 · 170

  17.4.2 秩定理 · 174

  习题 17.4 · 177

 §17.5 条件极值 · 178

  17.5.1 m 维曲面 · 178

  17.5.2 切空间 · 182

  17.5.3 条件极值 · 184

  习题 17.5 · 189

第 18 章 Riemann 积分 192

 §18.1 $\mathbb{R}^2$ 的有面积集合 · 192

  18.1.1 面积的定义 · 192

  18.1.2 面积的基本性质 · 194

习题 18.1 201
§18.2　Riemann 积分 201
　　18.2.1　积分的定义 202
　　18.2.2　积分的基本性质 205
　　习题 18.2 210
§18.3　可积函数类 211
　　习题 18.3 220
*§18.4　重积分换元公式 221
　　18.4.1　行列式与体积 222
　　18.4.2　换元公式 223
　　习题 18.4 232

第 14 章　实数理论

直观上人们早已有实数的概念：它是一个可以用来测量连续变化的量的数的系统. 连续变化的量的例子有很多，比如空间、时间、质量、温度和压力等. 古希腊的数学家已经开始使用直观的实数系，但直到 19 世纪下半叶实数系才被严格地定义. 历史上，数学家们研究的顺序依次为微积分、极限、实数.

在第一册中，我们简要介绍了实数，它可以视为有理数系在某种意义下的扩充，就像有理数是自然数的扩充一样；同时简单描述了实数与有向数轴上点的对应关系.

这一章，我们首先简要介绍将要用到的逻辑工具，并讨论无穷集合、有理数域等预备知识. 在此基础上，讨论实数的公理化构造、实数的完备性、实数轴的拓扑等问题. 最后，简要介绍其他几种实数构造方式.

§14.1　预备知识

14.1.1　**量词的规则**

在第一、第二册中，我们已经广泛使用了两个逻辑量词：存在量词 "**存在**"（∃）与全称量词 "**任意**"（∀），这里我们对它们的使用规则再作系统的总结和介绍.

设 A, B 各表示一个命题，则 "如果 A，那么 B" 与 "A 蕴含 B"（或者 "A 推出 B"）是等价的说法. 将 "A 的否定" 记为 "非 A"，那么 "非 (非 A)" 与 "A" 是同一命题. 命题 "A 蕴含 B" 等价于它的逆否命题 "非 B 蕴含非 A"，但是和它的逆命题 "B 推出 A" 没有必然关系.

同样，把命题 "A 成立或者 B 成立" 简记为 "A 或 B". 证明了 "A 或 B" 并不能告诉我们 A, B 两者中到底谁为真. 把命题 "A 成立和 B 成立" 简记为 "A 和 B". 否命题 "非 (A 或 B)" 等价于 "(非 A) 和 (非 B)"，否命题 "非 (A 和 B)" 等价于 "(非 A) 或 (非 B)".

通过量词，我们可以用有限的语言来描述 "无限" 的事实.

例 14.1.1 下列等式

$$2+1=1+2, 2+2=2+2, 2+3=3+2, 2+4=4+2, \cdots,$$

其中的省略号默认隐含了一个"无限"的事实. 如果利用全称量词, 那么它可以写成"对任意正整数 $x, 2+x=x+2$".

使用全称量词的命题称为**全称命题**, 使用存在量词的命题称为**存在命题**.

需要注意的是, 全称量词中的"任意"是指在一定范围内的"任意", 也就是指在一定范围内的"和"; 而存在量词也是指在一定范围内的"存在", 也就是指在一定范围内的"或".

例 14.1.2 考虑命题: 数列 $\{a_n\}$ 以 a 为极限, 即对任意大于零的 ε, 存在正整数 N, 使得当 $n>N$ 时 (或者说, 对任意大于 N 的正整数 n), 下列不等式成立:

$$|a_n - a| < \varepsilon.$$

这里, ε 是在大于零的实数范围内的"任意", N 是在正整数范围内的"存在", 而 n 是在大于 N 的整数范围内的"任意".

一般情况下, 考虑全称命题"对任意 $x \in U, A(x)$", 这里 U 是给定的集合, A 是一个含变量 x 的命题. 它的意思是说"对所有 U 中的 $x, A(x)$ 成立". 如果 U 中的元素可以排成一列 $u_1, u_2, u_3, \cdots$, 那么"对任意 $x \in U, A(x)$"就等价于 "$A(u_1)$ 和 $A(u_2)$ 和 $A(u_3)$ 和 $\cdots\cdots$". 特别, 如果 U 是有限集合, 那么"对任意 $x \in U, A(x)$"就意味着有限次的"和".

类似地, 存在命题"存在 $x \in U$ 使得 $A(x)$"就是说"至少有一个 U 中的元素 x 使得 $A(x)$ 成立". 如果 U 中的元素可以排成一列 $u_1, u_2, u_3, \cdots$, 那么该命题等价于 "$A(u_1)$ 或 $A(u_2)$ 或 $\cdots\cdots$". 因此, 在使用量词时, 变量 $x, y, \cdots$ 的变化范围都在某个特定的集合里.

当一个命题中出现两个以上的量词时, 有些情况是比较简单的. 例如, 整数加法的交换律说: 对任意整数 x, 对任意整数 $y, x+y=y+x$. 显然这里两个全称量词的顺序无关大局, 因此我们可以把这个命题简写为: 对任意整数 x 和 $y, x+y=y+x$. 同样, 两个以上的存在量词相邻出现, 它们的顺序也不要紧, 例如我们可以说"存在整数 x 和 y 使得 $x+y=2, x+2y=3$". 可见, 相同类型的量词可以交换次序.

但是对于不同类型的量词来说, 这条规则不成立. 在例 14.1.2 中, 命题包含按顺序"任意—存在—任意"三个量词, 如果改变量词的顺序, 即"存在正整数 N, 使得当 $n>N$ 时有 $|a_n-a|<\varepsilon$ 对任意大于零的 ε 成立", 那么只有 $a_{N+1}=a_{N+2}=\cdots=a$, 显然与刻画数列极限的本意相悖.

改变不同类型量词的顺序有时甚至会导致错误的结论.

例 14.1.3 考虑命题: 对任意的整数 a, 存在一个整数 b, 满足 $b = a + 1$.

如果改变量词 "任意" 和 "存在" 的顺序, 即原命题变为 "存在一个整数 b, 使得对任意的整数 a, 满足 $b = a + 1$", 显然原命题就会变成一个错误命题.

下面讨论如何否定一个包含量词的命题.

否定一个全称命题只需要找到一个反例. 也就是说, "对任意 $x \in U$, $A(x)$" 的否定等价于存在命题 "存在 $x \in U$ 使得非 $A(x)$". 但是否定一个存在命题则需要说明所有的情形都不成立. 于是命题 "存在 $x \in U$ 使得 $A(x)$" 的否定为全称命题 "对所有 $x \in U$, 非 $A(x)$". 这和前面提到的

$$\text{非 } (A \text{ 或 } B) \text{ 等价于 } (\text{非 } A) \text{ 和 } (\text{非 } B),$$
$$\text{非 } (A \text{ 和 } B) \text{ 等价于 } (\text{非 } A) \text{ 或 } (\text{非 } B)$$

是一致的.

当一个命题包含不同类型的量词时, 如何否定这样的命题? 这里我们仍然以例 14.1.2 中数列 $\{a_n\}$ 以 a 为极限这个命题为例. 我们将该命题简单表述为

$$(\text{对任意 } \varepsilon > 0) \ (\text{存在 } N) \ (\text{对任意 } n > N) \ (\text{有 } |a_n - a| < \varepsilon),$$

那么对其否定的过程如下:

$$(\text{非}) \ (\text{对任意 } \varepsilon > 0) \ (\text{存在 } N) \ (\text{对任意 } n > N) \ (\text{有 } |a_n - a| < \varepsilon)$$
$$\Updownarrow$$
$$(\text{存在 } \varepsilon_0 > 0) \ (\text{非}) \ (\text{存在 } N) \ (\text{对任意 } n > N) \ (\text{有 } |a_n - a| < \varepsilon)$$
$$\Updownarrow$$
$$(\text{存在 } \varepsilon_0 > 0) \ (\text{对任意 } N) \ (\text{非})(\text{对任意 } n > N) \ (\text{有 } |a_n - a| < \varepsilon)$$
$$\Updownarrow$$
$$(\text{存在 } \varepsilon_0 > 0) \ (\text{对任意 } N) \ (\text{存在 } n > N) \ (\text{有 } |a_n - a| \geqslant \varepsilon_0).$$

所以否定数列 $\{a_n\}$ 以 a 为极限的命题的正确描述为

存在某个 $\varepsilon_0 > 0$, 对任意自然数 N, 都存在 $n > N$ 使得

$$|a_n - a| \geqslant \varepsilon_0.$$

注意, 对 "数列 $\{a_n\}$ 以 a 为极限" 的否定的含义是 "数列 $\{a_n\}$ 不以 a 为极限". 它也许以别的数为极限, 也许发散. 这样包含按顺序 "任意—存在—任意" 的量词并以 $|a_n - a| < \varepsilon$ 为最后陈述的命题, 其否命题成为一个包含按顺序 "存在—任意—存在" 的量词并以 $|a_n - a| \geqslant \varepsilon_0$ 为最后陈述的命题.

例 14.1.4 Goldbach (哥德巴赫) 猜想: 每个大于 2 的偶数都是两个素数的和.

记 E 为大于 2 的偶数的集合, 记 P 为素数的集合. 可以将此猜想改写为: 对任意 $x \in E$, 存在 $p, q \in P$ 使得 $x = p + q$ 成立. 这里我们组合了两个相邻的存在量词. 更进一步, 我们还可以把 p, q 看成 $E \to P$ 的函数 $p(x), q(x)$, 则 Goldbach 猜想为: 存在函数 $p(x), q(x) : E \to P$ 使得 $x = p(x) + q(x)$.

如何表述 Goldbach 猜想的否命题? 还是利用规则: 交换否定与量词的顺序会改变量词的类型, 我们可以通过如下步骤得到 Goldbach 猜想的否定:

$$(\text{非}) \, (\text{对任意 } x \in E) \, (\text{存在 } p, q \in P) \, (x = p + q)$$
$$\Updownarrow$$
$$(\text{存在 } x \in E) \, (\text{非}) \, (\text{存在 } p, q \in P) \, (x = p + q)$$
$$\Updownarrow$$
$$(\text{存在 } x \in E) \, (\text{对任意 } p, q \in P) \, (\text{非}) \, (x = p + q).$$

也就是说,

$$\text{存在 } x \in E, \text{使得对任意 } p, q \in P, x \neq p + q.$$

这样, 否定 Goldbach 猜想只需要一个反例: 一个不能表示成两个素数之和的大于 2 的偶数即可 (当然, 至今人们仍然没有证明 Goldbach 猜想, 也没有找出否定 Goldbach 猜想的反例).

从上面两个例子我们发现, 要写出一个有一串量词的命题的否定, 只需要依次改变量词, 并否定最后的陈述.

含多个量词命题的另一个情形是, 改变不同类型量词的位置, 会得到另外一个命题.

设 U, V 是两个集合, 考虑命题 I:

存在集合 U 中的某个 y 使得对集合 V 中的任意 x, $A(x, y)$ 成立.

或者简单地说: 有某个 y 使得 $A(x, y)$ 成立, 不管 x 是什么.

而改变量词顺序得到命题 II:

对集合 V 中的任意 x, 存在集合 U 中的某个 y 使得 $A(x, y)$ 成立.

它说的是: 给定 x, 存在依赖于 x 的 y, 使得 $A(x, y)$ 成立. 换而言之, 命题 II 意味着存在一个 $V \to U$ 的对应 (函数) $y = f(x)$, 使得 $A(x, f(x))$ 成立. 显然命题 I 蕴含着命题 II. 需要注意的是, 对应 $y = f(x)$ 可能不唯一, 因为可能存在某个 x, 有两个以上的 y 使得 $A(x, y)$ 成立.

例 14.1.5 关于定义在区域 E 上函数列 $\{f_n(x)\}$ 逐点收敛和一致收敛的问题.

这是我们在第一册就已经熟知的概念 (例如函数列是函数项级数的前 n 项部分和), 两者的定义分别如下:

命题 I: $\{f_n(x)\}$ 在 E 中逐点收敛于 $f(x)$. 即对任意的 $x \in E$, 对任意的 $\varepsilon > 0$, 存在正整数 N, 使得当 $n > N$ 时, 不等式 $|f_n(x) - f(x)| < \varepsilon$ 成立.

命题 II: $\{f_n(x)\}$ 在 E 中一致收敛于 $f(x)$. 即对任意的 $\varepsilon > 0$, 存在正整数 N, 使得当 $n > N$ 时, 不等式 $|f_n(x) - f(x)| < \varepsilon$ 对任意的 $x \in E$ 成立.

两个概念中分别出现了多个"任意"量词与一个"存在"量词, 但先后的顺序不一样. 逐点收敛中顺序是"任意—任意—存在", 因此存在的 N 依赖于 E 中的点 x 和任意的正数 ε, 但在一致收敛中的顺序是"任意—存在—任意", 因此 N 的存在性仅依赖于任意的正数 ε, 而一旦这样的 N 存在, 那么当 $n > N$ 时, 不等式 $|f_n(x) - f(x)| < \varepsilon$ 必须对 E 中任意一点 x 都成立. 显然, 一致收敛包含了逐点收敛.

在后续章节中会遇到含有许多量词的命题. 原则上, 反复运用上面讨论的规则, 就能理解它的含义, 写出它的否定. 总之, 论证具有复杂量词串的命题可以想象成与恶魔的博弈. 每次存在量词出现时是你出手, 每次全称量词出现时则轮到恶魔出手. 在存在量词的作用范围内你尽量选择好的变量让事情变好, 而恶魔则全力把事情搞糟. 如果你有一个策略打败恶魔, 那么这个命题就成立, 一个命题的直接证明是具体给出一个打败恶魔的策略. 除了直接证明, 命题还允许间接证明, 它通过反证法证明这样的策略的存在性. 如果可能, 在接下来的章节我们尽可能采用直接证明, 也就是说给出一个具体的策略.

为便于理解, 人们通常在表述数学命题时会把量词写在最前面, 也就是说, 命题的假设应该写在前面, 结论放在后面. 但是在现实世界里, 人类的语言允许用多种方式表达同一个意思, 这提供了自由发挥的余地. 读者可以通过反复练习, 培养发现隐藏量词的洞察力.

14.1.2 无限集合

像逻辑学一样, 集合论也在数学中有着基本的重要性, 这一节我们讨论集合的一些基本性质. 记号 $\mathbb{N}$, $\mathbb{Z}$ 和 $\mathbb{Q}$ 分别表示自然数集合、整数集合和有理数集合 ①.

设 A, B 为两个集合. $A \to B$ 的一一映射 (或称一一对应) 是指一个映射, 它既是单射, 又是满射. 一一映射 (对应) 又称为双射.

利用一一映射, 我们可以定义有限集合与无限集合. 如果存在自然数 n, 使得 A 与集合 $\{1, 2, \cdots, n\}$ 之间有一一对应, 那么称 A 为**有限集合**; 如果这样的 n 不存在, 那么称 A 为**无限集合**. 自然数集合 $\mathbb{N} = \{1, 2, 3, \cdots\}$ 和整数集合 $\mathbb{Z} = \{0, \pm 1, \pm 2, \cdots\}$ 是熟知的无限集合.

---

① 自然数集合通常有正整数集合或者正整数集合加上零两种约定. 为方便起见, 这里我们约定自然数集合是正整数集合.

自然数集合 $\mathbb{N}$ 有个有趣的性质, 就是 $\mathbb{N}$ 可以和它的真子集一一对应. 比如, 从偶数集合 $E = \{2, 4, 6, \cdots\}$ 到 $\mathbb{N}$ 的一个一一对应: $x \mapsto x/2$. 更一般地我们有如下定义.

定义 14.1 称两个集合 A, B 有**相同的基数**, 是指存在 $A \to B$ 的一一对应. 称集合 A 比集合 B 具有**更大的基数**, 是指存在 $A \to B$ 的满射, 但不存在 A, B 之间的一一对应. 一个与自然数集合 $\mathbb{N}$ 有相同基数的集合称为**可数集合**.

为了表述的方便, 我们把有限或者可数集合统称为**至多可数集合**. 无限集合可能和它的真子集具有相同的基数, 有限集合则不能. 一个可数集合中的元素可以排成一列写为: $u_1, u_2, u_3, \cdots$, 通常这样排列只是为了方便表示一个到 $\mathbb{N}$ 的一一对应, 它的先后顺序并不反映元素间有什么关系.

性质 14.2 如果存在从 $\mathbb{N}$ 到无限集合 U 的满射 f, 那么 U 为可数集合. 特别地, $\mathbb{N}$ 的无限真子集是可数集合.

证明 首先证明 $\mathbb{N}$ 的任意非空子集 A 都有最小元. 事实上, 取 A 的一个数 n, 那么它的最小元就是有限集合 $A \cap \{1, 2, \cdots, n\}$ 的最小元.

下面我们构造 U 中所有元素的一个不重复排列. 令
$$y_1 = f(1),$$
并记 $j_1 = 1$. 因为 f 为满射且 U 是无限集合, 集合 $E_1 = \{n \in \mathbb{N} \mid f(n) \neq y_1\}$ 不是空集. 设 E_1 的最小元为 j_2, 令
$$y_2 = f(j_2).$$
此时我们有 $j_2 > j_1$, $y_2 \neq y_1$, 且数 $1, 2, \cdots, j_2$ 在 f 下的像为 y_1 或者 y_2. 再令
$$y_3 = f(j_3),$$
这里 j_3 是非空集合 $f^{-1}(U \setminus \{y_1, y_2\})$ 的最小元. 显然 $j_3 > j_2$, y_1, y_2, y_3 两两不等, 且 $f(\{j_1, j_2, j_3\}) = \{y_1, y_2, y_3\}$. 重复此操作, 因为 U 是无限集合, 这个操作不会在有限步终止, 我们得到一个严格递增的自然数列 $j_1 < j_2 < j_3 < \cdots$ 和一个 U 中元素的不重复排列 $y_1, y_2, y_3, \cdots$. 由于 f 是满射, 此排列没有遗漏 U 中的元素, 即
$$U = f(\mathbb{N}) = \{y_1, y_2, y_3, \cdots\}.$$

如果 V 为 $\mathbb{N}$ 的无限真子集. 取定一个 V 中的元素 n, 定义映射 $g : \mathbb{N} \to V$ 如下: 当 $m \in V$ 时, $g(m) = m$; 当 $m \notin V$ 时, $g(m) = n$. 显然 $g : \mathbb{N} \to V$ 是满射. 由前面的结论可知 V 为可数集合. □

性质 14.3 可数个可数集合的并是可数集合. 特别, 有限个可数集合的并是可数集合.

证明 设 $A_1, A_2, \cdots$ 为可数个可数集合. 记 A_1 的元素为 $a_{11}, a_{12}, \cdots$, A_2 的元素为 $a_{21}, a_{22}, \cdots$, 一般地记 A_k 的元素为 $a_{k1}, a_{k2}, \cdots$. 那么并集 $\bigcup_{k=1}^{\infty} A_k$ 里的所有元素可以表示为如下无穷矩阵:

$$\begin{matrix} a_{11} & a_{12} & a_{13} & \cdots \\ a_{21} & a_{22} & a_{23} & \cdots \\ a_{31} & a_{32} & a_{33} & \cdots \\ \vdots & \vdots & \vdots & \end{matrix}$$

把纸面沿顺时针方向旋转 45°, 我们可以把矩阵看成一个大三角形, 沿着箭头我们得到元素的一个排列

$$a_{11} \to$$
$$a_{21} \to a_{12} \to$$
$$a_{31} \to a_{22} \to a_{13} \to$$
$$\cdots\cdots\cdots\cdots$$

它给出了 $\mathbb{N}$ 到并集的一个满射, 但不一定是单射, 因为矩阵中可能含有重复的元素. $\square$

集合 A, B 的直积 $A \times B$(或者 Descartes (笛卡儿) 积) 定义为

$$A \times B = \{(x, y) | x \in A, y \in B\}.$$

类似地可以定义有限个集合的直积, 而可数个集合 $A_1, A_2, \cdots$ 的直积的定义为

$$\prod_{n=1}^{\infty} A_n = A_1 \times A_2 \times \cdots = \{(x_1, x_2, \cdots) | x_n \in A_n, n \in \mathbb{N}\}.$$

类似于性质 14.3 的证明, 我们可得到如下性质:

性质 14.4 有限个可数集合的直积也是可数集合.

一个自然的问题是: 是否所有的无限集合都有相同的基数?

考虑一个无限集合 A, 从中取一个元素 x_1, 又从 $A \setminus \{x_1\}$ 中取一个元素 x_2, 一直继续这个操作得到 A 中两两不同的一列元素 $x_1, x_2, \cdots$, 或者说得到一个单射 $f : \mathbb{N} \to A$. 如果 f 不是满射, 那么我们可以进而构造一个满射 $g : A \to \mathbb{N}$ 如下:

$$\begin{cases} g(x) = f^{-1}(x), & x \in f(\mathbb{N}), \\ g(x) = 1, & x \notin f(\mathbb{N}). \end{cases}$$

这说明, 对于无限集合 A, 一定存在 $A \to \mathbb{N}$ 的满射. 由定义 14.1, 如果存在 $A \to \mathbb{N}$ 的一一对应, 那么 A 与 $\mathbb{N}$ 有相同的基数; 如果不存在, 那么 A 的基数大于 $\mathbb{N}$ 的基数. 总之, A 的基数不小于 $\mathbb{N}$ 的基数. 换句话说, 不存在基数比 $\mathbb{N}$ 小的无限集合.

定义 14.5 无限集合称为**不可数集合**, 是指不存在它与 $\mathbb{N}$ 之间的一一对应. 换言之, 它有比 $\mathbb{N}$ 更大的基数.

下面我们将构造一个不可数集合. 要超越可数集合的范畴, 我们需要引入一个新的概念: **集合的幂集**. 一个非空集合 A 的**幂集** 2^A 是它的所有子集构成的集合, 即
$$2^A = \{X \mid X \subset A\}.$$

这里使用记号 2^A 的原因在于, 如果用 $\mathcal{P} = \{f : A \to \{0,1\}\}$ 表示从集合 A 到集合 $\{0, 1\}$ 映射的全体, 则集合 2^A 与集合 $\mathcal{P}$ 一一对应. 事实上, 给定 $X \subset A$, 定义映射 $f_X : A \to \{0, 1\}$ 为
$$f_X(a) = \begin{cases} 1, & \text{如果 } a \in X, \\ 0, & \text{如果 } a \notin X. \end{cases}$$

容易验证对应 $X \mapsto f_X$ 是 2^A 到 $\mathcal{P}$ 的双射. 函数 f_X 又称作子集合 X 的**特征函数**.

定理 14.6 (Cantor (康托尔)) $2^{\mathbb{N}}$ 是不可数集合.

证明 (反证)   假设 $2^{\mathbb{N}}$ 可数. 设 $U_1, U_2, \cdots$ 是 $2^{\mathbb{N}}$ 的元素的一个排列, 即 $\mathbb{N}$ 的所有子集都出现在里面. 为得到矛盾, 我们将造出一个 $\mathbb{N}$ 的子集 V, 它不在排列中. 事实上, 令
$$V = \{k \in \mathbb{N} \mid k \notin U_k\}.$$

或者说, 一个自然数 $k \in V$ 当且仅当 $k \notin U_k$. V 的定义虽然依赖于上面特定的排列方式 $U_1, U_2, \cdots$, 但是可以发现对任意的 k, $V \neq U_k$. 这是因为对每一个 $k \in \mathbb{N}$, V 和 U_k 中, 只有一个包含 k, 而另一个不包含 k. □

注记   Cantor 的定理说 $2^{\mathbb{N}}$ 的基数比 $\mathbb{N}$ 的基数大, 这引出一个自然的问题, 是否存在一个集合, 它的基数比 $\mathbb{N}$ 的基数大, 但比 $2^{\mathbb{N}}$ 的基数小? 著名的 Cantor 连续统假设说不存在这样的集合. Kurt Gödel (哥德尔) 与 Paul Cohen (科恩) 的工作说明以上问题不可能有答案. 他们分别构造了两个集合论的 "模型", 在这两个模型里普通的集合论公理都成立, 但是连续统假设在一个模型里成立, 在另一个模型里不成立.

幸运的是, 在数学分析里这些涉及集合论本源的问题不会出现. 在本书里, 我们只考虑从自然数出发通过有限个步骤构造的集合, 比如我们会遇到数的集合的集合、数的集合的集合的集合, 等等.

14.1.3 有理数系

我们首先定义等价关系, 它是非常基本的数学概念, 是众多数学构造的源泉.

设 A 是一个非空集合.

定义 14.7 A 中元素之间的关系 $\sim$ 称为**等价关系**, 是指它满足下述三个条件:

自反性 如果 $a \in A$, 那么 $a \sim a$;

对称性 如果 $a \sim b$, 那么 $b \sim a$;

传递性 如果 $a \sim b$, 并且 $b \sim c$, 那么 $a \sim c$.

A 的子集合 $[a] = \{b \in A \mid a \sim b\}$ 称为 a 的**等价类**, 它是与 a 等价的所有元素的集合, 等价类中的元素称为它的**代表元**. 由自反性可知, $a \in [a]$. 记 $A/\sim$ 为 A 上的等价类全体的集合,

$$A/\sim = \{[a] \mid a \in A\}.$$

性质 14.8 设 $a, a' \in A$, 那么 $[a]$ 和 $[a']$ 要么不交, 要么相等. 从而 $A/\sim$ 是等价类的无交并.

证明 如果存在 $b \in [a] \cap [a']$, 那么 $a \sim b$ 且 $a' \sim b$, 由对称性和传递性知道 $a \sim a'$. 对任意 $c \in [a]$, 由于 $a \sim c$, 由传递性同样有 $a' \sim c$. 于是 $c \in [a']$, 从而 $[a] \subseteq [a']$. 从证明的对称性知 $[a'] \subseteq [a]$, 于是 $[a] = [a']$. □

例 14.1.6 在 $\mathbb{N}$ 中定义关系 $\sim$ 如下: 设 $x, y \in \mathbb{N}$,

$$x \sim y \text{ 当且仅当 } (x-y)/2 \in \mathbb{Z}.$$

不难验证 $\sim$ 是 $\mathbb{N}$ 上的等价关系. 等价类分别是偶数集合 $E = \{2, 4, 6, \cdots\}$ 和奇数集合 $O = \{1, 3, 5, \cdots\}$, 因此等价类的集合为

$$\mathbb{N}/\sim = \{E, O\}.$$

例 14.1.7 设 $A = \mathbb{Z} \times (\mathbb{Z}\setminus\{0\})$[①]. 定义 A 中的元素的关系如下:

$$(p, q) \sim (p', q') \text{ 当且仅当 } pq' = p'q.$$

可以验证 $\sim$ 是 A 上的等价关系. 它的等价类形如

$$[(3, 1)] = \{(3, 1), (-3, -1), (6, 2), (-6, -2), \cdots\},$$
$$[(-5, 2)] = \{(-5, 2), (5, -2), (-10, 4), (10, -4), \cdots\}, \cdots.$$

任意有理数可以写为 p/q, 这里 $p \in \mathbb{Z}$, $q \in \mathbb{Z}\setminus\{0\}$. p/q 与 p'/q' 表示相同的有理数当且仅当 $pq' = p'q$. 所以等价类的集合 $A/\sim$ 就是有理数集合 $\mathbb{Q}$.

[①] 记号 $\mathbb{Z}\setminus\{0\}$ 表示不包含零的所有整数集合.

有理数集合 $\mathbb{Q}$ 上的算术, 即加法运算 "+" 和乘法运算 "·", 定义为
$$\frac{p}{q} + \frac{p'}{q'} = \frac{pq' + p'q}{qq'}, \quad \frac{p}{q} \cdot \frac{p'}{q'} = \frac{p \cdot p'}{q \cdot q'}.$$

一个有理数称为是**正**的, 是指它可以表示为 p/q, 其中 $p, q \in \mathbb{N}$. 一个有理数称为是**负**的, 是指它可以表示为 p/q, 其中 $p \in \{-n \mid n \in \mathbb{N}\}, q \in \mathbb{N}$. 一个有理数要么为正, 要么为负或者为零. 如果 $b - a$ 为正, 那么称 $a < b$; 如果 $b - a$ 为正或者为零 (非负), 那么称 $a \leqslant b$.

定义 $a \in \mathbb{Q}$ 的绝对值 $|a|$ 如下: 如果 $a > 0$, 那么 $|a| = a$; 如果 $a \leqslant 0$, 那么 $|a| = -a$. 依照定义可以证明:

三角不等式 对任意 $a, b \in \mathbb{Q}$, $|a+b| \leqslant |a| + |b|$, $|a - b| \geqslant \big||a| - |b|\big|$.

Archimedes (阿基米德) 公理 对任意有理数 $a > 0$, 存在自然数 n 使得 $a > 1/n$.

这里 "公理" 一词的使用仅仅是由于历史的原因, 事实上它是一条定理, 证明留作练习.

性质 14.9 在两个不同的有理数之间存在无限多个有理数, 从而没有大于给定有理数的最小有理数.

证明 设 $a < b$ 为两个不同的有理数, 则有理数 $c = (a+b)/2$ 满足 $a < c < b$, 重复以上步骤, 就会发现 a, b 之间有无限多个有理数. □

定义 14.10 设 $\mathbb{F}$ 是一个集合. $\mathbb{F}$ 称为一个**域**是指它满足以下公理:

加法公理 $\mathbb{F}$ 中的元素具有加法运算 "+", 即对任意的 $x, y \in \mathbb{F}$, 可以定义 $x + y$ 且 $x + y \in \mathbb{F}$. 加法运算满足

1° 有零元 0: 且 $x + 0 = 0 + x = x$.

2° 有负元: 对每个 $x \in \mathbb{F}$, 有 $-x \in \mathbb{F}$, 且 $x + (-x) = -x + x = 0$.

3° 交换律: $x + y = y + x$.

4° 结合律: $x + (y + z) = (x + y) + z$.

乘法公理 $\mathbb{F}$ 中的元素具有乘法运算 "·", 即对任意的 $x, y \in \mathbb{F}$, 可以定义 $x \cdot y$ 且 $x \cdot y \in \mathbb{F}$. 乘法运算满足

1° 有单位元 1: $1 \cdot x = x \cdot 1 = x$.

2° 有逆元: 对任意的 $x \neq 0$, $x \in \mathbb{F}$, 有 $x^{-1} \in \mathbb{F}$, 使得 $x \cdot x^{-1} = x^{-1} \cdot x = 1$.

3° 交换律: $x \cdot y = y \cdot x$.

4° 结合律: $x \cdot (y \cdot z) = (x \cdot y) \cdot z$.

5° 分配律: $(x + y) \cdot z = x \cdot z + y \cdot z$.

定义 14.11 设 $\mathbb{F}$ 是一个域. $\mathbb{F}$ 称为一个**有序域**是指它首先是一个域, 同时满足下列序公理:

序公理 $\mathbb{F}$ 中的任意元素 x, y 之间有关系 "$\leqslant$",即 $x \leqslant y$ 或 $y \leqslant x$,并且

1° $x \leqslant x$.

2° $x \leqslant y, y \leqslant x \Longrightarrow x = y$; $x \leqslant y, y \leqslant z \Longrightarrow x \leqslant z$.

3° $x \leqslant y \Longrightarrow x + z \leqslant y + z$, $0 \leqslant x, 0 \leqslant y \Longrightarrow 0 \leqslant x \cdot y$.

依照定义,有理数集合 $\mathbb{Q}$ 在运算 "$+$" 与 "$\cdot$" 下是一个域,同时也是一个有序域. ①

习题 14.1

1. 改写如下的数学命题使得所有的量词都一目了然. 然后写出命题的否定,也需要清晰写出其中的量词. 最后把命题的否定改写为和原命题类似的形式.

    (1) 所有正整数都有唯一素因数分解;

    (2) 2 是唯一的偶素数;

    (3) 整数的乘法满足结合律;

    (4) 平面上两点决定一条直线;

    (5) 三角形的三条高相交于一点;

    (6) 如果邮件的数目大于邮箱数,那么至少有一个邮箱里有两封以上的邮件.

2. 下面每个命题都是全称--存在型命题. 写出颠倒量词后相应的命题,并解释为什么它是错的.

    (1) 每条线段都有中点;

    (2) 每个非零有理数都有倒数;

    (3) 自然数集合的每个非空子集都有最小元素;

    (4) 没有最大素数.

3. 写出如下命题的否定.

    (1) 存在 N,使得任意正偶数都能表示成不超过 N 个素数之和;

    (2) 对每个正整数 n,存在正整数 m,对每个正整数 x,存在非负整数 $a_1, a_2, \cdots, a_m$ 满足 $x = a_1^n + a_2^n + \cdots + a_m^n$.

4. 利用量词规则表述命题: E 中函数列 $\{f_n(x)\}$ 逐点收敛于 $f(x)$,但不是一致收敛于 $f(x)$.

5. 利用量词规则表述区间上函数的一致连续性以及否命题.

6. 具体给出一列两两不同的 $\mathbb{N} \to \mathbb{Z}$ 的一一对应.

7. $\mathbb{N}$ 的有限子集构成的集合是可数集合还是不可数集合? 证明你的答案.

8. 证明: 有理数集合 $\mathbb{Q}$ 是可数集合.

    提示: $\mathbb{Q} \backslash \{0\}$ 可写成集合 $\mathbb{Q}_k = \{\pm j/k \mid j \in \mathbb{N}\} (k \in \mathbb{N})$ 的并.

---

① 有理数域的序来自于整数集合 $\mathbb{Z}$ 和自然数集合 $\mathbb{N}$ 上的序,而后者可以由 Peano (佩亚诺) 公理定义,详见 P.Halmos (哈莫斯) 所著《朴素集合论》第 12 节.

9. 证明: 一个不可数集合里一个可数子集合的余集仍是不可数集合.
10. 证明: 可数个可数集合的直积是不可数集合.

    提示: 先考虑证明可数个只含两个元素的集合的直积是不可数的.

§14.2 实数的定义

正如我们在 14.1.3 小节中讨论的那样, 有理数构成的数系具有一些很好的性质. 简而言之, 一是有理数在加法、乘法运算以及它们的逆运算下是封闭的, 因此是满足定义 14.10 所定义的数域; 二是有理数是一个有序域 (定义 14.11); 三是有理数具有一种"稠密性"(性质 14.9).

然而, 有理数系仍然不尽完美. 一是从几何角度上看, 如果把有理数对应到数轴上的点 (这样的点称为有理点), 虽然"稠密性"表明有理点在数轴上是稠密的, 但有理数 (有理点) 之间仍然有很多"空隙", 典型的例子是单位正方形对角线长度对应数轴上的点不是有理点. 或者说有理数对应的有理点在直线上不是"连续"的, 我们将看到, 这些空隙的"数量"甚至远远"多于"有理点.

二是从极限角度看, 存在由有理数构成的数列 (称为有理数列), 它的极限却不是有理数, 或者说, 数轴上有理点列并不以有理点为其聚点. 例如我们在第一册所讨论的有理数列

$$e_n = \left(1 + \frac{1}{n}\right)^n, \; n = 1, 2, \cdots,$$

它的极限 e 不是有理数. 通过递推公式

$$x_{n+1} = \frac{1}{2}\left(x_n + \frac{2}{x_n}\right), \; n = 1, 2, \cdots$$

取 x_1 为大于零的有理数, 可得到一个有理数列 $x_1, x_2, x_3, \cdots$. 它的极限 $\sqrt{2}$ 也不是有理数. 这些例子不是偶然的, 它表明有理数系在极限运算下是不封闭的.

因此, 有必要对有理数进行扩充, 正如从整数扩充到有理数一样. 我们希望扩充的数系 (称为实数系) 既能继承有理数所有算术运算的性质 (满足定义 14.10 和定义 14.11中的性质), 又能与实轴上的点一一对应 (具有"连续性"), 或者说在极限运算下保持封闭 (具有"完备性").

14.2.1 实数的定义

前面已经提到, 收敛的有理数列的极限未必是有理数. 正是这个原因, 给我们提供了利用收敛的有理数列去构造新的数的可能.

以 $x_{n+1} = \frac{1}{2}\left(x_n + \frac{2}{x_n}\right)$ 为例, 取 $x_1 = 1$, 经过反复迭代, 就得到一列越来越

趋近于 $\sqrt{2}$ 的有理数列. 但如果试图通过同样的方法, 用有理数来 "逼近" 所有的 "实数", 碰到一个逻辑上的漏洞是我们还没有严格定义什么是 "实数", 尽管数轴上提供的观察非常直观.

大家知道数列收敛与数列是 Cauchy (柯西) 列 (即满足 Cauchy 收敛准则的数列) 是等价的. Cauchy 收敛准则的特点是在不借助外在信息的情况下, 仅根据数列自身内在性态来判断数列的收敛性, 虽然该准则并不能告诉我们数列收敛到何处.

然而当我们还没有严格定义 "实数" 之前, 这种等价性并不是显然的, 它涉及了实数构造的本质. 为此我们局限在有理数范围内重新回顾 Cauchy 列的定义.

定义 14.12 一个有理数列 $\{x_n\}$ 称为**有理数 Cauchy 列**, 是指对任意 $n \in \mathbb{N}$, 存在依赖于 n 的正整数 $N = N(n)$ 使得对所有 $k, l \geqslant N$,
$$|x_k - x_l| < \frac{1}{n}.$$

这里我们用 $1/n$ 代替常用的 "任意正数 ε", 是因为逻辑上我们除了有理数, 还没有定义其他数. 下面的性质即使在有理数范围内仍然是成立的.

性质 14.13 有理数 Cauchy 列 $\{x_n\}$ 一定是有界的. 即存在一个有理数 M, 使得
$$|x_n| \leqslant M, \ n = 1, 2, \cdots.$$

证明 取 $n = 1$, 则存在 N_0, 当 $k \geqslant N_0$ 时, 有
$$|x_k - x_{N_0}| < 1,$$
即 $|x_k| < 1 + |x_{N_0}|$, $k \geqslant N_0$, 记
$$M = \max\{|x_1|, \cdots, |x_{N_0-1}|, 1 + |x_{N_0}|\},$$
显然 M 是有理数, 则 $|x_k| \leqslant M, \ k = 1, 2, \cdots$. □

现在, 我们借助 "数轴是连续的" 这一直观, 给出一个有理数 Cauchy 列收敛到一个 "数" 的大致描述.

设 $x_1, x_2, x_3, \cdots$ 是一个有理数 Cauchy 列, 要找出一个 "数" x 为该数列的极限. 假设我们要在精度 $1/n$ 之内确定 x, 由 Cauchy 列的定义, 存在 $m = m(n)$ 使得所有 x_m 以后的项彼此之间相差至多为 $1/(2n)$. 如果把所有 $x_k, k \geqslant m$ 都在数轴上标出, 那么它们都落在一个宽度至多为 $1/n$ 的线段里面, 同时所求的极限一定在这个线段里面 (如图 14.1).

再取一个比 n 大的自然数 n', 相应地存在 m', 使得第 m' 项以后的数彼此之间相差至多为 $1/(2n')$. 换句话说, 如果我们越往数列的远处去, 得到的能包含远处所有的项的线段就越短, 如图 14.2.

图 14.1

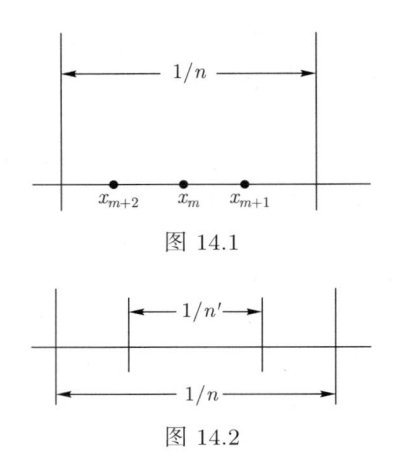

图 14.2

考虑所有的 n，我们就得到一列线段 $\{L_n\}$，长度为 $1/n$，且 $L_{n+1} \subset L_n$（称之为闭区间套），且要找的极限 $x \in L_n$. 因此，$x \in \bigcap_{n=1}^{\infty} L_n$. 如果交集 $\bigcap_{n=1}^{\infty} L_n$ 为空，那么就表示数轴上有一个 "空洞"，这与基本几何公理中的连续公理 [①] 矛盾. 另一方面，对任意 n，落在线段 L_n 中的项 x_m 与 x 的误差在 $1/n$ 之内，即数列 $\{x_n\}$ 收敛到 x.

上述直观 "证明"，蕴含着一个事实，数轴上的任意点 x，都可以有一列有理点列 $\{x_n\}$ 来无限逼近，或者说数轴上任一点对应的 "数" 都是一个有理数 Cauchy 列的极限. 因此，我们要定义的实数集合，它应该由有理数 Cauchy 列的极限构成，特别是有理数也可以看成是有理数 Cauchy 列的极限，例如对有理数 r，它是 $r, r, \cdots, r, \cdots$ 的极限. 如果有理数 Cauchy 列的极限不是有理数，那么这个有理数 Cauchy 列就定义了一个新数——"无理数".

然而，不同的有理数 Cauchy 列可能逼近同一个 "数"，为此我们引进下列 "等价" 的概念.

设 $\mathfrak{R}$ 是全体有理数 Cauchy 列构成的集合，在此集合中定义等价关系：

定义 14.14 设 $\{x_n\}, \{y_n\}$ 是两个有理数 Cauchy 列，如果对任意 $n \in \mathbb{N}$，存在 $N \in \mathbb{N}$ 使得对任意 $k \geqslant N$，

$$|x_k - y_k| < \frac{1}{n},$$

那么称这两个有理数列是**等价**的，记为 $\{x_n\} \sim \{y_n\}$.

我们需要验证 "$\sim$" 是等价关系.

[①] 参见希尔伯特著，江泽涵、朱鼎勋译：《希尔伯特几何基础》，北京大学出版社.

引理 14.15 上述定义的有理数 Cauchy 列等价, 满足自反性、对称性和传递性, 从而是集合 $\mathfrak{R}$ 上的等价关系.

证明 自反性和对称性是显然的, 只需证明传递性. 设 $\{x_k\}, \{y_k\}$ 与 $\{z_k\}$ 为有理数 Cauchy 列, 且
$$\{x_k\} \sim \{y_k\}, \ \{y_k\} \sim \{z_k\}.$$
要证明 $\{x_k\}$ 与 $\{z_k\}$ 等价, 只需证: 对任意的 $1/n$ $(n \in \mathbb{N})$, 存在正整数 N 使得对任意 $k \geqslant N$, 下列不等式成立:
$$|x_k - z_k| < \frac{1}{n}.$$
对于任意的 $1/n$:

由 $\{x_k\} \sim \{y_k\}$ 可知, 存在 N_1 使得 $|x_k - y_k| < 1/(2n)$ $(\forall k \geqslant N_1)$;

由 $\{y_k\} \sim \{z_k\}$ 可知, 存在 N_2 使得 $|y_k - z_k| < 1/(2n)$ $(\forall k \geqslant N_2)$.

取 $N = \max\{N_1, N_2\}$, 并利用三角不等式, 对任意 $k \geqslant N$, 都有
$$|x_k - z_k| = |(x_k - y_k) + (y_k - z_k)| \leqslant |x_k - y_k| + |y_k - z_k|$$
$$< \frac{1}{2n} + \frac{1}{2n} = \frac{1}{n}.$$
即 $\{x_k\} \sim \{z_k\}$, 这样我们就证明了传递性. □

定义 14.16 设 $\mathbb{R} = \mathfrak{R}/\sim$ 是有理数 Cauchy 列集合 $\mathfrak{R}$ 在上述等价关系之下的全体等价类构成的集合. 我们将看到, 它满足数域公理系统 (即定义 14.10 和定义 14.11), 因此称 $\mathbb{R}$ 为**实数集合**, 它的元素 x 是某个有理数 Cauchy 列 $\{x_n\}$ 的等价类, 称为**实数**. 数列 $\{x_n\}$ 称为实数 x 的**代表元**, 记为 $x \sim \{x_n\}$. 我们还称等价类 x 中的任意有理数 Cauchy 列收敛于 x 或以 x 为极限.

实数的定义虽然抽象, 本质上只是为了语言上的方便. 依照引理 14.15, 我们可以认为一个特定的有理数 Cauchy 列确定一个实数, 并把等价的 Cauchy 列当成同一个实数不同的表示. 最简单的例子是 "0", 它是 Cauchy 列 $0, 0, \cdots$ 的极限, 而与 $0, 0, \cdots$ 等价的 Cauchy 列 $1, \dfrac{1}{2}, \cdots, \dfrac{1}{n}, \cdots$ 是 "0" 的不同表示. 两个不同的有理数 r, s 分别是 Cauchy 列 $r, r, \cdots$ 与 $s, s, \cdots$ 的极限. 由 Archimedes 公理, 存在 $n_0 \in \mathbb{N}$ 使得 $|r - s| > 1/n_0$, 因此 Cauchy 列 $r, r, \cdots$ 与 $s, s, \cdots$ 不等价.

例 14.2.1 证明: 单调递增的有界有理数列是有理数 Cauchy 列.

证明 设 $\{x_n\}$ 是单调递增的有界有理数列, 不妨设它的通项都大于 0. 任意固定一个 $n \in \mathbb{N}$, 则数列 $nx_1, nx_2, \cdots$ 也是单调递增的有界数列. 设集合 E 是数列 $nx_1, nx_2, \cdots$ 的所有正整数上界, 那么 E 有最小正整数 m_0, $m_0 - 1$ 不是原数列的上界, 所以存在 $N \in \mathbb{N}, nx_N > m_0 - 1$. 由单调性, $k, l > N$ 时,
$$m_0 - 1 < nx_k \leqslant m_0, \quad m_0 - 1 < nx_l \leqslant m_0,$$

因此 $|x_k - x_l| < \dfrac{1}{n}$. □

例 14.2.2 下列两个有理数列:
$$e_n = \left(1 + \frac{1}{n}\right)^n, \ n = 1, 2, \cdots,$$
$$s_n = \sum_{k=0}^{n} \frac{1}{k!}, \ n = 1, 2, \cdots$$

是 Cauchy 列, 而且相互等价, 所在的等价类记为 e, 因此也称等价类 e 中任意有理数列 (如 $\{e_n\}$ 和 $\{s_n\}$) 都收敛于 e.

证明 根据第一册讨论的结果, $\{e_n\}$, $\{s_n\}$ 都是单调增有界数列且 $2 < e_n < s_n < 3$, 因此都是 Cauchy 列. 当 $n \geqslant 3$ 时, 将 e_n 按二项式展开得
$$e_n = 2 + \sum_{k=2}^{n} \frac{1}{k!}\left(1 - \frac{1}{n}\right)\left(1 - \frac{2}{n}\right)\cdots\left(1 - \frac{k-1}{n}\right).$$

因为
$$\left(1 - \frac{1}{n}\right)\left(1 - \frac{2}{n}\right)\cdots\left(1 - \frac{k-1}{n}\right) \geqslant 1 - \sum_{j=1}^{k-1} \frac{j}{n} = 1 - \frac{k(k-1)}{2n},$$

因此有
$$0 < s_n - e_n \leqslant \frac{1}{2n}\sum_{k=2}^{n} \frac{1}{(k-2)!} \leqslant \frac{3}{2n},$$

对任意的 n, 取 $N > \dfrac{3}{2}n$, 则当 $k > N$ 时, 有
$$|s_k - e_k| < \frac{1}{n},$$

所以两者互相等价. □

14.2.2 实数的算术

下面我们需要把 $\mathbb{Q}$ 上的算术扩充到定义 14.16 中定义的集合 $\mathbb{R}$ 上, 也就是要验证 $\mathbb{R}$ 满足实数公理系统中的加法公理、乘法公理和序公理. 具体做法是对有理数 Cauchy 列的每一项分别定义相应的运算, 并仔细验证这些定义都有意义.

引理 14.17 设 $x, y \in \mathbb{R}$, 且 $x \sim \{x_n\}$, $y \sim \{y_n\}$.

$1°$ 有理数列 $\{x_n + y_n\}$ 和 $\{x_n \cdot y_n\}$ 都是 Cauchy 列.

$2°$ 如果有理数列 $\{x'_n\}$ 与 $\{x_n\}$ 等价, $\{y'_n\}$ 与 $\{y_n\}$ 等价, 那么 $\{x'_n + y'_n\}$ 与 $\{x_n + y_n\}$ 等价, $\{x'_n \cdot y'_n\}$ 与 $\{x_n \cdot y_n\}$ 等价.

证明 因为 $\{x_n\}$ 和 $\{y_n\}$ 是 Cauchy 列, 所以 $\forall n$, 存在 N_1 使得对任意 $j, k \geqslant N_1$, 有 $|x_j - x_k| < 1/(2n)$; 存在 N_2 使得对任意 $j, k \geqslant N_2$, 有 $|y_j - y_k| < 1/(2n)$.

取 $N = \max\{N_1, N_2\}$, 那么对任意 $j, k \geqslant N$, 都有

$$|(x_j + y_j) - (x_k + y_k)| = |(x_j - x_k) + (y_j - y_k)|$$
$$\leqslant |x_j - x_k| + |y_j - y_k|$$
$$< \frac{1}{2n} + \frac{1}{2n} = \frac{1}{n},$$

所以 $\{x_n + y_n\}$ 是 Cauchy 列.

再由假设的等价性有, $\forall 1/n$, 存在 N_1 使得对任意 $k \geqslant N_1$, 有 $|x_k - x_k'| < 1/(2n)$, 存在 N_2 使得对任意 $k \geqslant N_2$, 有 $|y_k - y_k'| < 1/(2n)$.

取 $N = \max\{N_1, N_2\}$ 就可以得到对任意 $k \geqslant N$,

$$|(x_k + y_k) - (x_k' + y_k')| = |(x_k - x_k') + (y_k - y_k')|$$
$$\leqslant |x_k - x_k'| + |y_k - y_k'|$$
$$< \frac{1}{2n} + \frac{1}{2n} = \frac{1}{n},$$

因此 $\{x_n + y_n\} \sim \{x_n' + y_n'\}$.

有关乘法运算的相应结论可以类似地证明, 但需要用到 Cauchy 列的有界性 (即性质 14.13), 请读者自行完成. □

引理 14.17 保证了如下定义的合理性.

定义 14.18 设实数 x, y 的代表元分别为有理数 Cauchy 列 $\{x_n\}$ 与 $\{y_n\}$, 那么实数 $x + y$ 定义为有理数 Cauchy 列 $\{x_n + y_n\}$ 代表的等价类, 实数 $x \cdot y$ 定义为有理数 Cauchy 列 $\{x_n \cdot y_n\}$ 代表的等价类.

定理 14.19 在上述定义的加法和乘法之下, 实数集合 $\mathbb{R}$ 成为一个域.

显然, 加法的 0 元素是数列 $0, 0, 0, \cdots$ 的等价类, 乘法的单位元素 1 是数列 $1, 1, 1, \cdots$ 的等价类. 如果实数 x 的代表元是 $\{x_n\}$, 那么它的加法逆元 $-x$ 的代表元是 $\{-x_n\}$. 因此有关域的公理 (定义 14.10) 都容易验证, 除了关于逆元的有关公理尚待证明.

我们需要证明: 每个非零实数 x 都有乘法逆元 x^{-1}, 使得 $x^{-1} \cdot x = 1$. 为此首先需证明:

引理 14.20 设 x 是非零实数. 那么存在 $n_0 \in \mathbb{N}$ 满足: 对代表 x 的任意 Cauchy 列 $\{x_n\}$, 都存在 N 使得对任意 $k \geqslant N$, $|x_k| \geqslant 1/n_0$. 这里的 N 依赖于给定的 Cauchy 列, 而下界 $1/n_0$ 只依赖于 x, 不依赖于给定的 Cauchy 列.

证明 设 $\{x_n\}$ 是代表 x 的一个有理数 Cauchy 列.

命题 "$\{x_n\}$ 等价于数列 $\{0,0,0,\cdots\}$" 写成量词的形式为
$\forall n, \exists N$ 使得 $\forall j \geqslant N$ 都有
$$|x_j| < \frac{1}{n}.$$
它的否定命题 "$\{x_n\}$ 不等价于数列 $\{0,0,0,\cdots\}$" 可以表述为
$\exists n_1$, 使得 $\forall N \in \mathbb{N}, \exists j \geqslant N$, 满足
$$|x_j| \geqslant \frac{1}{n_1}.$$
或者说, 如果有理数列 $\{x_n\}$ 代表非零实数 x, 那么有无限个 j 使得 $|x_j| \geqslant 1/n_1$ 成立. 但是, $\{x_n\}$ 是 Cauchy 列, 所以对误差 $1/(2n_1)$, 存在 N 使得对所有 $j,k \geqslant N$, 下列不等式成立:
$$|x_j - x_k| < \frac{1}{2n_1}.$$
选定一个 $j \geqslant N$ 满足 $|x_j| \geqslant 1/n_1$, 则对任意 $k \geqslant N$,
$$|x_k| \geqslant |x_j| - |x_j - x_k| \geqslant \frac{1}{n_1} - \frac{1}{2n_1} = \frac{1}{2n_1} > \frac{1}{n_0}.$$
这里 $n_0 = 4n_1$. 设 $\{x'_n\}$ 是任意一个与 $\{x_n\}$ 等价的 Cauchy 列. 对误差 $1/(4n_1)$ 应用 Cauchy 列等价的定义, 存在 $N'(\geqslant N)$ 使得
$$|x_k - x'_k| \leqslant \frac{1}{4n_1}$$
对所有 $k \geqslant N'$ 成立. 因此, 对任意 $k \geqslant N'$, 有
$$|x'_k| \geqslant |x_k| - |x_k - x'_k| \geqslant \frac{1}{2n_1} - \frac{1}{4n_1} = \frac{1}{4n_1} = \frac{1}{n_0}.$$
当然对 $\{x_n\}$, 也有 $|x_k| \geqslant 1/n_0$, 对 $k \geqslant N' \geqslant N$ 成立. □

定理 14.19 的证明 设 $\{x_n\}$ 代表 $x \neq 0$. 根据上述引理, 该数列中至多有限项为零, 把那些为零的项 1 代替后得到一个和原数列等价的 Cauchy 列, 将新数列仍然记为 $\{x_n\}$. 通过对该数列的每一项取逆, 得到新的有理数列 $\{1/x_n\}$, 由引理 14.20 可知存在 $N, \forall j \geqslant N, |x_j| \geqslant 1/n_0$, 所以当 $k,l \geqslant N$ 时有
$$\left|\frac{1}{x_k} - \frac{1}{x_l}\right| = \frac{|x_k - x_l|}{|x_k \cdot x_l|} \leqslant |x_k - x_l| n_0^2.$$
由此容易看出它是 Cauchy 列. 令 x^{-1} 为数列 $\{1/x_n\}$ 代表的实数, 那么 $x^{-1} \cdot x$ 的一个代表元是数列 $1,1,1,\cdots$, 即 $x^{-1} \cdot x = 1$. □

下面我们讨论实数的序. 上一节我们通过正数, 在有理数域 $\mathbb{Q}$ 上定义序, 为了在 $\mathbb{R}$ 上定义序, 首先给出 $\mathbb{R}$ 上正数的定义.

定义 14.21　一个实数 x 称作是正的, 记为 $x > 0$, 是指对 x 的一个代表元 $\{x_n\}$, 存在 $m, N \in \mathbb{N}$, 使得对所有 $j \geqslant N$ 都有 $x_j \geqslant 1/m$.

由引理 14.20 可知实数是 "正的" 的定义与代表元选取无关. 如果 $-x$ 是正的, 那么实数 x 称为是负的, 记为 $x < 0$; 如果 $x \in \mathbb{Q}$, 那么根据有理数的 Archimedes 公理, 这些定义与有理数的相应定义一致.

设 x 是一个非零实数, 由引理 14.20, 存在自然数 m, 使得对 x 的任意代表元 $\{x_n\}$, 当 j 充分大时都有 $|x_j| > 1/m$. 但这些有理数的符号不可能一直在变, 因为每次改变符号会造成它们之间至少为 $2/m$ 的差别, 与 Cauchy 收敛准则相悖. 这意味着 j 充分大后 $x_j \geqslant 1/m$ 或 $x_j \leqslant -1/m$ 两者之一恒成立. 由此可得:

定理 14.22　任意实数或为正, 或为负, 或为零. 两个正实数的和与积均是正实数.

证明　依照定义, 一个有理数 Cauchy 列 $\{x_n\}$ 如果是正实数或者负实数的代表元, 那么它不与常数列 $0, 0, \cdots$ 等价. 反之, 如果 $\{x_n\}$ 与 $0, 0, \cdots$ 等价, 依定义可知, 对任意 $n \in \mathbb{N}$, 存在自然数 N 使得对任意 $k \geqslant N$, $|x_k| < 1/n$ 成立, 这说明 $\{x_n\}$ 既不是正实数也不是负实数的代表元. 这就证明了定理的第一个结论. 另外, 容易验证两个正数的和与积均为正, 因为两个正下界的和与积给出新的正下界. □

定义 14.23 (序的定义)　设 x, y 是两个实数, 如果 $x - y > 0$, 那么称 $x > y$, 并且定义 x 的绝对值为

$$|x| = \begin{cases} x, & x > 0, \\ 0, & x = 0, \\ -x, & x < 0. \end{cases}$$

引理 14.24　设有理数 Cauchy 列 $\{x_n\}$ 与 $\{y_n\}$ 分别定义了实数 x, y. 如果存在 $N \in \mathbb{N}$ 使得对任意 $k \geqslant N$ 都有 $x_k \leqslant y_k$, 那么 $x \leqslant y$.

证明 (反证)　假设 $x > y$, 则 $x - y$ 为正. 由正数的定义, 存在 $n \in \mathbb{N}$ 使得 k 充分大时 $x_k - y_k \geqslant 1/n$, 矛盾. □

这里需要注意的是, 即使引理中的条件为严格的不等号, 我们也只能得到不严格不等号. 比如, $1/n > 0$, Cauchy 列 $1, 1/2, 1/3, \cdots$ 也以 0 为极限, 但是 $0 > 0$ 不成立.

下面我们讨论有理数在实数中的稠密性, 即: 对任意实数 x, 在它的任意小邻域内, 都有一个有理数.

定理 14.25 (有理数的稠密性)　对任意实数 x 以及任意给定的误差 $1/n$ ($n \in \mathbb{N}$), 存在一个有理数 r 满足

$$|x - r| \leqslant \frac{1}{n}.$$

证明　设有理数 Cauchy 列 $\{x_n\}$ 是实数 x 的代表元. 对于给定的 $1/n$, 由

Cauchy 收敛准则, 存在 N 使得当 $j, k \geqslant N$ 时, $|x_k - x_j| < 1/n$. 取 $r = x_N$, 则对 $\forall k \geqslant N$, 有
$$|x_k - r| < \frac{1}{n}, \text{ 或 } -\frac{1}{n} < x_k - r < \frac{1}{n}.$$
显然, 有理数 Cauchy 列 $\{x_n - r\}$ 是 $x - r$ 的代表元, 取有理数 Cauchy 列 $\{y_m\}$ 分别为 $y_m = 1/n$ 和 $y_m = -1/n$, 则它们分别是 $1/n$ 和 $-1/n$ 的代表元. 由引理 14.24 知
$$-\frac{1}{n} \leqslant x - r \leqslant \frac{1}{n}. \qquad \square$$

关于稠密性有更一般的定义: 设 B 是实数集合 A 的子集. 称 B 在 A 中稠密, 是指任给 $a \in A$, 任给误差 $1/n$, 存在 $b \in B$ 使得 $|a - b| < 1/n$.

例 14.2.3 设 λ 是无理数, 证明: 集合 $A = \{m + n\lambda \mid m, n \in \mathbb{Z}\}$ 在实数集合 $\mathbb{R}$ 中稠密.

证明 集合 A 有如下性质: 对任意整数 l 和任意的 $a, b \in A$, 有 $la \in A, a \pm b \in A$. 记 $n_k = -[k\lambda]$, 这里 $[x]$ 表示 x 的整数部分, 因此 $x_k = n_k + k\lambda \in A$ 表示 $k\lambda$ 的小数部分.

任给 $1/n, n \in \mathbb{N}$, 考虑 A 的子集合
$$B = \{x_k = n_k + k\lambda \mid k = 1, 2, \cdots, n + 1\},$$
由于 λ 是无理数, 所以 B 中的元素两两不等, 而且 $x_k \neq 0$. 因此有 $0 < x_k < 1, k = 1, 2, \cdots, n + 1$. 这样就推出在这 $n + 1$ 个数 $x_1, x_2, \cdots, x_{n+1}$ 中必有两个数, 记为 x_i, x_j, 满足
$$0 < \xi = x_j - x_i < \frac{1}{n}.$$
将 $\mathbb{R}$ 分解为如下一列区间的并:
$$\mathbb{R} = \bigcup_{m \in \mathbb{Z}} [m\xi, (m+1)\xi],$$
可以看出, $\forall x \in \mathbb{R}$, 存在 $m \in \mathbb{Z}$, 满足 $|x - m\xi| \leqslant 1/n$. 显然 $m\xi \in A$, 这样就证明了 A 在 $\mathbb{R}$ 中的稠密性. $\qquad \square$

最后我们讨论一些实数的不等式. 最基本的不等式是:

定理 14.26 (三角不等式) 对任意实数 x 和 y 都有
$$|x + y| \leqslant |x| + |y|.$$

证明 首先注意一个事实, 如果有理数 Cauchy 列 $\{x_n\}$ 是实数 x 的代表元, 则由有理数的三角不等式可知 $\{|x_n|\}$ 也是有理数 Cauchy 列. 我们首先证明, $\{|x_n|\}$

是实数 $|x|$ 的代表元. 如果 $x > 0$, 结论显然成立; 如果 $x = 0$, 那么 $\{x_n\} \sim 0$ 可得 $\{|x_n|\} \sim 0$; 如果 $x < 0$, 由引理 14.20, 当 n 充分大时 $x_n < 0$, 因此 $\{|x_n|\}$ 是 $-x = |x|$ 的代表元.

设 $\{x_n\}$ 与 $\{y_n\}$ 分别是代表 x 与 y 的有理数 Cauchy 列. Cauchy 列 $\{|x_n+y_n|\}$ 与 $\{|x_n| + |y_n|\}$ 分别代表 $|x+y|$ 与 $|x| + |y|$. 利用 $\mathbb{Q}$ 上的三角不等式, $|x_k + y_k| \leqslant |x_k| + |y_k|$, 再由引理 14.24, 定理得证. $\square$

定理 14.27 (Archimedes 公理) 对任意正实数 x, 存在自然数 N 满足 $x \geqslant 1/N$.

证明 由定义, 对代表正数 x 的有理数 Cauchy 列 $\{x_n\}$, 存在 $N, m \in \mathbb{N}$ 使得 $x_j \geqslant 1/N$ 对任意 $j \geqslant m$ 成立. 由引理 14.24 知 $x \geqslant 1/N$. $\square$

上述 Archimedes 公理事实上等价于结论: 如果实数 x 满足对任意 $n \in \mathbb{N}$, $|x| < 1/n$, 那么 $x = 0$.

下述几个例子都是分析中常见的不等式.

例 14.2.4 证明: 设 $a_j, b_j \in \mathbb{R}$, $b_j > 0$, $j = 1, 2, \cdots, n$. 则

$$\min_j \left\{ \frac{a_j}{b_j} \right\} \leqslant \frac{a_1 + a_2 + \cdots + a_n}{b_1 + b_2 + \cdots + b_n} \leqslant \max_j \left\{ \frac{a_j}{b_j} \right\}.$$

证明 当 $n = 2$ 时, 不妨设 $a_1/b_1 \leqslant a_2/b_2$, 则不等式

$$\frac{a_1}{b_1} \leqslant \frac{a_1 + a_2}{b_1 + b_2} \leqslant \frac{a_2}{b_2}$$

等价于

$$a_1(b_1 + b_2)b_2 \leqslant (a_1 + a_2)b_1 b_2 \leqslant a_2 b_1 (b_1 + b_2),$$

这可以直接验证.

设 $n = k$ 时命题成立, $n = k+1$ 时, 令

$$A = a_1 + a_2 + \cdots + a_k, \quad B = b_1 + b_2 + \cdots + b_k,$$

则

$$\min \left\{ \frac{A}{B}, \frac{a_{k+1}}{b_{k+1}} \right\} \leqslant \frac{A + a_{k+1}}{B + b_{k+1}} \leqslant \max \left\{ \frac{A}{B}, \frac{a_{k+1}}{b_{k+1}} \right\}.$$

利用归纳假设, 有

$$\frac{A}{B} \leqslant \max \left\{ \frac{a_1}{b_1}, \frac{a_2}{b_2}, \cdots, \frac{a_k}{b_k} \right\},$$

所以

$$\max \left\{ \frac{A}{B}, \frac{a_{k+1}}{b_{k+1}} \right\} \leqslant \max \left\{ \frac{a_1}{b_1}, \frac{a_2}{b_2}, \cdots, \frac{a_k}{b_k}, \frac{a_{k+1}}{b_{k+1}} \right\},$$

这证明了右侧不等式. 另一侧不等式可以类似证明. $\square$

例 14.2.5 证明: 设 $a, b > 0$, $0 < \lambda, \mu < 1$ 且 $\lambda + \mu = 1$, 则
$$a^\lambda b^\mu \leqslant \lambda a + \mu b.$$

证明 因为函数 $f(x) = -\ln x$ 是凸函数, 所以由 $f(\lambda a + \mu b) \leqslant \lambda f(a) + \mu f(b)$ 容易推出结论. □

上述不等式可以推广到多个因子的情形. 例如对于
$$a, \ b, \ c > 0, \quad 0 < \alpha, \ \beta, \ \gamma < 1, \quad \alpha + \beta + \gamma = 1,$$
有
$$\begin{aligned}
a^\alpha b^\beta c^\gamma &= a^\alpha \left[b^{\beta/(\beta+\gamma)} c^{\gamma/(\beta+\gamma)} \right]^{\beta+\gamma} \\
&\leqslant \alpha a + (\beta + \gamma) b^{\beta/(\beta+\gamma)} c^{\gamma/(\beta+\gamma)} \\
&\leqslant \alpha a + (\beta + \gamma) \left(\frac{\beta}{\beta+\gamma} b + \frac{\gamma}{\beta+\gamma} c \right) \\
&= \alpha a + \beta b + \gamma c.
\end{aligned}$$

利用数学归纳法, 可以证明如下更一般的不等式:
$$a_1^{\lambda_1} a_2^{\lambda_2} \cdots a_n^{\lambda_n} \leqslant \lambda_1 a_1 + \lambda_2 a_2 + \cdots + \lambda_n a_n,$$
其中 $a_i > 0$, $0 < \lambda_i < 1$ $(1 \leqslant i \leqslant n)$ 且 $\sum_{i=1}^n \lambda_i = 1$.

如果 $p_1, p_2, \cdots, p_n$ 是 n 个正数, 令 $\lambda_i = \dfrac{p_i}{p_1 + p_2 + \cdots + p_n}$, 就得到
$$\left(a_1^{p_1} a_2^{p_2} \cdots a_n^{p_n} \right)^{\frac{1}{p_1+p_2+\cdots+p_n}} \leqslant \frac{p_1 a_1 + p_2 a_2 + \cdots + p_n a_n}{p_1 + p_2 + \cdots + p_n}.$$

特别, 当 $p_1 = p_2 = \cdots = p_n = 1$ 时, 就是熟知的几何–算术平均不等式
$$(a_1 a_2 \cdots a_n)^{\frac{1}{n}} \leqslant \frac{a_1 + a_2 + \cdots + a_n}{n}.$$

例 14.2.6 (Hölder (赫尔德) 不等式) 证明: 设 $a_i > 0, b_i > 0$ $(i = 1, 2, \cdots, n)$, $p, q > 1$ 且
$$\frac{1}{p} + \frac{1}{q} = 1,$$
则
$$\sum_{i=1}^n a_i b_i \leqslant \left(\sum_{i=1}^n a_i^p \right)^{\frac{1}{p}} \left(\sum_{i=1}^n b_i^q \right)^{\frac{1}{q}}.$$

证明 如果 $\sum_{i=1}^{n} a_i^p = \sum_{i=1}^{n} b_i^q = 1$, 由上一例的结论, 有 $a_i b_i \leqslant \dfrac{1}{p} a_i^p + \dfrac{1}{q} b_i^q$, 对 i 求和可得

$$\sum_{i=1}^{n} a_i b_i \leqslant 1.$$

对于一般情形, 令

$$a_i' = \frac{a_i}{\left(\sum_{i=1}^{n} a_i^p\right)^{\frac{1}{p}}}, \quad b_i' = \frac{b_i}{\left(\sum_{i=1}^{n} b_i^q\right)^{\frac{1}{q}}}$$

就有 $\sum_{i=1}^{n} a_i' b_i' \leqslant 1$, 这推出 Hölder 不等式. □

当 $p = q = 2$ 时, Hölder 不等式就是熟知的 Cauchy-Schwarz (柯西–施瓦茨) 不等式

$$\left(\sum_{i=1}^{n} a_i b_i\right)^2 \leqslant \left(\sum_{i=1}^{n} a_i^2\right) \left(\sum_{i=1}^{n} b_i^2\right).$$

例 14.2.7 (Minkowski (闵可夫斯基) 不等式) 证明: 设 $a_i > 0$, $b_i > 0$ ($1 \leqslant i \leqslant n$), $p > 1$, 则

$$\left[\sum_{i=1}^{n} (a_i + b_i)^p\right]^{\frac{1}{p}} \leqslant \left(\sum_{i=1}^{n} a_i^p\right)^{\frac{1}{p}} + \left(\sum_{i=1}^{n} b_i^p\right)^{\frac{1}{p}}.$$

证明 令 $q = \dfrac{p}{p-1}$, 则 $\dfrac{1}{p} + \dfrac{1}{q} = 1$, 利用 Hölder 不等式, 可得

$$\sum_{i=1}^{n} (a_i + b_i)^p = \sum_{i=1}^{n} a_i (a_i + b_i)^{p-1} + \sum_{i=1}^{n} b_i (a_i + b_i)^{p-1}$$

$$\leqslant \left(\sum_{i=1}^{n} a_i^p\right)^{\frac{1}{p}} \left[\sum_{i=1}^{n} (a_i + b_i)^{(p-1)q}\right]^{\frac{1}{q}} +$$

$$\left(\sum_{i=1}^{n} b_i^p\right)^{\frac{1}{p}} \left[\sum_{i=1}^{n} (a_i + b_i)^{(p-1)q}\right]^{\frac{1}{q}}$$

$$= \left[\left(\sum_{i=1}^{n} a_i^p\right)^{\frac{1}{p}} + \left(\sum_{i=1}^{n} b_i^p\right)^{\frac{1}{p}}\right] \left[\sum_{i=1}^{n} (a_i + b_i)^p\right]^{\frac{1}{q}}.$$

上式两边同除 $\left[\sum_{i=1}^{n} (a_i + b_i)^p\right]^{\frac{1}{q}}$, 就得到 Minkowski 不等式. □

习题 14.2

1. 证明: 如果 $x_1, x_2, \cdots$ 为有理数 Cauchy 列, 那么存在正整数 N 使得对任意 j, $|x_j| \leqslant N$.
2. 证明: 任意实数都可以用有理数 Cauchy 列 $r_1, r_2, \cdots$ 表示, 其中 $r_1, r_2, \cdots$ 都不是整数.
3. 能被整数 Cauchy 列表示的实数是什么?
4. 设 $x_1, x_2, \cdots$ 和 $y_1, y_2, \cdots$ 是两个有理数 Cauchy 列. 定义混合数列为 $x_1, y_1, x_2, y_2, \cdots$. 证明: 该混合数列为 Cauchy 列的充分必要条件是 $x_1, x_2, \cdots$ 等价于 $y_1, y_2, \cdots$.
5. 证明: 改变一个 Cauchy 列的有限项后得到的是一个等价的 Cauchy 列.
6. 一个正有理数 Cauchy 列能与一个负有理数 Cauchy 列等价吗?
7. 证明: 代表一个实数的有理数 Cauchy 列的集合是不可数集合.
8. 证明: 如果有理数 Cauchy 列 $x_1', x_2', x_3', \cdots$ 与 $x_1, x_2, x_3, \cdots$ 等价, $y_1', y_2', y_3', \cdots$ 与 $y_1, y_2, y_3, \cdots$ 等价, 那么 $x_1'y_1', x_2'y_2', x_3'y_3', \cdots$ 与 $x_1y_1, x_2y_2, x_3y_3, \cdots$ 为等价的 Cauchy 列.
9. 设代表两个实数 x, y 的有理数 Cauchy 列的集合分别为 A, B. 证明: A, B 具有相同的基数.
10. 设 x 为实数, 证明: 存在一个代表 x 的有理数 Cauchy 列 $x_1, x_2, x_3, \cdots$ 使得对所有 n, $x_n < x$.
11. 设 x 为实数, 证明: 存在一个代表 x 的有理数 Cauchy 列 $x_1, x_2, x_3, \cdots$ 使得对所有 n, $x_n < x_{n+1}$.
12. 证明: 在两个不同的实数之间存在无限多个有理数.
13. 设 x 为正实数, 证明: 存在一个代表 x 的有理数 Cauchy 列, 它的每一项可以表示为 p^2/q^2, 其中 p, q 为整数.
14. 证明: 对任意实数 x, y, $|x - y| \geqslant |x| - |y|$.
15. 利用有序域的序公理证明对任意实数 x, y, 成立下列不等式:
    (1) $(x^2 + y^2)/x^2 \geqslant 1$, $x \neq 0$; (2) $2xy \leqslant x^2 + y^2$.
16. 设 $a_j > 0$, $j = 1, 2, \cdots$, 定义
$$A_n = \frac{a_1 + a_2 + \cdots + a_n}{n}, \; n = 1, 2, \cdots.$$
    证明: $p > 1$ 时
$$\sum_{n=1}^m A_n^p \leqslant \frac{p}{p-1} \sum_{n=1}^m A_n^{p-1} a_n.$$
17. 证明 Hardy-Landau (哈代–朗道) 不等式: 设 $p > 1$, $a_j > 0$, $j = 1, 2, \cdots$, 则
$$\sum_{n=1}^m \left(\frac{a_1 + a_2 + \cdots + a_n}{n} \right)^p \leqslant \left(\frac{p}{p-1} \right)^p \sum_{n=1}^m a_n^p.$$

§14.3 实数的完备性

上一节我们给出了实数的严格定义 (或者说构造了一个实数模型), 并讨论了它的基本性质. 这一节和下一节, 我们将围绕"完备性"讨论与实数极限相关的内容.

14.3.1 实数列的极限

因为 $\mathbb{R}$ 是有序域, 我们有如下的定义:

定义 14.28 设 $\{x_n\}$ 为实数列, $x \in \mathbb{R}$. 如果对任意实数 $\varepsilon > 0, \exists N \in \mathbb{N}$ 使得

$$|x - x_k| < \varepsilon$$

对任意 $k \geqslant N$ 成立, 那么称**实数** x **是** $\{x_n\}$ **的极限**, 或者数列 $\{x_n\}$ **收敛到实数** x, 记为

$$x = \lim_{n \to \infty} x_n.$$

我们曾在定义 14.16 提到, 一个有理数 Cauchy 列是一个实数的表示, 也称该数列收敛到该实数. 这与上述定义并不矛盾. 事实上, 如果有理数 Cauchy 列 $\{x_n\}$ 是实数 x 的代表元, 那么对任意的 $\frac{1}{n} < \varepsilon$, 一方面存在 N 使得 $k, j \geqslant N$ 时都有 $|x_j - x_k| < \frac{1}{n}$. 任意固定 $j \geqslant N$, 则

$$x_k - \frac{1}{n} < x_j < x_k + \frac{1}{n}$$

对所有 $k \geqslant N$ 成立. 另一方面, 有理数 Cauchy 列 $x_N + \frac{1}{n}, x_{N+1} + \frac{1}{n}, \cdots$ 是实数 $x + \frac{1}{n}$ 的一个表示, 而有理数 Cauchy 列 $x_j, x_j, \cdots$ 是 x_j 的一个表示, 由引理 14.24 就得到 $x_j \leqslant x + \frac{1}{n}$, 同理可得 $x - \frac{1}{n} \leqslant x_j$. 即

$$|x_j - x| \leqslant \frac{1}{n} < \varepsilon.$$

因为 $j \geqslant N$ 是任意的, 所以 x 的任意有理数 Cauchy 列代表元满足定义 14.28 中给出的极限 $x = \lim_{k \to \infty} x_k$.

注记 在定义 14.28 中我们用任意正实数 ε 表示误差, 也可以用任意 $1/n$ ($n \in \mathbb{N}$) 表示误差. 由 Archimedes 公理可知这两者定义的收敛性等价, 在本书的余下部分我们根据需要不加区别地使用这两者.

至此, 我们构造了实数集合 $\mathbb{R}$, 借助实数的代表元有理数 Cauchy 列给出了 $\mathbb{R}$ 中的算术和序, 因此 $\mathbb{R}$ 是有序域. 在本节的开始, 我们又定义了实数列的极限, 并说

明了实数 x 的有理数 Cauchy 列代表元在这个定义下也收敛到 x. 接下来, 我们将集中精力讨论 $\mathbb{R}$ 的完备性, 以及完备性的各种等价形式.

定义 14.29 称实数列 $\{x_n\}$ 满足 Cauchy 收敛准则是指: 对任意的 $\varepsilon > 0$, 存在 $N \in \mathbb{N}$ 使得对任意的 $j, k \geqslant N$, 都有
$$|x_j - x_k| < \varepsilon.$$
满足 Cauchy 收敛准则的实数列称为 Cauchy 列.

两个 Cauchy 列 $\{x_n\}$ 和 $\{y_n\}$ 称为相互等价的, 是指对任意的 $\varepsilon > 0$, 存在 $N \in \mathbb{N}$ 使得对任意的 $n \geqslant N$, 都有
$$|x_n - y_n| < \varepsilon.$$
类似有理数 Cauchy 列的等价性, 上述等价关系满足自反性、对称性和传递性.

为了叙述完整, 我们列出下述有关极限的基本性质, 它们曾在第一册出现过.

定理 14.30 设 $\lim\limits_{k\to\infty} x_k = x$, $\lim\limits_{k\to\infty} y_k = y$.

$1°$ $\lim\limits_{k\to\infty}(x_k \cdot y_k) = x \cdot y$.

$2°$ 如果 $y \neq 0$, 那么存在 N 使得 $k \geqslant N$ 时有 $y_k \neq 0$, 并且有 $\lim\limits_{k\to\infty}(x_k/y_k) = x/y$.

$3°$ 设存在 N 使得对所有 $k \geqslant N$, $x_k \geqslant y_k$ 成立, 则 $x \geqslant y$.

$4°$ 如果 $x > y$, 那么存在 N 使得, $k \geqslant N$ 时 $x_k > y_k$.

$5°$ 设数列 $\{z_n\}$ 满足当 k 充分大时 $x_k \leqslant z_k \leqslant y_k$, 且 $\lim\limits_{k\to\infty} x_k = \lim\limits_{k\to\infty} y_k$, 则
$$\lim_{k\to\infty} z_k = \lim_{k\to\infty} x_k = \lim_{k\to\infty} y_k.$$

14.3.2 完备性

我们构造的实数域由有理数和有理数 Cauchy 列的等价类构成. 在定义了极限后, 实数域就是在有理数域中添加有理数列的极限得到的集合. 所谓实数完备性是指, 实数 Cauchy 列一定收敛到实数, 而不需要构造新的事物作为实数 Cauchy 列的极限.

定理 14.31 一个实数列 $\{x_n\}$ 有极限 $x \in \mathbb{R}$ 当且仅当它是 Cauchy 列.

证明 显然极限的存在性蕴含该数列是 Cauchy 列. 反之, 设 $\{x_n\}$ 是 Cauchy 列, 要找到一个实数 x 为它的极限, 我们只需要构造一个有理数 Cauchy 列 $\{x'_n\}$, 它所代表的实数 x 正是 $\{x_n\}$ 的极限.

根据有理数的稠密性, 存在 $x'_k \in \mathbb{Q}$ 使得 $|x_k - x'_k| < 1/k$ 对所有 $k \in \mathbb{N}$ 成立. $\{x'_n\}$ 是有理数列, 我们首先证明它是 Cauchy 列. 事实上, $\forall n, \exists N$ 使得对所

有 $j, k \geqslant N$ 有 $|x_j - x_k| < 1/(2n)$ 成立. 必要时增加 N 的值使之满足 $N \geqslant 4n$, 则 $j, k \geqslant N$ 时,

$$|x'_j - x'_k| \leqslant |x'_j - x_j| + |x_j - x_k| + |x'_k - x_k|$$
$$< \frac{1}{j} + \frac{1}{2n} + \frac{1}{k} \leqslant \frac{1}{2n} + \frac{2}{4n} = \frac{1}{n}.$$

设 x 为 Cauchy 列 $\{x'_n\}$ 定义的实数, 那么由定义 $x = \lim_{k \to \infty} x'_k$, 又因为

$$|x - x_k| \leqslant |x - x'_k| + |x'_k - x_k| < |x - x'_k| + \frac{1}{k},$$

由此推出 $x = \lim_{k \to \infty} x_k$. □

下述例子证明了正实数平方根的存在性, 证明的方法以后会多次用到.

例 14.3.1 设 a 是正实数. 证明: 存在唯一的正实数 b 使得 $b^2 = a$, 记为 $b = \sqrt{a}$.

证明 唯一性. 如果正数 c 也满足 $c^2 = a$, 那么

$$b^2 - c^2 = (b - c)(b + c) = 0.$$

因为 b, c 都是正数, 所以 $b + c > 0$. 等式两边乘 $(b+c)^{-1}$, 得到 $b - c = 0$, 即 $b = c$.

存在性. 如果 $a = 1$, 取 $b = 1$ 即可. 如果 $a > 1$ 的情形成立, 那么对 $0 < a < 1$, 我们取 $b = 1/\sqrt{a^{-1}}$ 即可. 所以我们只需对 $a > 1$ 的情形证明结论. 下面采用的证明方法称为二分法.

步骤 1: 找两个正实数 b_1, c_1, 使得 $b_1^2 \leqslant a \leqslant c_1^2$. 因为 $a > 1$, 所以取 $b_1 = 1, c_1 = a$.

步骤 2: 考虑区间 $[b_1, c_1]$ 的中点 $m_1 = (b_1 + c_1)/2$. 如果 $m_1^2 = a$, 证明完毕. 不然, 当 $m_1^2 < a$ 时取 $b_2 = m_1, c_2 = c_1$, 当 $m_1^2 > a$ 时令 $b_2 = b_1, c_2 = m_1$, 就得到正实数 b_2, c_2 满足 $b_2^2 \leqslant x \leqslant c_2^2$.

步骤 3: 重复以上过程, 取中点 $m_2 = (b_2 + c_2)/2$, 我们可以从 b_2, c_2 得到 b_3, c_3, 满足 $b_3^2 \leqslant x \leqslant c_3^2$.

依次类推, 如果有限次 (n 次) 后得到的中点 $m_n^2 = a$, 那么证明完毕. 不然, 可以无限次重复这一过程, 得到一个递增数列 $\{b_n\}$ 和一个递减数列 $\{c_n\}$, 对于所有的 n, 它们满足 $b_n^2 \leqslant a \leqslant c_n^2$, 并且

$$c_n - b_n = \frac{c_1 - b_1}{2^{n-1}}.$$

容易发现 $\{b_n\}$ 和 $\{c_n\}$ 是等价的 Cauchy 列. 事实上, 对任意 $\varepsilon > 0$, 存在 N 使得 $(c_1 - b_1)/2^{N-1} < \varepsilon$ 成立, 即

$$0 < c_N - b_N < \varepsilon.$$

由数列的构造可得,当 $k \geqslant N$ 时所有的 b_k, c_k 都落在区间 $[b_N, c_N]$ 里. 那么, 对所有 $k, j \geqslant N$ 都有

$$|b_j - b_k| < \varepsilon, \ |c_j - c_k| < \varepsilon, \ |b_j - c_k| < \varepsilon.$$

显然, 相互等价的两个 Cauchy 列一定有共同极限, 因此数列 $\{b_n\}$ 和 $\{c_n\}$ 有共同极限, 设它们的共同极限是 b, 那么 $b > 0$, 且由引理 14.24, $b^2 \leqslant a \leqslant b^2$, 所以 $b^2 = a$. □

例 14.3.2 证明: Kepler (开普勒) 方程

$$x = q \sin x + a$$

的解存在唯一, 这里 a, q 是常数, $0 < q < 1$.

证明 存在性. 任取 $x_1 \in \mathbb{R}$, 定义数列

$$x_{n+1} = q \sin x_n + a \quad (n = 1, 2, \cdots),$$

它满足

$$x_{n+1} - x_n = q(\sin x_n - \sin x_{n-1}),$$

所以

$$|x_{n+1} - x_n| \leqslant q|x_n - x_{n-1}| \leqslant \cdots \leqslant q^{n-1}|x_2 - x_1|.$$

对任意 $k > 0$,

$$|x_{n+k} - x_n| \leqslant |x_{n+k} - x_{n+k-1}| + |x_{n+k-1} - x_{n+k-2}| + \cdots + |x_{n+1} - x_n|$$
$$\leqslant (q^{n+k-2} + q^{n+k-3} + \cdots + q^{n-1})|x_2 - x_1|$$
$$\leqslant \frac{q^{n-1}}{1-q}|x_2 - x_1|,$$

所以从 $0 < q < 1$ 容易推出 $\{x_n\}$ 是 Cauchy 列. 设数列 $\{x_n\}$ 的极限是 $\bar{x}$, 在等式 $x_{n+1} = q \sin x_n + a$ 中令 $n \to \infty$, 就有

$$\bar{x} = q \sin \bar{x} + a,$$

这说明 $\bar{x}$ 是 Kepler 方程的一个解.

唯一性. 如果 $\bar{x}'$ 也是 Kepler 方程的解, 即 $\bar{x}' = q \sin \bar{x}' + a$, 则

$$|\bar{x} - \bar{x}'| = q|\sin \bar{x} - \sin \bar{x}'| \leqslant q|\bar{x} - \bar{x}'|.$$

由 $0 < q < 1$ 可知 $\bar{x} = \bar{x}'$. □

14.3.3 确界与极限点

我们将讨论实数完备性的一些推论. 为了叙述的完整性, 我们会罗列第一册已经出现过的结论如确界原理、列紧性定理等.

数列不一定有极限, 但是若存在则极限一定唯一. 为进一步讨论数列, 需要考虑数列极限为 $\pm\infty$ 的情形. 设 $\{x_n\}$ 是实数列, 若对任意正整数 m, 存在 N 使得对所有 $j \geqslant N$ 有 $x_j > m(x_j < -m)$ 成立, 则称**数列** $\{x_n\}$ **发散到** $+\infty(-\infty)$, 或称它以 $+\infty(-\infty)$ 为极限.

称
$$\mathbb{R}_\infty = \mathbb{R} \cup \{+\infty, -\infty\}$$

为**扩充的实数系**. 在扩充的实数系上可以有保留地定义算术: 如 $x + (+\infty) = +\infty$ $(x \in \mathbb{R})$ 等, 但 $+\infty + (-\infty)$ 和 $0 \cdot \infty$ 无定义. 读者可以自行补充定义其他有意义的算术规则.

需要指出的是, 一个不以实数为极限的数列不一定就会以 $+\infty$ 或 $-\infty$ 为极限, 比如数列 $0, 1, 0, 1, \cdots$ 就是一个简单的反例. 下面我们将讨论的**确界**, 是一个比极限更广泛的概念.

一个数列以 $\pm\infty$ 为极限, 说明它无界. 更一般地, 一个非空实数集合 E 称为有上 (下) 界, 是指存在实数 a 满足: 对任意 $x \in E$, $x \leqslant a$ $(x \geqslant a)$, a 称为集合 E 的一个**上 (下) 界**.

显然有上 (下) 界集合的上 (下) 界不是唯一的, 其中最小 (大) 的上 (下) 界称为集合的**上 (下) 确界**, 记为 $\sup E$ ($\inf E$). 下述定理保证了上、下确界的存在性.

定理 14.32 设 E 是有上界的非空实数集合, 则它有唯一的上确界 $\sup E$. 实数 $\sup E$ 满足:

$1°$ $\sup E$ 是 E 的上界.

$2°$ 如果 b 是 E 的上界, 那么 $b \geqslant \sup E$.

同理, 对有下界的集合 E, 存在唯一的下确界 $\inf E$, 即: $\inf E$ 是 E 的下界, 同时, 若 b 是 E 的一个下界, 则 $b \leqslant \inf E$.

证明 记
$$E' = \{y \in \mathbb{R} \mid y \geqslant x, \forall x \in E\}$$

是 E 的上界的集合, 因为 E 是有上界的集合, 所以 E' 非空. 我们利用二分法证明 $\sup E$ 的存在. 取 $x_1 \in E, y_1 \in E'$, 则 $x_1 \leqslant y_1$, 考虑中点 $(x_1 + y_1)/2$.

(i) 若 $(x_1 + y_1)/2$ 是 E 的上界, 则取 $x_2 = x_1, y_2 = (x_1 + y_1)/2$;

(ii) 若 $(x_1+y_1)/2$ 不是 E 的上界, 则取 $x_2 \in E$ 满足 $x_2 > (x_1+y_1)/2, y_2 = y_1$.

这样, $x_1, x_2 \in E, y_1, y_2 \in E'$, 且 $|x_2 - y_2| \leqslant |x_1 - y_1|/2$. 一直重复这个操作,

我们得到 E 中的一个递增数列 $\{x_n\}$，E 的上界集合 E' 中的一个递减数列 $\{y_n\}$，它们满足

$$|x_k - y_k| \leqslant \frac{|x_1 - y_1|}{2^{k-1}}.$$

由此可以推出

$$0 \leqslant x_{n+k} - x_n \leqslant y_{n+k} - x_n \leqslant y_n - x_n \leqslant \frac{|x_1 - y_1|}{2^{n-1}},$$

$$0 \leqslant y_n - y_{n+k} \leqslant y_n - x_{n+k} \leqslant y_n - x_n \leqslant \frac{|x_1 - y_1|}{2^{n-1}}.$$

上述三个不等式说明，$\{x_n\}$ 和 $\{y_n\}$ 是等价的 Cauchy 列，设它们共同的极限是 y.

由于 y 是数列 $\{y_n\}$ 的极限，且 $\forall k, y_k \in E'$，由引理 14.24 可知 y 仍然是 E 的上界. 如果 y' 也是 E 的上界，因为 $x_j \leqslant y'(\forall j)$，所以 $y = \lim\limits_{j \to \infty} x_j \leqslant y'$.

同样的方法可以证明下确界的存在性. □

如果一个集合 E 无上界, 那么定义 $\sup E = +\infty$. 如果一个集合 E 无下界, 那么定义 $\inf E = -\infty$. 容易发现，以上、下确界为左、右端点的区间 (开或者闭) 是包含集合 E 的最小区间.

性质 14.33 一个单调递增数列以它的上确界为极限，一个单调递减数列以它的下确界为极限.

证明 我们只对单调递增数列证明结论. 设 $\{x_n\}$ 是单调递增数列. 如果它有上界, 设实数 a 是它的上确界, 于是 $x_k \leqslant a (\forall k)$. 又因 a 是最小上界, 任取 $\varepsilon > 0$, $a - \varepsilon$ 都不是上界, 于是存在 x_N 使得 $x_N > a - \varepsilon$, 从而由单调性, 对任意 $n \geqslant N$ 都有

$$a - \varepsilon < x_n \leqslant a,$$

因此 $\lim\limits_{n \to \infty} x_n = a$.

如果 $\{x_n\}$ 没有上界，那么 $\sup\{x_n\} = +\infty$，对任意 $m \in \mathbb{N}$，$\exists N \in \mathbb{N}$，$x_N \geqslant m$. 由单调性，$\forall k > N$，$x_k \geqslant m$，这同样证明了 $\lim\limits_{n \to \infty} x_n = +\infty$. □

例 14.3.3 设 $a_1 > b_1 > 0$，定义数列

$$a_{n+1} = \frac{a_n + b_n}{2}, \quad b_{n+1} = \sqrt{a_n b_n}, \quad n = 1, 2, \cdots.$$

证明: 它们有相同的极限.

证明 显然对任意 n，a_n, b_n 大于 0，且 $a_n \geqslant b_n$. 因此

$$a_{n+1} - a_n = \frac{b_n - a_n}{2} \leqslant 0, \quad \frac{b_{n+1}}{b_n} = \sqrt{\frac{a_n}{b_n}} \geqslant 1.$$

所以 $\{a_n\}$ 是单调递减数列, 有下界 b_1, $\{b_n\}$ 是单调递增数列, 有上界 a_1. 所以它们都收敛. 设 $a = \lim a_n$, $b = \lim b_n$, 则由

$$a = \lim a_{n+1} = \lim \frac{a_n + b_n}{2} = \frac{a+b}{2}$$

推出 $a = b$. 另外, 容易看出

$$a_{n+1} - b_{n+1} < \frac{a_n - b_n}{2} < \cdots < \frac{a_1 - b_1}{2^n},$$

这说明数列 $\{a_n\}$ 和 $\{b_n\}$ 依指数收敛.

记这个共同的极限为 $P(a_1, b_1)$, 可以用它来求下述椭圆积分:

$$I(a_1, b_1) = \int_0^{\frac{\pi}{2}} \frac{\mathrm{d}x}{\sqrt{a_1^2 \cos^2 x + b_1^2 \sin^2 x}} \quad (a_1 > b_1 > 0).$$

作参数变换

$$\sin x = \frac{2a_1 \sin t}{(a_1 + b_1) + (a_1 - b_1) \sin^2 t}.$$

可以求得以下三个关系式:

$$\cos x = \frac{\cos t \sqrt{(a_1 + b_1)^2 - (a_1 - b_1)^2 \sin^2 t}}{(a_1 + b_1) + (a_1 - b_1) \sin^2 t},$$

$$\cos x \mathrm{d}x = \frac{2a_1 \cos t [(a_1 + b_1) - (a_1 - b_1) \sin^2 t]}{[(a_1 + b_1) + (a_1 - b_1) \sin^2 t]^2} \mathrm{d}t,$$

$$\sqrt{a_1 \cos^2 x + b_1 \sin^2 x} = a_1 \frac{(a_1 + b_1) - (a_1 - b_1) \sin^2 t}{(a_1 + b_1) + (a_1 - b_1) \sin^2 t}.$$

由此可以推出

$$\frac{\mathrm{d}x}{\sqrt{a_1^2 \cos^2 x + b_1^2 \sin^2 x}} = \frac{\mathrm{d}t}{\sqrt{a_2^2 \cos^2 t + b_2^2 \sin^2 t}},$$

其中 $a_2 = (a_1 + b_1)/2$, $b_2 = \sqrt{a_1 b_1}$. 所以

$$I(a_1,\ b_1) = \int_0^{\frac{\pi}{2}} \frac{\mathrm{d}t}{\sqrt{a_2^2 \cos^2 t + b_2^2 \sin^2 t}}.$$

反复使用这一变换, 可得

$$I(a_1,\ b_1) = \int_0^{\frac{\pi}{2}} \frac{\mathrm{d}x}{\sqrt{a_n^2 \cos^2 x + b_n^2 \sin^2 x}},$$

其中 a_n, b_n 如前述. 令 $n \to \infty$ 可得

$$I(a_1, b_1) = \frac{\pi}{2P(a_1, b_1)}.$$ □

一个数列不一定有极限, 但是由数列元素构成的数集一定有下确界和上确界. 上、下确界提供的关于数列变化的信息很粗糙. 比如, 收敛数列 $0, 3, 1, 1, 1, \cdots$ 对应的数集有下确界 0, 上确界 3. 但是 0, 3 和极限 1 没有丝毫关系.

下面定义的极限点概念, 较为准确地描述了数列在一点附近聚集的情形.

定义 14.34 设 $\{x_n\}$ 为实数列, x 为实数. 我们称 x 为该数列的**极限点**, 是指对任意的 $\varepsilon > 0$, 存在数列 $\{x_n\}$ 的无限多项满足

$$|x - x_n| < \varepsilon.$$

如果 $\{x_n\}$ 无上 (下) 界, 我们称 $+\infty$ ($-\infty$) 是它的极限点.

与数列极限点密切相关的概念是子列. 一个数列 $\{x_n\}$ 的子 (数) 列是由去掉它当中的一些项 (可以是无限多项), 保持剩下的项及顺序而得到的新数列. 它的定义如下: 一个函数 $n: \mathbb{N} \to \mathbb{N}$ (即 $n: k \longmapsto n_k$) 称为子列选择函数, 是指它满足 $n_{k+1} > n_k (\forall k)$. 如果存在子列选择函数 n, 使得 $y_k = x_{n_k}, k = 1, 2, 3, \cdots$, 那么数列 $\{y_k\}$ 称为 $\{x_n\}$ 的子列, 有时也记为 $y_k = x_{n_k}$.

如果一个数列 $\{x_n\}$ 无上界, 那么对任意自然数 n, 数列中一定存在一项 $x_{n_k} > n$. 我们可以选择 $\{n_k\}$ 严格单调, 就得到 $\{x_n\}$ 的一个子列趋于 $+\infty$. 对于无下界的数列, 也有同样的结论. 更一般地, 我们有:

性质 14.35 设 $\{x_n\}$ 是一个实数列, $x \in \mathbb{R}_\infty$. 那么 x 为 $\{x_n\}$ 的极限点的充分必要条件是, 存在一个子列 $\{x_{n_k}\}$ 使得 $\lim\limits_{k \to \infty} x_{n_k} = x$.

证明 只需证明必要性. 设 $x \in \mathbb{R}$ 是 $\{x_n\}$ 的极限点. 我们要构造一个子列 $\{x_{n_k}\}$ 收敛到 x. 因为存在无限多个 x_n 使得 $|x_n - x| < 1$, 我们从中取 x_{n_1}, $|x_{n_1} - x| < 1$. 又因为存在无限多个 x_n 使得 $|x_n - x| < 1/2$, 我们从中取一项 x_{n_2} ($n_2 > n_1$), $|x_{n_2} - x| < 1/2$. 重复该步骤, 可得一个子列 $\{x_{n_k}\}$, 对任意 k 都有 $|x_{n_k} - x| < 1/k$. 子数列 $\{x_{n_k}\}$ 满足要求. □

定理 14.36 (列紧性) 一个有界数列一定有有限极限点, 或者说一个有界数列一定有收敛子列.

证明 我们采用二分法证明定理. 设数列 $\{x_n\}$ 包含在闭区间 $[a, b]$ 内, 因此必有它的无限多项落在两个区间 $[a, (a+b)/2]$, $[(a+b)/2, b]$ 之一. 不妨设无限多项落在区间 $[a_1, b_1] = [a, (a+b)/2]$ 中, 取其中一项 $y_1 = x_{n_1}$. 将区间 $[a_1, b_1]$ 二分, 得到一个子区间 $[a_2, b_2]$ 包含数列的无限多项, 在其中取一项 $y_2 = x_{n_2}$, $n_2 > n_1$, 则 $|y_2 - y_1| \leqslant (b - a)/2$. 重复此过程, 我们可以得到 $\{x_n\}$ 的一个子数列 $\{y_k = x_{n_k}\}$

满足
$$|y_n - y_{n-1}| \leqslant \frac{b-a}{2^{n-1}}, \quad n = 2, 3, \cdots,$$
容易验证它是一个 Cauchy 列. □

任意有界数列一定有一个收敛子列. 更一般地, 任意数列一定有一个子列有极限, 且极限属于扩充的实数系 $\mathbb{R}_\infty$.

例 14.3.4 证明: 数列 $\{x_n\}$ 有极限 $x = \lim\limits_{n\to\infty} x_n$ 当且仅当它只有一个极限点 x.

证明 如果 $\lim x_n = x$, 那么它的任意子列也趋于 x, 所以 x 是它的唯一极限点. 反之, 如果数列 $\{x_n\}$ 只有一个极限点 $x \in \mathbb{R}$, 依性质 14.35, $\{x_n\}$ 有界, 且它的任意收敛子列以 x 为极限, 这说明 $\lim\limits_{n\to\infty} x_n = x$.

数列发散到 $\pm\infty$ 的情形可类似证明. □

一般而言, 一个数列的极限点可能很复杂. 一个简单的例子是, 考虑两个数列 $\{x_n\}$ 和 $\{y_n\}$, 它们有不同的极限 x 和 y. 我们把它们混合起来得到新数列 $x_1, y_1, x_2, y_2, \cdots$, 混合数列没有极限, 它的极限点是 x 和 y. 下面我们将构造一个有理数列, 它的极限点集合是 $\mathbb{R}_\infty$.

例 14.3.5 构造一个有理数列, 它的极限点集合是 $\mathbb{R} \cup \{+\infty, -\infty\}$.

解 由于有理数集 $\mathbb{Q}$ 是可数集合, 我们可以把所有有理数排成一列 $r_1, r_2, r_3, \cdots$. 将它从上到下重复排列, 如图 14.3.

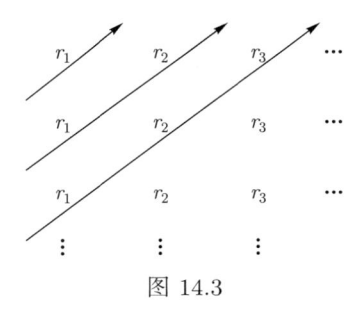

图 14.3

里面每一行是有理数全体的同一排列. 按斜对角方式依次排列这些数, 我们构造一个数列 $\{x_n\} = \{r_1, r_1, r_2, r_1, r_2, r_3, \cdots\}$.

每个有理数在数列 $\{x_n\}$ 里出现无限次, 因此任意有理数列都是它的子列. 有理数的稠密性说明它的极限点集合是 $\mathbb{R}_\infty$. □

至此我们已经从实数完备性定理 14.31 出发, 得到了确界原理、列紧性定理、单调有界数列有极限等结论. 这些结论和下一节将要证明的紧致集合有限覆盖定理、区间套定理等, 都是实数完备性定理的等价命题, 读者可以自行证明.

注记 在第一册 1.1.3 小节中, 我们引进下列实数的完备性公理:

设 X, Y 是实数域 $\mathbb{R}$ 的两个非空子集合, 满足条件: $\forall x \in X, \forall y \in Y, x \leqslant y$. 则存在 $a \in \mathbb{R}$, 使得对任意的 $x \in X, y \in Y, x \leqslant a \leqslant y$.

并以此作为出发点, 分别证明了确界原理、列紧性、Cauchy 收敛准则和区间套定理等命题. 事实上, 上述公理也是实数完备性的一个等价命题, 可以用二分法证明.

例 14.3.6 求证: 无理数全体是不可数集合.

证明 由于有理数集 $\mathbb{Q}$ 是可数集合, 我们只需证明实数 $\mathbb{R}$ 不可数, 或者证明有理数 Cauchy 列的等价类全体不可数. 反证. 设有理数 Cauchy 列等价类全体可数, 记为 $x^{(1)}, x^{(2)}, \cdots$. 各自选定一个它们的有理数 Cauchy 列代表元, 并作如下排列:

$$x^{(1)} = (x_1^{(1)}, x_2^{(1)}, \cdots),$$
$$x^{(2)} = (x_1^{(2)}, x_2^{(2)}, \cdots), \cdots.$$

下面我们将构造一个新的有理数 Cauchy 列 $\{x_n\}$, 它和每个 $x^{(i)}$ 都不等价, 因此矛盾.

对每个 $n \in \mathbb{N}$, 令

$$J_n = \bigcup_{k=1}^{n} [x_n^{(k)} - 1/2^{k+1},\ x_n^{(k)} + 1/2^{k+1}],$$

它是一些闭区间的并, 这些闭区间的长度之和不超过 $\sum_{k=1}^{n} \dfrac{1}{2^k} < 1$. 取 x_n 满足

$$x_n \in \mathbb{Q} \cap ([-1, 1] \setminus J_n).$$

则数列 $\{x_n\}$ 满足: 对任意固定的 $i \in \mathbb{N}$,

$$|x_n - x_n^{(i)}| \geqslant \frac{1}{2^{i+1}} \quad (n \geqslant i),$$

所以有理数列 $\{x_n\}$ 和任意的 $x^{(i)} = \{x_n^{(i)}\}$ 都不等价. 虽然 $\{x_n\}$ 可能不是 Cauchy 列, 但它是有界数列, 一定有一个收敛子列, 这个子列正是一个与所有有理 Cauchy 列 $x^{(1)}, x^{(2)}, \cdots$ 不等价的 Cauchy 列. 矛盾. □

14.3.4 上极限与下极限

对一个数列 $\{x_n\}$ 而言, 如果它有界, 那么它有属于 $\mathbb{R}$ 的极限点, 如果它无界, 那么它有极限点 $+\infty$ 或 $-\infty$. 因此它的极限点集合 E 是扩充的实数系 $\mathbb{R}_\infty$ 的一个非空子集. 研究 $\{x_n\}$ 的极限点集合 E 的上、下确界对数列 $\{x_n\}$ 自身而言有特殊的意义.

定义 14.37 设 E 是数列 $\{x_n\}$ 的极限点的集合, 那么 E 是扩充的实数系 $\mathbb{R}_\infty$ 的子集. 通过在 $\mathbb{R}_\infty$ 中引进自然的序关系, 可以定义 E 的上确界与下确界, 仍然分别记作 $\sup E$ 与 $\inf E$. 称 $\sup E$ 是数列 $\{x_n\}$ 的**上极限**, 记为

$$\sup E = \overline{\lim_{n\to\infty}} x_n, \text{ 或 } \overline{\lim} x_n,$$

$\inf E$ 是数列 $\{x_n\}$ 的**下极限**, 记为

$$\inf E = \varliminf_{n\to\infty} x_n, \text{ 或 } \varliminf x_n.$$

对于无上界的数列而言, 它的上确界和上极限均为 $+\infty$, 对于无下界的数列, 它的下确界和下极限均为 $-\infty$. 但需要注意的是, 一般而言, 一个数列的上 (下) 极限不同于它对应数集的上 (下) 确界. 比如数列 $2, 1, 1, 1, \cdots$, 上确界是 2, 但仅有的极限点为 1, 因此它的上、下极限都是 1.

设数列 $\{x_n\}$ 有上界, 考虑如下数列

$$y_n = \sup_{j>n}\{x_j\} = \sup\{x_{n+1}, x_{n+2}, \cdots\}, \quad n = 1, 2, \cdots,$$

显然, $y_n \geqslant y_{n+1}$. 于是 $\{y_n\}$ 为单调减数列, 它在扩充的实数系 $\mathbb{R}_\infty$ 中存在极限 (可能为 $-\infty$). 同理, 如果对于有下界的 $\{x_n\}$, 可定义

$$y_n = \inf_{j>n}\{x_j\} = \inf\{x_{n+1}, x_{n+2}, \cdots\}, \quad n = 1, 2, \cdots,$$

那么 $\{y_n\}$ 是单调增数列, $y_n \leqslant y_{n+1}$, 并且在 $\mathbb{R}_\infty$ 中存在极限 (可能为 $+\infty$).

定理 14.38 设 $\{x_n\}$ 是一个实数列.

$1°$ 如果 $\{x_n\}$ 有上界, 设 $y_n = \sup_{j>n}\{x_j\}$, 并记它在 $\mathbb{R}_\infty$ 中的极限为 $y = \lim_{n\to\infty} y_n$, 那么 y 是数列 $\{x_n\}$ 的极限点且 $y = \overline{\lim_{n\to\infty}} x_n$.

$2°$ 如果 $\{x_n\}$ 有下界, 设 $y_n = \inf_{j>n}\{x_j\}$, 并记它在 $\mathbb{R}_\infty$ 中的极限为 $y = \lim_{n\to\infty} y_n$, 那么 y 是数列 $\{x_n\}$ 的极限点且 $y = \varliminf_{n\to\infty} x_n$.

证明 我们只证明第一种情况, 并假设 $y \in \mathbb{R}$, $y = -\infty$ 的情形留作练习.

设 $\lim_{n\to\infty} y_n = y \in \mathbb{R}$, 因此对于任意的 $\varepsilon > 0$, 存在 N, 使得对所有 $k \geqslant N$, 有

$$|y - y_k| = \left|y - \sup_{j>k}\{x_j\}\right| < \frac{\varepsilon}{2}.$$

另一方面, 由上确界的定义, 对任意的 k 存在 $\ell > k$ 使得

$$0 \leqslant y_k - x_\ell = \sup_{j>k}\{x_j\} - x_\ell < \frac{\varepsilon}{2},$$

于是 $|y - x_\ell| < \varepsilon$. 由 k 的任意性, 可以证明区间 $(y - \varepsilon, y + \varepsilon)$ 中有数列 $\{x_n\}$ 的无限多项, 例如对 $k = N$, 有 $x_{n_1} \in (y - \varepsilon, y + \varepsilon)$ $(n_1 > N)$, 对 $k = n_1$, 有 $x_{n_2} \in (y - \varepsilon, y + \varepsilon)$ $(n_2 > n_1)$, 并依次类推. 至此我们已经证明了对任意 $\varepsilon > 0$, 在数列 $\{x_n\}$ 中存在无限多个这样的 x_ℓ 满足 $|x_\ell - y| < \varepsilon$, 这表明 y 是数列的极限点.

最后我们证明 $y = \varlimsup\limits_{n \to \infty} x_n$, 只需证明 y 是数列 $\{x_n\}$ 最大的极限点. 如果 x 为一个极限点, 那么存在收敛于 x 的子列 $\{x_{k_n}\}$. 因为 $k_{n+1} > n$, 所以

$$x_{k_{n+1}} \leqslant \sup_{j > n} \{x_j\} = y_n,$$

令 $n \to \infty$ 就得到 $x \leqslant y$. □

性质 14.39 设 $\{x_n\}, \{y_n\}$ 是两个实数列.

1° $\varliminf\limits_{n \to \infty} x_n \leqslant \varlimsup\limits_{n \to \infty} x_n$, 且 $\lim x_n = x$ 当且仅当 $\varliminf\limits_{n \to \infty} x_n = \varlimsup\limits_{n \to \infty} x_n = x$.

2° 如果 n 充分大后有 $x_n \leqslant y_n$, 那么 $\varliminf\limits_{n \to \infty} x_n \leqslant \varliminf\limits_{n \to \infty} y_n$, $\varlimsup\limits_{n \to \infty} x_n \leqslant \varlimsup\limits_{n \to \infty} y_n$.

证明 根据定理 14.38, $\varliminf\limits_{n \to \infty} x_n \leqslant \varlimsup\limits_{n \to \infty} x_n$ 是显然的.

如果 $\{x_n\}$ 是收敛于 x 的一个数列, 那么它只有一个极限点 x, 这说明 $x = \lim\limits_{n \to \infty} x_n$ 蕴含 $\varliminf\limits_{n \to \infty} x_n = \varlimsup\limits_{n \to \infty} x_n = x$. 反之, 设 $\varliminf\limits_{n \to \infty} x_n = \varlimsup\limits_{n \to \infty} x_n = x$, 由上、下极限的定义知数列 $\{x_n\}$ 只有一个极限点 x. 由例 14.3.4 可知第一个结论成立.

为证明第二个结论, 不妨设当 $n \geqslant n_0$ 时, $x_n \leqslant y_n$, 因此

$$\inf_{j > n}\{x_j\} \leqslant \inf_{j > n}\{y_j\}, \ n \geqslant n_0,$$
$$\sup_{j > n}\{x_j\} \leqslant \sup_{j > n}\{y_j\}, \ n \geqslant n_0,$$

令 $n \to \infty$, 就证明了结论 2°. □

下述命题描述了上、下极限与数列运算的关系, 这些结论自动排除了 $+\infty + (-\infty)$, $0 \cdot \infty$ 等无意义的情形. 它的证明留作习题.

性质 14.40 设 $\{x_n\}$ 和 $\{y_n\}$ 是两个实数列.

1° $\varlimsup\limits_{n \to \infty} (x_n + y_n) \leqslant \varlimsup\limits_{n \to \infty} x_n + \varlimsup\limits_{n \to \infty} y_n$.

2° $\varliminf\limits_{n \to \infty} x_n + \varliminf\limits_{n \to \infty} y_n \leqslant \varliminf\limits_{n \to \infty} (x_n + y_n) \leqslant \varlimsup\limits_{n \to \infty} x_n + \varliminf\limits_{n \to \infty} y_n$.

3° 若 $x_n \geqslant 0$, $y_n \geqslant 0$, 则 $\varlimsup\limits_{n \to \infty} (x_n \cdot y_n) \leqslant \varlimsup\limits_{n \to \infty} x_n \cdot \varlimsup\limits_{n \to \infty} y_n$.

上、下极限在讨论数列收敛性问题时, 有独特的便利性. 它的长处在于, 不论收敛与否, 数列的上、下极限都存在, 可以进行演算推理. 以下我们用两个例子加以说明.

例 14.3.7 设 $\lim\limits_{n\to\infty} a_n = a \in \mathbb{R}$, 证明:
$$\lim_{n\to\infty} \frac{a_1 + a_2 + \cdots + a_n}{n} = a.$$

证明 对任意 n, 存在 N 使得 $k > N$ 时有 $a - 1/n < a_k < a + 1/n$ 成立. 记
$$b_k = \frac{a_1 + a_2 + \cdots + a_k}{k},$$
则 $k > N$ 时
$$\frac{a_1 + a_2 + \cdots + a_N}{k} + \frac{k-N}{k}\left(a - \frac{1}{n}\right) < b_k < \frac{a_1 + a_2 + \cdots + a_N}{k} + \frac{k-N}{k}\left(a + \frac{1}{n}\right)$$
成立. 利用上式左侧的不等式计算数列 $\{b_n\}$ 的下极限, 就有
$$\varliminf_{k\to\infty} b_k \geqslant \lim_{k\to\infty} \frac{a_1 + a_2 + \cdots + a_N}{k} + \lim_{k\to\infty} \frac{k-N}{k}\left(a - \frac{1}{n}\right) = a - \frac{1}{n}.$$
同理可以证明, $\varlimsup\limits_{k\to\infty} b_k \leqslant a + \frac{1}{n}$. 因此我们有, 对任意 n,
$$a - \frac{1}{n} \leqslant \varliminf_{k\to\infty} b_k \leqslant \varlimsup_{k\to\infty} b_k \leqslant a + \frac{1}{n},$$
令 $n \to \infty$, 就得到 $\varliminf\limits_{k\to\infty} b_k = \varlimsup\limits_{k\to\infty} b_k = a$. $\square$

例 14.3.8 设非负数列 $\{x_n\}$ 满足
$$x_{k+n} \leqslant x_k + x_n \quad (\forall k, n \in \mathbb{N}),$$
证明: 数列 $\left\{\dfrac{x_n}{n}\right\}$ 收敛.

证明 由题设可知, $x_n \leqslant nx_1$, 所以 $\left\{\dfrac{x_n}{n}\right\}$ 是一个有界数列. 固定 $k \in \mathbb{N}$, 对任意 $n > k$, 存在正整数 m 满足 $n = mk + r$, 其中整数 $r \in \{0, 1, 2, \cdots, k-1\}$, 我们有
$$x_n = x_{mk+r} \leqslant m\dot{x}_k + x_r,$$
这推出
$$\frac{x_n}{n} \leqslant \frac{mx_k}{n} + \frac{x_r}{n} = \frac{x_k}{k + r/m} + \frac{x_r}{n}.$$
令 $n \to \infty$, 这等价于 $m \to \infty$, 注意到 $x_r \leqslant \max\{x_1, x_2, \cdots, x_{k-1}\}$, 我们有
$$\varlimsup_{n\to\infty} \frac{x_n}{n} \leqslant \varlimsup_{m\to\infty} \frac{x_k}{k + r/m} + \varlimsup_{n\to\infty} \frac{x_r}{n} = \frac{x_k}{k}.$$

上述不等式的左侧是一个常数，计算数列 $\{x_k/k\}$ 的下极限，就有

$$\varlimsup_{n\to\infty} \frac{x_n}{n} \leqslant \varliminf_{k\to\infty} \frac{x_k}{k}.$$

这说明数列 $\{x_n/n\}$ 的上、下极限相等. □

下面的结论，回答了第一册 §7.1 提出的一个问题，在正项级数判别法中，凡是用 d'Alembert (达朗贝尔) 判别法能判别收敛性的，都可以用 Cauchy 判别法判别.

例 14.3.9 设 $\{a_n\}$ 是正数列，证明:

$$\varliminf_{n\to\infty} \frac{a_{n+1}}{a_n} \leqslant \varliminf_{n\to\infty} \sqrt[n]{a_n} \leqslant \varlimsup_{n\to\infty} \sqrt[n]{a_n} \leqslant \varlimsup_{n\to\infty} \frac{a_{n+1}}{a_n}.$$

证明 我们只证明第一个不等式成立，第三个不等式可以类似证明.

设 $a = \varliminf_{n\to\infty} \frac{a_{n+1}}{a_n} \in \mathbb{R}$，则对任意 $\varepsilon > 0$，存在 $N \in \mathbb{N}$，当 $n \geqslant N$ 时

$$\frac{a_{n+1}}{a_n} > a - \varepsilon$$

成立. 对任意 $m \in \mathbb{N}$,

$$a_{N+m} = \frac{a_{N+m}}{a_{N+m-1}} \frac{a_{N+m-1}}{a_{N+m-2}} \cdots \frac{a_{N+1}}{a_N} \cdot a_N > a_N \cdot (a-\varepsilon)^m,$$

所以

$$a_{N+m}^{\frac{1}{N+m}} > (a-\varepsilon)^{\frac{m}{N+m}} \cdot a_N^{\frac{1}{N+m}},$$

令 $m \to \infty$，就得到

$$\varliminf_{n\to\infty} \sqrt[n]{a_n} \geqslant a - \varepsilon,$$

由 ε 的任意性，第一个不等式成立.

$a = +\infty$ 的情形可以同理证明. □

习题 14.3

1. 证明：每个实数有唯一的实立方根.
2. 设 $x_1, x_2, x_3, \cdots$ 是满足 $|x_n| \leqslant 1/2^n$ 的实数列，设 $y_n = x_1 + x_2 + \cdots + x_n$. 证明：数列 $y_1, y_2, y_3, \cdots$ 收敛.
3. 设 $\{x_n\}$ 是非负数列，$\lim x_n = x$，证明：$\lim \sqrt{x_n} = \sqrt{x}$.
4. 证明：无理数集合在 $\mathbb{R}$ 中稠密.
5. 计算下列数列的上确界、下确界、上极限、下极限和所有极限点:

   (1) $x_n = (-1)^n + \dfrac{1}{n}$; (2) $x_n = 1 + \dfrac{(-1)^n}{n}$;

   (3) $x_n = (-1)^n + \dfrac{1}{n} + 2\sin\dfrac{n\pi}{2}$; *(4) $x_n = \sin n$.

6. 设一个有界数列 $\{x_n\}$ 是一个单调增数列 $\{y_n\}$ 与单调减数列 $\{z_n\}$ 的和, 即 $x_n = y_n + z_n$. 问 $\{x_n\}$ 收敛吗? 如果再假设 $\{y_n\}, \{z_n\}$ 有界呢?

7. 设 E 是 $\mathbb{R}$ 的非空子集, 且 y 是两个数列 $\{x_n\}, \{y_n\}$ 的共同极限, 其中 $x_n \in E, y_n$ 是 E 的上界. 证明: $y = \sup E$.

8. 构造一个数列使得它的实数极限点集合恰好为整数集合.

9. 是否存在一个数列, 它的极限点恰好为 $1, 1/2, 1/3, \cdots$?

10. 约定空集的 sup 为 $-\infty$, 设 A, B 为 $\mathbb{R}$ 的非空子集. 证明:
$$\sup(A \cup B) \geqslant \sup A, \quad \sup(A \cap B) \leqslant \sup A.$$

11. 证明: $\varliminf\limits_{n\to\infty} x_n = -\varlimsup\limits_{n\to\infty} (-x_n)$.

12. 证明性质 14.40, 并举例说明结论中的等号可以不成立.

13. 设 $\{x_n\}, \{y_n\}$ 是两个实数列, $\lim x_n = x \in \mathbb{R}$, 证明:

    (1) $\varlimsup\limits_{n\to\infty} (x_n + y_n) = x + \varlimsup\limits_{n\to\infty} y_n$; (2) $\varliminf\limits_{n\to\infty} (x_n + y_n) = x + \varliminf\limits_{n\to\infty} y_n$.

14. 证明: $\varlimsup\limits_{n\to\infty} x_n = a \in \mathbb{R}$ 当且仅当, 对任意 $\varepsilon > 0$,

    (1) 存在无限多 n 满足 $x_n > a - \varepsilon$;

    (2) 当 n 充分大时, $x_n < a + \varepsilon$.

15. (1) 证明: 如果数列 $\{x_j\}$ 满足 $\varlimsup\limits_{n\to\infty} x_n = \lim\limits_{k\to\infty} \sup\limits_{j>k}\{x_j\} = -\infty$, 那么 $\lim\limits_{j\to\infty} x_j = -\infty$;

    (2) 证明: 如果数列 $\{x_j\}$ 在扩充的实数系中只有一个极限点, 并且该极限点为 $+\infty$, 那么 $\lim\limits_{j\to\infty} x_j = +\infty$.

16. 任取所有有理数的一个排列 $r_1, r_2, r_3, \cdots$, 证明: 此数列的极限点集合是扩充的实数系.

17. 证明: 数列 $\{x_j\}, \{y_j\}$ 的混合数列 $x_1, y_1, x_2, y_2, \cdots$ 的极限点集合是 $\{x_j\}$ 与 $\{y_j\}$ 的极限点集合的并.

18. 考虑一个沿如下无限矩阵:

$$\begin{matrix} a_{11} & a_{12} & a_{13} & \cdots \\ a_{21} & a_{22} & a_{23} & \cdots \\ a_{31} & a_{32} & a_{33} & \cdots \\ \vdots & \vdots & \vdots & \end{matrix}$$

的反对角线行进得到的数列 $a_{11}, a_{21}, a_{12}, a_{31}, a_{22}, a_{13}, \cdots$. 证明: 矩阵中每一行或列构成的数列的极限点都是以上数列的极限点. 是否能够通过这种方式得到此数列的所有极限点?

19. 设 $c \in \mathbb{R}$, 定义数列
$$x_1 = \frac{c}{2}, \quad x_{n+1} = \frac{c}{2} + \frac{x_n^2}{2}, \quad n = 1, 2, \cdots.$$
讨论数列 $\{x_n\}$ 的敛散性.

20. 设 $\lim\limits_{n\to\infty} x_n = x$, $\lim\limits_{n\to\infty} y_n = y$, $x, y \in \mathbb{R}$, 求
$$\lim_{n\to\infty} \frac{x_1 y_n + x_2 y_{n-1} + \cdots + x_n y_1}{n}.$$

21. 设 $\{x_n\}$ 是单调递减的正数列, $\sum\limits_{n=1}^{\infty} x_n$ 收敛. 设 P 表示从级数 $\sum\limits_{n=1}^{\infty} x_n$ 中任意抽取有限或无限项求和所得数的全体. 证明: P 是一个区间当且仅当对任意 n 有
$$x_n \leqslant \sum_{j=n+1}^{\infty} x_j.$$

22. 证明:
$$\lim_{n\to\infty} \sqrt{1 + 2\sqrt{1 + 3\sqrt{1 + \cdots \sqrt{1 + (n-1)\sqrt{1+n}}}}} = 3.$$

23. 设 $0 < x_1 < 1$, $x_{n+1} = x_n(1 - x_n)$ $(n = 1, 2, \cdots)$. 证明: $\lim\limits_{n\to\infty} nx_n = 1$.

24. 设非负数列 $\{x_n\}$ 满足 $x_{m+n} \leqslant x_m x_n (\forall m, n)$, 证明: 数列 $\{\sqrt[n]{x_n}\}$ 收敛.

25. 设 $a_0, a_1, a_2, \cdots$ 为整数列, 其中 $a_1, a_2, \cdots$ 为正整数. 定义有理数列 $x_0, x_1, x_2, \cdots$ 为
$$x_0 = a_0, \quad x_1 = a_0 + \frac{1}{a_1}, \quad x_2 = a_0 + \cfrac{1}{a_1 + \cfrac{1}{a_2}}, \quad x_3 = a_0 + \cfrac{1}{a_1 + \cfrac{1}{a_2 + \cfrac{1}{a_3}}}, \quad \cdots.$$

证明: $x_0, x_1, x_2, \cdots$ 为 Cauchy 列, 且极限为某个无理数 x. 称整数列 $a_0, a_1, a_2, \cdots$ 为无理数 x 的连分数展开, 记为 $x = [a_0, a_1, a_2, \cdots]$. 证明: 任意无理数都有连分数展开.

§14.4 实直线的拓扑

正如 §14.2 开始提到, 几何上把实数系对应到数轴, 实数的完备性保证了对应是一一映射. 在本节中我们研究实数在几何上定性的性质, 这就是**拓扑**一词的意思. 这一节的许多概念今后会在数学更广泛的范围里重新出现. 因此借助实数, 首先建立起对这些概念的直观认识, 以便将来在更一般的范畴里理解它们.

14.4.1 开集与闭集

在实数域 $\mathbb{R}$ 中, 不等式 $a < b$ 称为严格不等式, $a \leqslant b$ 称为不严格不等式. 在上述有关实数构造和极限的讨论中, 大多数时候不加区分严格不等式和不严格不等式, 不会造成本质的区别. 比如在极限的定义里, 我们可以要求 $|x_k - x| < \varepsilon$, 也可以要求 $|x_k - x| \leqslant \varepsilon$. 但是, 在另一些情形它们的区别是本质性的, 比如取极限保持不严格不等式, 但不保持严格不等式.

给定两个实数 $a < b$, 由严格不等式 $a < x < b$ 决定的集合是开区间 (a, b); 由不严格不等式 $a \leqslant x \leqslant b$ 决定的集合是闭区间 $[a, b]$. 对于开区间, 我们还允许 $a = -\infty$ 或 $b = +\infty$. 开区间与闭区间本质的不同在于开区间中的每一点都被开区间中的其他点包围, 而闭区间的端点不具有这个性质. 开区间和闭区间的不同点, 在 $\mathbb{R}$ 的一般子集合上的反映, 就是下面要介绍的概念: 开集与闭集.

定义 14.41 $\mathbb{R}$ 中的一个子集合 A 称为**开集**, 是指 A 满足如下性质: $\forall x \in A$, 存在开区间 (a, b) 使得 $x \in (a, b) \subset A$.

开区间是开集, 闭区间 $[a, b]$ 不是开集, 因为 a 不在任何包含于闭区间的开区间中. 空集 $\varnothing$ 是开集, 因为它里面没有任何点. 有限或者无限个开区间的并集还是开集, 因为并集里的任意点都属于某个开区间. 所以对开集而言, 在集合的"并"和"交"两个基本运算下有:

性质 14.42

1° 任意个开集的并集是开集, 从而无限个开集的并集还是开集.

2° 两个开集的交集是开集, 从而有限个开集的交集是开集.

证明 依照开集的定义, 性质 1° 是显然的.

设 A, B 为开集, 且 $A \cap B \neq \varnothing$. 给定 $x \in A \cap B$, 存在含 x 的开区间 $(a, b), (a', b')$, 它们分别包含于 A, B. 那么 x 在开区间 $(a, b) \cap (a', b')$ 里, 此区间包含于 $A \cap B$. $\square$

需要注意的是, 无限多个开集的交可以不是开集, 例如

$$\bigcap_{n=1}^{\infty} \left(-\frac{1}{n}, \frac{1}{n}\right) = \{0\}.$$

我们可以证明每个开集都可以写成一族开区间的并集. 事实上如果 A 是开集, 那么任意 $x \in A$, 存在一个开区间 I_x 使得 $x \in I_x \subset A$, 从而

$$A = \bigcup_{x \in A} I_x.$$

下述定理描述了实数域开集的结构.

定理 14.43 (开集的结构定理) $\mathbb{R}$ 的每个开集都可以表示成至多可数个两两不交的开区间的并, 而且构成该开集的这些开区间, 在不考虑次序的意义下唯一.

证明 首先注意一个事实, 两个有交的开区间, 它们的并集还是开区间. 设 A 是开集, 一个开区间 (a, b) 称为 A 的极大开区间是指: $(a, b) \subset A$, 同时, 任何包含于 A 中的开区间, 如果与 (a, b) 有交, 那么一定包含于 (a, b). 或者说 (a, b) 是极大开区间当且仅当不存在以它为真子集的开区间包含于 A.

对任意 $x \in A$, 存在开区间 $I_x \subset A$ 且 $x \in I_x$, 这样的开区间 I_x 不唯一. 将包

含于 A 中、且包含点 x 的开区间全体合并, 它们的并集记为

$$J_x = \bigcup_{x \in I_x \subset A} I_x.$$

可以证明 J_x 是一个区间 (习题), 并且是 A 的包含点 x 的极大开区间. 而且, 当 $x \neq y$ 时, J_x 与 J_y 要么相等, 要么无交. 因为任意两个极大开区间没有交, 所以 A 可以表示为一族两两不交的开区间的并.

两两不交开区间可能是有限个, 亦可能是无限个. 比如集合 $(1/2, 1) \cup (1/4, 1/2) \cup (1/8, 1/4) \cup \cdots$. 但是两两不交的开区间构成集合的基数至多为可数无限. 因为从每个开区间中可以取一个有理数, 就得到了一个该集合到 $\mathbb{Q}$ 的一个子集的一一对应. $\square$

包含点 x 的开集称为点 x 的**邻域**. 点 x 的一个简单的邻域是 $(x - \varepsilon, x + \varepsilon)$. 利用邻域, 可以重新定义数列极限如下.

定义 14.44 称数列 $\{x_n\}$ 收敛到实数 x, 是指对 x 的任意邻域 A, 存在正整数 N 使得对任意 $n > N$, $x_n \in A$.

容易验证, 该定义和原来极限的定义是等价的, 这是因为

$$\lim_{j \to \infty} x_j = x$$

等价于对任意 $\varepsilon > 0$, 存在正整数 N 使得对 $j \geqslant N$, $x_j \in (x - \varepsilon, x + \varepsilon)$. 更重要的是, 用开集定义极限不需要实数距离的概念, 它具有更普遍的意义. 稍后我们也将用开集定义函数的连续性.

下面我们讨论闭集的概念. 闭集的 "闭" 字意味着这个集合具有某种封闭性. 直观地说, 闭集中收敛数列的极限依然在该集合中. 为更好地理解闭集, 我们先引进集合聚点的概念, 它与数列的极限点有着微妙的不同.

定义 14.45 设 B 是 $\mathbb{R}$ 的一个子集. 实数 x 称为 B 的**聚点**, 是指每个 x 的邻域中含有 B 中无限多个点.

这里我们不考虑 $\pm \infty$ 作为集合的聚点. 下述命题, 给出了聚点的一些等价描述.

性质 14.46 设 $B \subset \mathbb{R}, x \in \mathbb{R}$, 则下列条件等价:
$1°$ x 是 B 的聚点.
$2°$ x 的任意开邻域都包含有 B 的不同于 x 的点.
$3°$ 集合 B 中有一个数列 $\{x_n\}, x_n \neq x \,(\forall n)$, 且 $\lim_{n \to \infty} x_n = x$.

证明 依照聚点的定义, $1° \Rightarrow 2°$ 和 $3° \Rightarrow 1°$ 显然, 我们只需证明 $2° \Rightarrow 3°$.

设 $x_1 \in B$ 是邻域 $(x - 1, x + 1)$ 中异于 x 的点; $x_2 \in B$ 是邻域 $(x - \delta_2, x + \delta_2)$

中异于 x 的点，其中 $\delta_2 = \min\left\{\dfrac{1}{2}, |x - x_1|\right\}$；$n \geqslant 3$ 时，归纳定义点 x_n，$x_n \in B$ 是邻域 $(x - \delta_n, x + \delta_n)$ 中异于 x 的点，其中

$$\delta_n = \min\left\{\dfrac{1}{n}, |x - x_{n-1}|\right\}.$$

则数列 $\{x_n\}$ 满足：$x_n \neq x$，且

$$|x - x_n| < \dfrac{1}{n}$$

对任何 n 成立，所以 $\lim\limits_{n \to \infty} x_n = x$. □

一个集合的聚点，可以是自身的点，也可以不是自身的点. 例如有界开区间 (a, b)，它的聚点集合是闭区间 $[a, b]$；集合 $\{1, 1/2, 1/3, \cdots\}$ 只有聚点 0. 整数集合 $\mathbb{Z}$ 没有聚点.

考虑一个数列 $\{x_n\}$ 和它的附属集合 $\{x_1, x_2, \cdots\}$. 数列的极限点一般不同于附属集合的聚点. 最简单的例子是常数列，它有一个极限点，但是它的附属集合是独点集，没有聚点；但是附属集合的聚点一定是原数列的极限点，这是因为，如果 x 是集合 $\{x_1, x_2, \cdots\}$ 的聚点，那么对任意 $k \in \mathbb{N}$，邻域 $(x - 1/k, x + 1/k)$ 中存在一点 x_{n_k}，由此可以得到数列 $\{x_n\}$ 的一个子列收敛到 x.

定义 14.47 称一个集合为**闭集**，是指它含有自身所有的聚点.

没有聚点的集合，如空集 $\varnothing$ 或有限集合，自动成为闭集. 闭区间 $[a, b]$ 是闭集，非空的开区间 (a, b) 当 a 或 b 为实数时不是闭集，因为端点是聚点. 但是，实直线 $\mathbb{R} = (-\infty, +\infty)$，以及 $(-\infty, a]$ 和 $[b, +\infty)$ 都是闭集.

如果 B 为 $\mathbb{R}$ 的子集，记 $B^c = \{x \in \mathbb{R} \mid x \notin B\}$ 为 B 的余集. 大多数实数集合的子集，比如 $[0, 1)$ 和 $\{0\} \cup (1, 2)$，既不是开集也不是闭集. 开集与闭集的关系见如下定理.

定理 14.48 一个集合 B 为闭集当且仅当它的余集 B^c 为开集.

证明 由性质 14.46 可知，$x \in \mathbb{R}$ 不是集合 B 的聚点当且仅当存在 x 的一个开邻域 A_x 满足

$$\left(A_x \setminus \{x\}\right) \cap B = \varnothing.$$

如果 B 是闭集，$\forall x \in B^c$，存在它的开邻域 A_x 与 B 无交，即 $A_x \subset B^c$，这说明 B^c 是开集.

反之，如果 B^c 是开集，$\forall x \in B^c$，存在它的一个开邻域 $A_x \subset B^c$，由 A_x 与 B 无交可知，x 不是 B 的聚点，这说明 B 的所有聚点都属于 B，所以 B 是闭集. □

性质 14.49 有限个闭集的并集是闭集，任意个闭集的交集是闭集.

证明 这是集合运算的 De Morgan (德摩根) 定律:

$$\bigcap_{i\in I} A_i^c = \left(\bigcup_{i\in I} A_i\right)^c, \quad \bigcup_{i\in I} A_i^c = \left(\bigcap_{i\in I} A_i\right)^c$$

的直接推论. $\square$

例 14.4.1 设 A, B 是两个实数集合, 定义集合的差

$$B\setminus A = \{x \in B \mid x \notin A\}.$$

证明: 如果 B 是闭集, A 是开集, 那么 $B\setminus A$ 是闭集.

证明 设 x 是 $B\setminus A$ 的聚点, 则它一定是 B 的聚点, 所以 $x \in B$. 如果 $x \in A$, 那么存在它的一个邻域 $A_x \subset A$, 这推出 $A_x \cap (B\setminus A) = \varnothing$, 与 x 是 $B\setminus A$ 的聚点矛盾. 这说明 $x \notin A$, 因此 $x \in B\setminus A$. $\square$

开集与闭集自然引出如下两个概念.

点 x 称为集合 A 的**内点**, 是指 A 包含一个 x 的邻域. A 的内点的集合称为 A 的**内部**, 记作 A°. 集合 A 的**闭包**定义为 A 与它的聚点集的并, 记为 $\bar{A}$. 例如, $A = [a, b)$ $(a, b \in \mathbb{R})$, 则 $A^\circ = (a, b)$, $\bar{A} = [a, b]$.

性质 14.50 设 A 是 $\mathbb{R}$ 的子集合.

1° A° 是开集, 而且是包含于 A 的最大开集.

2° $\bar{A}$ 是闭集, 而且是包含 A 的最小闭集.

证明 1° 事实上, $\forall x \in A^\circ$, 存在 x 的开邻域 $U_x \subset A$. 这样 U_x 里的每点都具有与 x 相同的性质, 即 $U_x \subset A^\circ$. 所以

$$A^\circ = \bigcup_{x \in A^\circ} U_x,$$

这说明 A° 是开集. 又因为开集的内部是它自身, 所以任意包含于 A 的开集都是 A° 的子集.

2° 为证明 $\bar{A}$ 是闭集, 我们只需要证明, 把 A 的聚点添进 A 之后, 不会产生新的聚点. 设 x 是 $\bar{A}$ 的聚点, 要证明它也是 A 的聚点. $\bar{A}$ 中存在点列 $\{x_n\}$ $(x_n \neq x, \forall n)$ 收敛到 x, 因此 $\varepsilon_n = |x_n - x|$ 趋于 0.

我们构造一个 A 中的数列 $\{x'_n\}$ 如下: 如果 $x_n \in A$, 令 $x'_n = x_n$; 如果 $x_n \in \bar{A}\setminus A$, 因为邻域 $(x_n - \varepsilon_n, x_n + \varepsilon_n)$ 中一定有 A 的无限多点, 所以可取 $x'_n \in A \cap (x_n - \varepsilon_n, x_n + \varepsilon_n)$, 且 $x'_n \neq x$. 新数列 $\{x'_n\}$ 满足

$$|x'_n - x| \leqslant |x'_n - x_n| + |x_n - x| < 2\varepsilon_n,$$

这说明 A 中的数列 $\{x'_n\}$ $(x'_n \neq x)$ 收敛到 x, 所以它也是 A 的聚点.

如果 B 是包含 A 的闭集，则 B 包含了 A 的所有聚点，所以 B 包含 $\bar{A}$，这说明 $\bar{A}$ 是包含 A 的最小闭集。 □

整数集合 $\mathbb{Z}$ 和有理数集合 $\mathbb{Q}$ 不包含任何区间，所以它们的内点集 $\mathbb{Q}^\circ = \mathbb{Z}^\circ = \varnothing$；又因为 $\mathbb{Q}$ 是 $\mathbb{R}$ 的稠密子集，所以 $(\mathbb{Q}^c)^\circ = \varnothing$。利用闭包，我们还可以重新描述稠密的概念。设集合 B 是集合 A 的子集，称 B 在 A 中稠密，是指 $A \subset \bar{B}$，或者说，A 里的点或含于 B，或是 B 的聚点。例如，$\bar{\mathbb{Q}} = \mathbb{R}$；$A = (0, 1)$，$B = (0, 1) \cap \mathbb{Q}$，$\bar{B} = [0, 1] \supset A$。

例 14.4.2 求证：如果 A 的子集合 B 是稠密子集，那么 $\sup A = \sup B$。

证明 我们只证明 $\sup A < +\infty$ 的情形。显然 $\sup B \leqslant \sup A$。设 $a = \sup A$，对任意 $\varepsilon > 0$，存在 $a_\varepsilon \in A$，$a_\varepsilon > a - \varepsilon/2$。由假设条件，$a_\varepsilon$ 或者是 B 中的点，或者是 B 的聚点，所以邻域 $\left(a_\varepsilon - \dfrac{\varepsilon}{2}, a_\varepsilon + \dfrac{\varepsilon}{2}\right)$ 中必有 B 的点 b_ε。则

$$b_\varepsilon > a_\varepsilon - \frac{\varepsilon}{2} > a - \varepsilon,$$

所以 $\sup B = a$。 □

例 14.4.3 我们来构造一个比较复杂的闭集，称为 Cantor 集，它是许多更一般集合的原型。

Cantor 集构造方法是从闭区间 $[0, 1]$ 开始，逐次去掉闭区间中间的 $\dfrac{1}{3}$ 长度的开区间。第一步，我们去掉 $\left(\dfrac{1}{3}, \dfrac{2}{3}\right)$，留下的是 $\left[0, \dfrac{1}{3}\right]$ 和 $\left[\dfrac{2}{3}, 1\right]$。第二步，我们再分别去掉每个闭区间的中间 $\dfrac{1}{3}$ 长度的开区间 $\left(\dfrac{1}{9}, \dfrac{2}{9}\right)$ 与 $\left(\dfrac{7}{9}, \dfrac{8}{9}\right)$，剩下四个闭区间 $\left[0, \dfrac{1}{9}\right] \cup \left[\dfrac{2}{9}, \dfrac{1}{3}\right] \cup \left[\dfrac{2}{3}, \dfrac{7}{9}\right] \cup \left[\dfrac{8}{9}, 1\right]$，如图 14.4 所示。

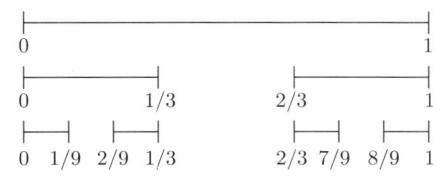

图 14.4

如此重复，第 n 步时，在余下的 2^{n-1} 个长度为 $\dfrac{1}{3^{n-1}}$ 的区间中，去掉中部长度为 $\dfrac{1}{3^n}$ 的开区间。无限次重复下去，就得到 Cantor 集 C。

记第 n 步去掉的有限个开区间之并为 J_n，$J_1 = \left(\dfrac{1}{2}, \dfrac{2}{3}\right)$，$J_2 = \left(\dfrac{1}{9}, \dfrac{2}{9}\right) \cup$

$\left(\dfrac{7}{9}, \dfrac{8}{9}\right), \cdots,$ 等等. 令
$$J = \bigcup_{n=1}^{\infty} J_n.$$

集合 $C = [0, 1] \setminus J$ 称为 Cantor 集, 它是从区间 $[0, 1]$ 去掉可数个开区间, 因此它是闭集. 而且, 容易发现 C 中不包含任何区间, 这说明对任意 $x \in C$, x 的任何邻域与开集 J 有交, 所以 J 在区间 $[0, 1]$ 中稠密.

14.4.2 紧致集合

在实轴的子集合里, 有界闭区间有特殊的性质, 比如闭区间内的任意点列一定有子列收敛到区间中的点, 闭区间上的连续函数一致连续, 等等. 下面我们要介绍的紧致集合也有着类似的性质.

实数集合 B 的一个**开覆盖** $\mathcal{A}$ 是指: $\mathcal{A}$ 是一族开集的集合, 它所有元素的并集包含 B, 即
$$B \subset \bigcup_{A \in \mathcal{A}} A.$$

$\mathcal{A}$ 的一个**子覆盖** $\mathcal{A}'$ 是指: $\mathcal{A}'$ 是 $\mathcal{A}$ 的子集, 并且 $\mathcal{A}'$ 也是 B 的一个开覆盖. 如果 $\mathcal{A}$ 只有可数个元素, 那么称它是**可数覆盖**, 如果它只有有限个元素, 那么称为**有限覆盖**.

例如,
$$\mathcal{A} = \left\{ \left(\dfrac{1}{n+1}, \dfrac{2}{n+1}\right) \,\bigg|\, n = 2, 3, \cdots \right\}$$
是区间 $(0, 1/2]$ 的开覆盖, 它没有有限子覆盖; 如果在 $\mathcal{A}$ 中添加一个包含点 0 的任意开集, 就得到闭区间 $[0, 1/2]$ 的一个开覆盖, 可以证明它有有限子覆盖.

定义 14.51 一个实数集合 B 称为**紧致集合** (简称"紧集"), 是指它的任意开覆盖有有限子覆盖.

通常, 任意开覆盖有有限子覆盖也称为 Heine-Borel (海涅–博雷尔) 性质. 下述定理给出了紧致的等价描述.

定理 14.52 设 B 是一个实数集合, 则下列三个条件等价:

$1°$ B 是紧致集合.

$2°$ B 是有界闭集.

$3°$ B 中任意点列有子列收敛到 B 中的点.

简而言之, 集合 B 是紧致的、有界闭的、列紧的三个条件彼此等价.

证明 我们将按以下顺序证明定理: $1° \Rightarrow 2° \Rightarrow 3° \Rightarrow 1°$.

设集合 B 是紧致集合, 我们证明它是有界闭集. 开区间族 $\{(-n, n) \mid n \in \mathbb{N}\}$ 覆盖整个 $\mathbb{R}$, 也覆盖了集合 B, 其中的有限个开区间能覆盖 B, 这说明 B 有界. 设 y 是 B 的聚点. 要证 $y \in B$. 假设不成立, 我们可以构造一个 B 的开覆盖, 它没有有限子覆盖. 事实上, 设

$$\mathcal{A} = \left\{ \left(-\infty, y - \frac{1}{n}\right) \cup \left(y + \frac{1}{n}, +\infty\right) \,\Big|\, n \in \mathbb{N} \right\}.$$

则 $\mathcal{A}$ 覆盖 $\mathbb{R}\setminus\{y\}$, 也覆盖 B. 依假设它有有限子覆盖, 那么存在一个单独的开集, 设为

$$\left(-\infty, y - \frac{1}{n_0}\right) \cup \left(y + \frac{1}{n_0}, +\infty\right),$$

它包含 B. 于是, y 的邻域

$$\left(y - \frac{1}{n_0}, y + \frac{1}{n_0}\right)$$

不含有 B 的任何点, 这与 y 是 B 的聚点相矛盾.

如果 B 是有界闭集, 那么取值 B 中的任意点列是有界的, 根据定理 14.36 它有收敛子列. 如果收敛子列某项之后是常数列, 它的极限在 B 中, 否则, 该子列的极限是 B 的聚点, 一定属于 B. 因此结论 3° 成立.

最后我们需要证明当条件 3° 成立时, B 是紧致集合. 设 $\mathcal{A}$ 是 B 的一个开覆盖, 利用有理数的稠密性, 我们首先证明 $\mathcal{A}$ 有可数子覆盖 $\mathcal{A}'$.

将端点都是有理数的开区间记为 $I_1, I_2, \cdots$, 令

$$\mathcal{A}_k = \{A \in \mathcal{A} \mid A \supset I_k\}, \quad k \in \mathbb{N}.$$

虽然某些 $\mathcal{A}_k$ 可能是空集, 但由于每个开集一定包含一个有理数端点的开区间, 所以

$$\bigcup_k \mathcal{A}_k = \mathcal{A}.$$

从每个 $\mathcal{A}_k$ (如果非空) 中选取一个开集 A_k, 构成 $\mathcal{A}$ 的可数子集 $\mathcal{A}' = \{A_k \mid k \in \mathbb{N}\}$, 它是 B 的开覆盖. 事实上, 任给 B 中的点 x, $\mathcal{A}$ 中存在一个开集 A_x 包含它. 利用有理数的稠密性可得, 存在一个有理数端点的开区间 I_x 满足 $x \in I_x \subset A_x$. 因此由 $\mathcal{A}'$ 的构造方法可知, $\mathcal{A}'$ 中有一个开集包含 I_x.

接下来我们要证明 $\mathcal{A}'$ 有有限子覆盖, 这样 $\mathcal{A}$ 就有有限子覆盖. 如果 $\mathcal{A}'$ 是有限集合, 结论成立. 设 $\mathcal{A}' = \{A_1, A_2, \cdots\}$ 是可数无限集合, 若结论不成立, 则对任意 n, $A_1 \cup A_2 \cup \cdots \cup A_n$ 都不覆盖 B, 选取

$$x_n \in B \setminus \bigcup_{k=1}^n A_k, \quad n = 1, 2, \cdots,$$

就得到 B 中的一个点列 $x_1, x_2, x_3, \cdots$，它有极限点 $x \in B$. 点 x 一定包含于 $\mathcal{A}'$ 中的某个开集 A_N，但由点列的选择方式知道 $x_{N+1}, x_{N+2}, \cdots$ 都不属于开集 A_N，矛盾. □

依据上述定理，有限点集和有界闭区间是紧集的两个简单例子. 更一般地可以证明：如果 B 是紧集，那么存在有限闭区间 $[a, b]$ 和开集 A 使得 $B = [a, b] \backslash A$ (习题).

一列集合 $A_1, A_2, \cdots$ 称为**嵌套**的是指 $A_{n+1} \subset A_n$ 对任意 n 成立. 我们可以把交集 $\bigcap_{n=1}^{\infty} A_n$ 看成嵌套集合列的极限. 但是即使 A_n 不为空集，交集也可能是空集. 例如

$$\bigcap_{n=1}^{\infty} \left(0, \frac{1}{n}\right) = \varnothing, \quad \bigcap_{n=1}^{\infty} [n, +\infty) = \varnothing.$$

下述命题是闭区间套定理的推广.

性质 14.53 一个嵌套的非空紧集列有非空的交集.

证明 设 $A_1, A_2, \cdots$ 为嵌套的非空紧致集合列，对任意 n 取 $x_n \in A_n$. 因为 A_1 紧致，A_1 中的数列 $x_1, x_2, x_3, \cdots$ 在 A_1 里有极限点 x. 而对任意 n，x 又是 A_n 中的数列 $x_n, x_{n+1}, \cdots$ 的极限点，从而 $x \in A_n$ ($\forall n$)，于是 x 属于该嵌套集合列的交集. □

习题 14.4

1. 设 A 为开集，且 B 是 A 的有限子集. 证明：$A \backslash B = \{x \in A \mid x \notin B\}$ 是开集. 问：如果 B 是可数集合，同样的结论是否还成立？

2. 设 $\{I_\lambda \mid \lambda \in \Gamma\}$ 是一族开区间，且它们的交 $\bigcap_{\lambda \in \Gamma} I_\lambda$ 非空. 证明：它们的并集 $\bigcup_{\lambda \in \Gamma} I_\lambda$ 是一个开区间.

3. 设 A 是数列 $x_1, x_2, x_3, \cdots$ 的附属集合.
   (1) 证明：A 的聚点是数列的极限点；
   (2) 证明：如果 A 中的每点都在数列中只出现有限次，那么数列的实数极限点是集合的聚点.

4. 设 A 是闭集，$x \in A$，$B = A \backslash \{x\}$. 问何时 B 仍是闭集？

5. (1) 证明：如果 B 是 A 的稠密子集，那么 A 与 B 具有相同的极限点集；
   (2) 证明：$\mathbb{R}$ 的每个无限子集都存在一个可数的稠密子集. 举例说明存在集合 A 使得它与 $\mathbb{Q}$ 的交集不在 A 中稠密.

6. 证明：一个数列的实数极限点集合为闭集.

7. 称一个闭集是完全集，是指它的点都是聚点. 证明：Cantor 集是不含任何开区间的完全集，且它是不可数集合.

8. 什么集合既是开集, 又是闭集?
9. 证明: 有限个紧集的并是紧集, 任意个紧集的交是紧集.
10. 证明实数的集合 A 紧致等价于它具有如下的有限交性质: 如果 $\mathcal{B}$ 是任意闭集族, 且其中任意有限个闭集的交都含有 A 中的点, 那么 $\mathcal{B}$ 中所有闭集的交都含有 A 中的点.

    提示: 考虑 $\mathcal{B}$ 中闭集的余集.
11. 对于两个非空的实数的集合 A, B, 定义 $A + B$ 为形如 $a + b$ 的数的集合, 这里 $a \in A, b \in B$.

    (1) 证明: 如果 A 是开集, 那么 $A + B$ 是开集;

    (2) 证明: 如果 A, B 均为紧集, 那么 $A + B$ 为紧集;

    (3) 给出一个 A, B 为闭集, 但是 $A + B$ 不是闭集的例子.
12. 证明: 如果 A 为非空紧集, 那么 $\sup A$ 和 $\inf A$ 都属于 A. 给出一个非紧集 A, 但是 $\sup A$ 和 $\inf A$ 都属于 A.
13. 证明: 每个无限紧集都有一个聚点. 同样的结论对闭集成立吗?
14. 证明: 如果 B 是紧集, 那么存在有限闭区间 $[a, b]$ 和开集 A 使得 $B = [a, b] \setminus A$.
15. 如果 $A \subset B_1 \cup B_2$, 这里 B_1, B_2 为不交的开集, 且 A 为紧集, 证明: $A \cap B_1$ 为紧集. 若 B_1 与 B_2 相交, 结论仍成立吗?
16. 设 A 是 $\mathbb{R}$ 的不可数子集. 证明: A 含有不可数个 A 的聚点.

*§14.5 实数系的其他等价形式

本章最后我们简要介绍两个实数系的等价定义形式: 无限十进小数展开与 Dedekind (戴德金) 分割.

14.5.1 无限十进小数

我们先考虑实数的无限十进小数展开, 简称无限小数展开.

小数是形如
$$a = a_0.a_1 a_2 \cdots a_n \cdots$$
$$= a_0 + \frac{a_1}{10} + \frac{a_2}{10^2} + \cdots + \frac{a_n}{10^n} + \cdots$$
的数, 其中 $a_0 \in \mathbb{Z}$, $a_i \in \{0, 1, 2, \cdots, 9\}$ $(i \geqslant 1)$. 如果存在 $N \in \mathbb{N}$ 使得 $i \geqslant N$ 时 $a_i = 0$, 那么称 a 是有限小数. 小数可视为特殊的有理数 Cauchy 列:
$$x_n = \sum_{k=0}^{n} \frac{a_k}{10^k}, \quad n = 0, 1, 2 \cdots,$$

所以它代表了一个实数, 也称作实数的 (无限) 小数表示. 事实上, 每个实数都有无限小数表示.

定理 14.54　设 $x \in \mathbb{R}$, 则存在定义 x 的有理数 Cauchy 列

$$x_n = \sum_{k=0}^{n} \frac{a_k}{10^k}, \quad n = 0, 1, 2 \cdots,$$

其中 $a_0 \in \mathbb{Z}$, $a_i \in \{0, 1, 2, \cdots, 9\}$ $(i \geqslant 1)$.

证明　我们只对 $x > 0$ 证明, 如果 $x < 0$, 由定义 $-x(> 0)$ 的十进小数 Cauchy 列可以得到定义 x 的十进小数 Cauchy 列.

函数 $[x]$ 定义为不大于 x 的整数集合中的最大数, 称为 x 的整数部分. 利用 Archimedes 公理容易证明 $[x]$ 存在唯一. $\{x\} = x - [x]$ 称为 x 的小数部分, 它满足 $0 \leqslant \{x\} < 1$.

对于任意正实数 x, 定义

$$x_n = \frac{[10^n x]}{10^n}, \ n = 0, 1, 2, \cdots.$$

当 $n \geqslant 1$ 时, 因为

$$0 \leqslant 10^n x - [10^n x] < 1,$$

所以

$$0 \leqslant 10^{n+1} x - 10 [10^n x] < 10,$$

这意味着

$$0 \leqslant [10^{n+1} x] - 10 [10^n x] < 10.$$

因此整数 $a_{n+1} = [10^{n+1} x] - 10 [10^n x] \in \{0, 1, 2, \cdots, 9\}$. 由此可得

$$x_{n+1} = x_n + \frac{[10^{n+1} x] - 10 [10^n x]}{10^{n+1}} = x_n + \frac{a_{n+1}}{10^{n+1}}.$$

由上述递推关系得

$$x_n = \frac{[10^n x]}{10^n} = x_0 + \frac{a_1}{10} + \frac{a_2}{10^2} + \cdots + \frac{a_n}{10^n}, \ n = 0, 1, 2, \cdots,$$

显然

$$|x_{n+p} - x_n| \leqslant \frac{1}{10^n},$$

$$0 \leqslant x - x_n \leqslant \frac{1}{10^n},$$

因此 $\{x_n\}$ 是 Cauchy 列, 并且 $\{x_n\}$ 的极限是 x.　□

我们已经证明, 任意实数都有小数表示. 事实上任意有理数可以表示为有限小数或者无限循环小数 (练习), 无理数是指无限不循环小数. 用无限小数定义实数的

益处是与直观一致, 易于理解. 它的困难之处在于如何在无限小数系统上定义算术和序, 因为需要处理无限带来的困难. 读者可以把这些作为练习仔细研究.

另外, 也可以将有限小数表示为无限小数, 例如: $1 = 0.99\cdots$, $0.315 = 0.31499\cdots$. 可以证明, 在上述定理证明中构造的数列, 不会出现某项之后的 a_i 全部等于 9 的情形.

14.5.2 Dedekind 分割

Dedekind 分割是 Dedekind 提出的实数定义的方法. 它用有理数集的分割定义实数. Dedekind 分割完全依赖于有理数上的顺序. 它的主要思想是一个实数 x 把有理数分成两部分: 大于 x 的部分和小于 x 的部分, 用小于 x 的部分来定义实数 x.

定义 14.55 称有理数集 α 是一个**分割**, 是指它满足:

$1°$ α 非空, 并且 $\alpha \neq \mathbb{Q}$.

$2°$ 若有理数 $a \in \alpha$, 有理数 $b < a$, 则 $b \in \alpha$.

$3°$ α 内没有最大的有理数, 即如果 $a \in \alpha$, 那么存在有理数 $b > a$, $b \in \alpha$.

两个分割称为相等的, 是指对应的有理数集相等. 如果 a 是一个有理数, 它可以定义一个分割 $a^* = \{b \in \mathbb{Q} \mid b < a\}$, 这样的分割又称为**有理分割**.

注记 设一个有理数 $p \notin \alpha$, 如果有理数 $q > p$, 那么 $q \notin \alpha$. 分割 α 余集 $\alpha^c = \mathbb{Q}\backslash\alpha$ 中的有理数也称为分割 α 的上数. 这是因为若 $p \in \alpha^c$, 则 $p > a$, $\forall a \in \alpha$.

将分割的全体记为 $\mathcal{R}$, 我们要在它上面定义算术和序, 并说明它和实数系 $\mathbb{R}$ 一致.

下述命题定义了分割的加法, 证明留作练习.

性质 14.56 设 α, β 是两个分割.

$1°$ 有理数集 $\{a + b \mid a \in \alpha, b \in \beta\}$ 是一个分割, 定义为 α 与 β 的和, 记为 $\alpha + \beta$.

$2°$ 0^* 是分割加法的 0 元, 即 $\alpha + 0^* = \alpha$.

$3°$ 分割的加法满足结合律.

设 α 和 β 是两个分割, 如果 α 是 β 的子集, 称分割 β 大于或等于 α, 记为 $\alpha \leqslant \beta$; 如果 α 是 β 的真子集, 称 β 大于 α, 记为 $\alpha < \beta$. 分割 α 称为正的 (非负的), 是指 $\alpha > 0^*$ ($\alpha \geqslant 0^*$).

性质 14.57 设 α, β 是两个分割, 则 $\alpha < \beta$, $\alpha > \beta$, $\alpha = \beta$ 三者之一成立.

证明 $\alpha = \beta$ 等价于 $\forall a \in \alpha$, $a \in \beta$, 同时 $\forall b \in \beta$, $b \in \alpha$. 因此, 若 $\alpha \neq \beta$, 则存在 α 中的有理数 a 不属于 β, 或者 β 中的有理数 b 不属于 α, 这等价于 $\alpha > \beta$, 或者 $\beta > \alpha$. $\square$

下述命题定义了分割的加法逆元.

性质 14.58 设 α 是一个分割, 定义 $\beta = \{-b \mid$ 存在 $c \in \alpha^c = \mathbb{Q} \backslash \alpha, b > c\}$, 则 β 是一个分割, 且 $\alpha + \beta = 0^*$. 记 $\beta = -\alpha$.

证明 首先, α 是 $\mathbb{Q}$ 的真子集推出 β 非空, 且是 $\mathbb{Q}$ 的真子集. 由 β 的定义可以看出, 如果 $b \in \beta$, $b_1 < b$, 则 $-b_1 > -b \in \alpha^c$, 这说明 $b_1 \in \beta$. β 内没有最大有理数也可以同样验证.

下面验证 $\alpha + \beta = 0^*$. 设 $c = a + b \in \alpha + \beta$, 其中 $a \in \alpha, b \in \beta$. 注意到 $\alpha^c = \{x \in \mathbb{Q} \mid x > a, \forall a \in \alpha\}$, 因为 $-b \in \alpha^c$, 所以 $c = a + b < 0$. 这推出 $\alpha + \beta \leqslant 0^*$. 此外, 任取一个 $d \in 0^*$, 则 $-d > 0$. 取 $a \in \alpha$, 数列 $a, a - d, a - 2d, \cdots$ 中, 必有一项 $a - Nd$ 满足: $a - Nd \in \alpha, a - (N+1)d \in \alpha^c$. 因此不妨设 $a - d \in \alpha^c$, 再取 $a' \in \alpha, a' > a$, 则 $a' - d > a - d$, 所以 $-(a' - d) \in \beta$, 由此可得

$$a' + [-(a' - d)] = d \in \alpha + \beta,$$

这意味着 $0^* \leqslant \alpha + \beta$. 所以 $\alpha + \beta = 0^*$. $\square$

定义 14.59 分割 α 的**绝对值** $|\alpha|$ 定义为

$$|\alpha| = \begin{cases} \alpha, & \text{若 } \alpha \geqslant 0^*, \\ -\alpha, & \text{若 } \alpha < 0^*. \end{cases}$$

显然 $|\alpha| \geqslant 0^*$, 并且 $|\alpha| = 0^*$ 当且仅当 $\alpha = 0^*$.

我们接着讨论分割的乘法运算.

性质 14.60 设分割 $\alpha \geqslant 0^*$, $\beta \geqslant 0^*$, 定义有理数集

$$\gamma = \{r \in \mathbb{Q} \mid r < 0, \text{ 或者存在 } a \in \alpha, b \in \beta, a, b \geqslant 0 \text{ 且 } r = ab\}.$$

则 γ 是一个分割, 记为 $\gamma = \alpha\beta$.

命题的证明留作习题. 由此可以定义任意两个分割的乘法.

定义 14.61 设 α, β 是两个分割, 它们的**积** $\alpha\beta$ 定义为

$$\alpha\beta = \begin{cases} -|\alpha||\beta|, & \text{若 } \alpha > 0^*, \beta \leqslant 0^*, \\ -|\alpha||\beta|, & \text{若 } \alpha \leqslant 0^*, \beta > 0^*, \\ |\alpha||\beta|, & \text{若 } \alpha < 0^*, \beta < 0^*. \end{cases}$$

下述命题定义了乘法的逆元.

性质 14.62 设分割 $\alpha > 0^*$, 定义有理数集

$$\beta = \left\{ b \in \mathbb{Q} \;\middle|\; b \leqslant 0, \text{ 或者存在 } c \in \alpha^c, \frac{1}{b} > c \right\},$$

则 β 是一个分割, $\beta > 0$ 且 $\alpha\beta = 1^*$. β 称为 α 的逆, 记为 $\beta = \alpha^{-1}$.

如果 $\alpha < 0^*$, 它的逆定义为 $-(-\alpha)^{-1}$. 至此, 我们已经在分割集合 $\mathcal{R}$ 上定义了序、加法和乘法运算, 定义了 0 元和逆元. 可以验证, 1^* 是乘法的单位元, $\mathcal{R}$ 满足有关域定义的所有公理, 它是一个有序域.

以下我们讨论 $\mathcal{R}$ 与利用有理数 Cauchy 列等价类定义的实数系 $\mathbb{R}$ 的一致性. 对于 $\alpha \in \mathcal{R}$, 对应

$$\alpha \mapsto x_\alpha = \sup\{a \mid a \in \alpha\} = \sup\alpha$$

是 $\mathcal{R}$ 到 $\mathbb{R}$ 的单射, 它有逆映射

$$\mathbb{R} \ni x \mapsto \alpha_x = \{a \in \mathbb{Q} \mid a < x\} \in \mathcal{R}.$$

这里还需要验证, α_x 是一个分割.

上述一一对应保持域的公理 (或称为域的同构). 我们只证明如下两条基本性质, 余下的留作练习.

定理 14.63 设 α, β 是两个分割, 则

$1°$ $\sup(\alpha + \beta) = \sup\alpha + \sup\beta$.

$2°$ $\sup(\alpha\beta) = \sup\alpha \sup\beta$.

证明 $1°$ 由分割加法的定义容易看出, $\sup(\alpha + \beta) \leqslant \sup\alpha + \sup\beta$. 任意固定 $b \in \beta$, 则

$$\sup(\alpha + \beta) \geqslant \sup\{a + b \mid a \in \alpha\} = \sup(\alpha + b) = \sup\alpha + b.$$

由 b 的任意性可得 $\sup(\alpha + \beta) \geqslant \sup\alpha + \sup\beta$.

$2°$ 根据分割乘法的定义, 只需对 α, $\beta > 0$ 证明结论. 显然

$$\sup(\alpha\beta) = \sup\{ab \mid a \in \alpha, b \in \beta \text{ 且 } a > 0, b > 0\}.$$

因此 $\sup(\alpha\beta) \leqslant \sup\alpha \sup\beta$. 固定 $b \in \beta$, $b > 0$, 则

$$\sup(\alpha\beta) \geqslant \sup\{ab \mid a \in \alpha, a > 0\} = b\sup\{a \in \alpha \mid a > 0\} = b\sup\alpha.$$

由 b 的任意性可得 $\sup(\alpha\beta) \geqslant \sup\alpha \sup\beta$. □

Dedekind 分割给出了实数系的第三种等价形式. 它的优点在于用到的集合理论比较少, 只涉及有理数集合和它的子集. 相比较而言, 有理数 Cauchy 完备化的方法要处理 Cauchy 列的等价类的集合, 为了定义一个实数就要用到有理数的集合的集合. 用 Cauchy 完备化的方式定义实数系, 优点在于它具有普遍性, 在进一步学习分析学的过程中, 这种优越性将会逐步显现.

习题 14.5

1. 设一个有理数 a 不能表示为有限小数，证明：它的无限小数表示一定是循环的，即
$$a = a.a_1 \cdots a_N a_{N+1} \cdots a_{N+k} a_{N+1} \cdots a_{N+k} \cdots.$$

2. 证明性质 14.56.

3. 证明性质 14.60.

4. 证明性质 14.62.

5. 证明：对任意分割 α, $\alpha 1^* = \alpha$.

6. 设 A 是 $\mathbb{R}$ 的子集，α_x 是 A 中每个元素 x 对应的 Dedekind 分割. 证明：这些 α_x 的并集是一个 Dedekind 分割或者是整个有理数集合 $\mathbb{Q}$.

7. 设 x, y 是正实数. 证明：α_{xy} 是所有非正有理数和所有形如 ab 的数的集合，其中 $0 < a \in \alpha_x, 0 < b \in \alpha_y$.

8. 设 x, y 是实数. 证明：$x \leqslant y$ 当且仅当 $\alpha_x \subset \alpha_y$.

9. 称实数 x 是代数数，是指它是某个整系数多项式方程的解. 若实数 y 不是代数数，则称之为超越数. 证明如下命题：

(1) 设 x_0 是一个无理数代数数，并且 $P(x)$ 是满足 $P(x_0) = 0$, 且具有最低次数的整系数多项式，设其次数为 n. 存在正数 A, 对于区间 $[x_0 - 1, x_0 + 1]$ 中的任意有理数 p/q, 其中 p 为整数，q 为正整数, Liouville (刘维尔) 不等式
$$\left| \frac{p}{q} - x_0 \right| \geqslant \frac{A}{q^n}$$
成立.

(2) $\sum_{k=1}^{\infty} \frac{1}{10^{k!}}$ 是超越数.

(3) 所有的代数数构成可数集合，从而所有超越数的集合不可数.

第 15 章 连续性与收敛性

相比于前两册讨论的连续函数和级数，在本章中，我们将从新的角度重新审视定义在一般集合上，特别是紧致集合上函数的连续性、一致连续性和连续函数扩张，以及函数列的一致收敛性等内容. 这些内容会涉及上一章讨论过的实轴的拓扑. 通过本章的讨论，读者将加深对连续性和收敛性的进一步理解.

§15.1 连 续 函 数

在第一册中，我们系统讨论了定义在区间上的连续函数. 为研究定义在一般集合上的连续函数，我们简要回顾函数的定义.

一个函数 f 由定义域 D、值域 R (R, D 都为 $\mathbb{R}$ 的非空子集) 和一个对应 $x \mapsto f(x)$ 组成，x 取遍 D 中所有的点时，$f(x) \in R$. 称

$$f(D) = \{f(x) \mid x \in D\}$$

为函数的像，它是值域的子集. 称函数 f 为满的，是指 $f(D) = R$; 称函数 f 为单的，是指对任意 $x_1, x_2 \in D$, $x_1 \neq x_2$ 时有 $f(x_1) \neq f(x_2)$.

为方便起见，通常我们取值域为整个实数域 $\mathbb{R}$. 我们不区分仅仅值域不同的函数. 比如，定义域为 $\mathbb{R}$，值域为 $\mathbb{R}$ 的函数 $f(x) = x^2$ 和定义域为 $\mathbb{R}$，值域为 $[0, +\infty)$ 的函数 $g(x) = x^2$ 看成相同的函数. 但是我们必须区分对应规则相同但是定义域不同的函数. 比如，定义域为 $\mathbb{R}$ 的函数 $f(x) = x^2$ 和定义域为 $[0, 1]$ 的函数 $g(x) = x^2$ 是不同的函数.

定义 15.1 设 D 是 $\mathbb{R}$ 的非空子集，f 是定义在 D 上的函数，$x_0 \in D$. 称 f **在点 x_0 连续**，是指对任意 $\varepsilon > 0$，存在 $\delta > 0$，使得对 D 中满足 $|x - x_0| < \delta$ 的任意 x, 都有

$$|f(x) - f(x_0)| < \varepsilon.$$

称 f **在 D 中连续** (或简称连续)，是指 f 在 D 中的每点连续.

从定义可以看出, f 在点 x_0 连续, x_0 附近的 x 的函数值 $f(x)$ 可以任意逼近 $f(x_0)$. 这表明函数的连续性与极限之间存在密切关系.

定义 15.2 设 f 是 D 上的函数, x_0 是 D 的聚点. 称 **f 在 x_0 处有极限**, 是指存在一个实数 a, 对任意 $\varepsilon > 0$, 存在 δ, 使得对 D 中满足 $0 < |x - x_0| < \delta$ 的任意 x, 都有
$$|f(x) - a| < \varepsilon.$$
此时称 a 为 **f 在 x_0 处的极限**, 记作 $\lim\limits_{x \to x_0} f(x) = a$.

依定义, 如果 $x_0 \in D$ 是集合 D 的聚点, 则 f 在点 x_0 连续当且仅当 $\lim\limits_{x \to x_0} f(x) = f(x_0)$. 如果 $x_0 \in D$ 不是集合 D 的聚点, 那么存在 x_0 的一个邻域 $A_0 = (x_0 - \varepsilon_0, x_0 + \varepsilon_0)$ 满足 $D \cap A_0 = \{x_0\}$, 这样的点称为集合 D 的**孤立点**. 函数在孤立点自动连续.

15.1.1 连续的等价条件

我们首先讨论连续性与数列极限的关系.

性质 15.3 设 x_0 为函数 f 的定义域 D 的聚点. 极限 $\lim\limits_{x \to x_0} f(x)$ 存在的充分必要条件是对 D 中收敛于 x_0 的任意点列 $\{x_n\}$ ($x_n \neq x_0, \forall n$), 数列 $\{f(x_n)\}$ 收敛.

证明 由函数极限定义, 必要性显然.

为证明充分性, 我们首先证明: 所有数列 $\{f(x_n)\}$ 具有相同的极限, 并设此极限为 a.

设 $\{x_n\}$ 与 $\{y_n\}$ 是 D 中收敛于 x_0 的两个数列, $\{f(x_n)\}$ 收敛于 a, $\{f(y_n)\}$ 收敛于 b. 由于混合数列 $x_1, y_1, x_2, y_2, \cdots$ 仍然有极限 x_0, 它在 f 下的像构成的数列
$$f(x_1), f(y_1), f(x_2), f(y_2), \cdots$$
也收敛, 所以 $a = b$.

假设 $\lim\limits_{x \to x_0} f(x) = a$ 不成立. 那么依据极限定义的否命题就有: 存在 $\varepsilon_0 > 0$, 使得对任意 $1/n$, 存在一点 $z_n \in D$, $0 < |z_n - x_0| < 1/n$ 但
$$|f(z_n) - a| > \varepsilon_0.$$
这意味着数列 $\{z_n\}$ 收敛于 x, 但数列 $\{f(z_n)\}$ 不收敛于 a, 矛盾. □

定理 15.4 设 f 是 D 上的函数. 那么 f 连续当且仅当对 D 中的任意收敛数列 $\{x_n\}$, 且极限 $\lim\limits_{n \to \infty} x_n = x \in D$, 数列 $\{f(x_n)\}$ 也收敛.

证明 定理的必要性显然，这是因为如果 $x_0 \in D$ 是集合 D 的一个聚点，那么函数 f 在 x_0 连续等价于 $\lim\limits_{x \to x_0} f(x) = f(x_0)$.

为证明充分性，在 D 中取一点 x_0，根据混合数列的证法，我们能得到对于所有收敛于 x_0 的数列 $\{x_n\}$，数列 $\{f(x_n)\}$ 有相同的极限；又因为常数列 $f(x_0), f(x_0), \cdots$ 的极限是 $f(x_0)$，所以公共的极限是 $f(x_0)$. 如果 x_0 不是 D 的聚点，不须任何论证. 若 x_0 是聚点，由上一个性质知 $\lim\limits_{x \to x_0} f(x)$ 存在且等于公共极限 $f(x_0)$. □

下面我们从拓扑的角度考察函数的连续性.

设 f 是定义在 D 上的函数，值域为 R，设 $M \subset D, N \subset R$ 分别是定义域和值域的子集合. 定义 N **关于函数 f 的原像**如下：

$$f^{-1}(N) = \{x \in D \mid f(x) \in N\}.$$

如果对 $\forall x \in M, f(x) \in N$，就称 f 把 M 映到 N. 函数 f 把 M 映到 N 等价于 $M \subset f^{-1}(N)$. 例如函数 $f: \mathbb{R} \to \mathbb{R}, f(x) = \sin x$，则

$$f^{-1}((0, +\infty)) = \bigcup_{n \in \mathbb{Z}} (2n\pi, (2n+1)\pi),$$

$$f^{-1}([1, +\infty)) = \left\{ 2n\pi + \frac{\pi}{2} \;\middle|\; n \in \mathbb{Z} \right\}.$$

如果函数 f 定义在整个实直线 $\mathbb{R}$ 上，f 在点 x_0 连续等价于：对任意 $\varepsilon > 0$，存在 $\delta > 0$ 使得

$$f((x_0 - \delta, x_0 + \delta)) \subset (f(x_0) - \varepsilon, f(x_0) + \varepsilon).$$

用邻域的概念，这等价于对于 $f(x_0)$ 的每个邻域 V，存在一个 x_0 的邻域 U，使得 $f(U) \subset V$. 或者说，函数 f 在点 x_0 连续等价于 $f(x_0)$ 的任意邻域的原像包含 x_0 的一个邻域.

但是一般来说 x_0 的邻域在连续函数下的像不会包含 $f(x_0)$ 的邻域. 例如，常值函数是连续函数，但它的像只有一个点. 对于定义在开集上的函数，我们有如下的更简洁的连续性描述.

定理 15.5 设 f 是定义在开集 D 上的函数，那么 f 连续当且仅当每个开集的原像是开集.

证明 设 f 连续，A 是开集，须证 $f^{-1}(A)$ 是开集. 取 $x_0 \in f^{-1}(A)$，这意味着 $x_0 \in D$，且 $f(x_0) \in A$. 因为 A 是开集，$\exists \varepsilon > 0$ 使得

$$(f(x_0) - \varepsilon, f(x_0) + \varepsilon) \subset A.$$

由 f 的连续性, $\exists \delta$ 满足
$$f\big((x_0-\delta, x_0+\delta) \cap D\big) \subset \big(f(x_0)-\varepsilon, f(x_0)+\varepsilon\big) \subset A.$$

因为 D 是开集, 可以取 δ 充分小使 $(x_0-\delta, x_0+\delta) \subset D$, 从而
$$(x_0-\delta, x_0+\delta) \subset f^{-1}(A),$$

所以 $f^{-1}(A)$ 是开集.

反之, 设对于每个开集 A, $f^{-1}(A)$ 是开集. 设 $x_0 \in D$, 对 $\forall \varepsilon > 0$, 取
$$A = \big(f(x_0)-\varepsilon, f(x_0)+\varepsilon\big).$$

因为 $f^{-1}(A)$ 是包含 x_0 的开集, 所以存在 x_0 的邻域 $(x_0-\delta, x_0+\delta) \subset f^{-1}(A)$. 这意味着 $|x-x_0| < \delta$ 推出 $f(x) \in A$. □

注记 定理 15.5 意味着定义连续只需要开集, 不需要用到距离. 这在后续课程 "拓扑学" 中会仔细讨论.

为讨论不连续函数的间断性, 我们首先回顾函数左、右极限的概念.

设 x_0 是 D 的聚点. 称 f 在 x_0 有**左极限** (**右极限**) 是指存在实数 a 满足: 对任意 $\varepsilon > 0$, 存在 $\delta > 0$ 使得对任意 $x \in D$, 当 $x_0 - \delta < x < x_0$ ($x_0 < x < x_0+\delta$) 时
$$|f(x)-a| < \varepsilon.$$

此时称 a 为 f 在 x_0 处的左 (右) 极限, 分别记为
$$a = f(x_0-0) = \lim_{x \to x_0^-} f(x), \; a = f(x_0+0) = \lim_{x \to x_0^+} f(x).$$

显然, f 在 x_0 有极限 a 当且仅当 f 在 x_0 处的左、右极限均为 a.

类似地, 称 f 在 x_0 **左连续** (**右连续**) 是指对于任意 $\varepsilon > 0$, 存在 $\delta > 0$ 使得对于任意 $x \in D \cap (x_0-\delta, x_0]$ ($x \in D \cap [x_0, x_0+\delta)$),
$$|f(x)-f(x_0)| < \varepsilon$$

成立. f 在 x_0 连续当且仅当 f 在 x_0 既左连续又右连续.

利用左、右极限, 我们可以分析定义在一般集合上函数的不连续性. 与第一册类似, 可以定义函数的可去间断点、第一类间断点和第二类间断点等, 这里不再重复.

例 15.1.1 Dirichlet (狄利克雷) 函数
$$D(x) = \begin{cases} 1, & \text{若 } x \text{ 是有理数}, \\ 0, & \text{若 } x \text{ 是无理数}. \end{cases}$$

将 $D(x)$ 视作 $\mathbb{R}$ 上的函数，由有理数的稠密性可以发现，它在任意一点的左、右极限都不存在，所以定义域的每一点都是 Dirichlet 函数的第二类间断点. 但是，如果 $D(x)$ 限制在有理数集合 $\mathbb{Q}$ 上，它是常值函数，当然是连续函数.

函数在一点的连续还可以有更精确的定量刻画. 设 f 是定义在集合 D 上的函数，对于任意的 $\delta > 0$，定义 $\omega_f(x_0, \delta)$ 如下：

$$\omega_f(x_0, \delta) = \sup\left\{|f(x) - f(y)| \,\Big|\, x, y \in D, |x - x_0| < \delta, |y - x_0| < \delta\right\}.$$

从定义可以看出，$\omega_f(x_0, \delta)$ 是函数 f 在集合 $D \cap (x_0 - \delta, x_0 + \delta)$ 上的振幅. 而且，当 $\delta_2 > \delta_1 > 0$ 时，因为

$$D \cap (x_0 - \delta_1, x_0 + \delta_1) \subset D \cap (x_0 - \delta_2, x_0 + \delta_2),$$

所以从上确界的定义就推出

$$\omega_f(x_0, \delta_2) \geqslant \omega_f(x_0, \delta_1),$$

或者说 $\omega_f(x_0, \delta)$ 关于 δ 单调增加，由单调性可知，极限

$$\omega_f(x_0) = \lim_{\delta \to 0^+} \omega_f(x_0, \delta)$$

存在. $\omega_f(x_0)$ 度量了在 x_0 附近 f 的函数值的变化幅度，称为函数 f 在点 x_0 的**振幅**.

性质 15.6 函数 f 在一点 x_0 连续，当且仅当 f 在 x_0 的振幅为零，

$$\omega_f(x_0) = \lim_{\delta \to 0^+} \omega_f(x_0, \delta) = 0.$$

证明 函数 f 在点 x_0 连续等价于

$$\lim_{\delta \to 0^+} \sup\left\{|f(x) - f(x_0)| \,\Big|\, |x - x_0| < \delta\right\} = 0.$$

如果 $\omega_f(x_0) = 0$，不等式

$$\sup\left\{|f(x) - f(x_0)| \,\Big|\, |x - x_0| < \delta\right\} \leqslant \omega_f(x_0, \delta)$$

立即推出 f 在 x_0 连续.

反之，如果 f 在 x_0 连续，对任意 $\delta > 0$，设 $x, y \in D$，且 $|x - x_0| < \delta$，$|y - x_0| < \delta$，由

$$|f(x) - f(y)| \leqslant |f(x) - f(x_0)| + |f(y) - f(x_0)|$$

可得

$$\omega_f(x_0, \delta) \leqslant 2 \sup\left\{|f(x) - f(x_0)| \,\Big|\, |x - x_0| < \delta\right\}.$$

上式中令 $\delta \to 0^+$，就证明了 $\omega_f(x_0) = 0$. □

例 15.1.2 设函数
$$f(x) = \begin{cases} \cos\dfrac{1}{x}, & x \neq 0, \\ 0, & x = 0, \end{cases}$$

它在 $x = 0$ 处不连续. 数列 $\{1/(2n\pi)\}$ 和数列 $\{1/((2n+1)\pi)\}$ 都趋于 0, 且 $f(1/(2n\pi)) - f(1/((2n+1)\pi)) = 2$, 由此可以推出 $\omega_f(0, \delta) = 2$, $\forall \delta > 0$, 所以 $\omega_f(0) = 2$.

15.1.2 函数的一致连续性

有关连续性的另一个重要概念是一致连续.

定义 15.7 设 f 是定义在集合 D 上的函数, 称 f **一致连续**是指: 对任意 $\varepsilon > 0$, 存在一个 $\delta = \delta(\varepsilon) > 0$, 对任意 $x, y \in D$, 当 $|x - y| < \delta$ 时
$$|f(x) - f(y)| < \varepsilon.$$

一致连续函数一定是连续的, 但反之不一定成立. 熟知的例子 $f(x) = 1/x$ ($x \in (0, 1)$) 就是连续但不一致连续的.

前面 (定理 15.4) 我们已经证明了, 连续函数把定义域的收敛数列映为值域的收敛数列. 关于函数的一致连续性也有类似的结论, 它可以用 Cauchy 列刻画.

定理 15.8 设 f 是定义在集合 D 上的一致连续函数, 如果 $\{x_n\} \subset D$ 是 Cauchy 列, 那么 $\{f(x_n)\}$ 也是 Cauchy 列. 反之, 设 f 是定义在有界集合 D 上的函数, 如果 f 把 Cauchy 列映为 Cauchy 列, 那么 f 在 D 上一致连续.

证明 首先, 设 f 在 D 上一致连续, $\{x_n\}$ 是 D 内的 Cauchy 列. 因此, 对任意 $\varepsilon > 0$, 存在 $\delta > 0$, 当 $x, y \in D$ 且 $|x - y| < \delta$ 时,
$$|f(x) - f(y)| < \varepsilon.$$

对于正数 δ, 存在 N, 当 $k, j > N$ 时 $|x_k - x_j| < \delta$, 因此
$$|f(x_k) - f(x_j)| < \varepsilon,$$

这说明 $\{f(x_n)\}$ 是 Cauchy 列.

其次, 设函数 f 把有界集合 D 内的任意 Cauchy 列 $\{x_n\}$ 映为 Cauchy 列 $\{f(x_n)\}$. 假设 f 在 D 上不一致连续, 则存在 $\varepsilon_0 > 0$, 对于任意的 $n \in \mathbb{N}$, 都有 $x_n, y_n \in D$, $|x_n - y_n| < 1/n$, 但
$$|f(x_n) - f(y_n)| \geqslant \varepsilon_0.$$

因为 D 有界, 所以数列 $\{x_n\} \subset D$ 有收敛子列 $\{x_{n_k}\}$, 记该子列收敛到一点 x_0(不一定属于 D). 显然, 相应的子列 $\{y_{n_k}\}$ 也收敛到 x_0. 这两个子列的混合数列

$$x_{n_1}, y_{n_1}, x_{n_2}, y_{n_2}, \cdots$$

收敛, 所以是 Cauchy 列. 但依假设, 数列

$$f(x_{n_1}), f(y_{n_1}), f(x_{n_2}), f(y_{n_2}), \cdots$$

不是 Cauchy 列, 因为 $|f(x_{n_k}) - f(y_{n_k})| \geqslant \varepsilon_0$, 与定理条件相矛盾. □

下面介绍的两个概念定量描述了函数的一致连续性.

设 f 是定义在集合 D 上的函数, 称函数 f 满足 Lipschitz (利普希茨) 条件, 是指存在正常数 M, 对所有定义域里的 x, y 有

$$|f(x) - f(y)| \leqslant M|x - y|.$$

设 $0 < \alpha < 1$, 称函数 f 满足 α 阶的 Hölder 条件, 是指存在正常数 M, 对所有定义域里的 x, y 有

$$|f(x) - f(y)| \leqslant M|x - y|^\alpha.$$

连续函数的范围很广. 可以说, 满足任何合理条件的连续函数都可以构造出来.

例 15.1.3 构造一个实直线上的连续函数 $f(x)$, 它恰好在给定的闭集 A 上等于 0.

因为定义在 $\mathbb{R}$ 上, 满足 $f(x) = 0$ 的 x 全体是闭集, 所以必须要求集合 A 是闭集. A 的余集 A^c 是开集. 根据开集的结构定理 (定理 14.43), A^c 是至多可数个两两不交的开区间的并集. 由此可以简单地构造一个函数满足要求.

函数 f 在 A 上等于 0, 说明 f 在 A^c 的每个开区间端点等于 0. 在每个有限开区间上我们可以作一个金字塔形函数 (参看图 15.1),

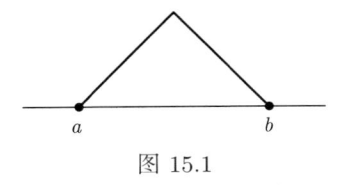

图 15.1

它从一端以斜率 1 上升到中点后再以斜率 -1 下降到另一端. 对于无限的开区间 (顶多有两个, $(-\infty, a)$ 和 $(b, +\infty)$), 我们分别始终保持斜率 -1 和 1. 整个图形见图 15.2. 由构造方法知得到的函数 f 恰好在 A 上为 0.

图 15.2

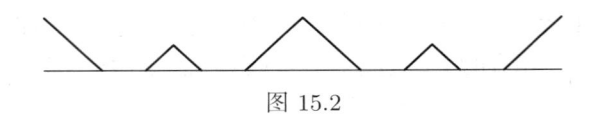

可以证明, f 满足 Lipschitz 条件

$$|f(x) - f(y)| \leqslant |x - y|.$$

这蕴含连续性.

15.1.3 连续函数的性质

函数之间有加法、数乘等运算. 注意到函数连续性等价于把收敛数列映到收敛数列 (定理 15.4), 由此容易证明: 如果 f, g 为 D 上的连续函数, $a \in \mathbb{R}$ 为常数, 那么 D 上的函数 $f \pm g$, $a \cdot f$ 和 $f \cdot g$ 都连续. 并且, 在 $g \neq 0$ 的地方, 我们能定义 f/g, 它在 $D \setminus \{x \mid g(x) = 0\}$ 上连续.

对于函数的复合, 我们有:

定理 15.9 设 g 为 E 上的连续函数, f 为 D 上的连续函数, 且 $f(D) \subset E$. 那么复合函数

$$(g \circ f)(x) \stackrel{\text{def}}{=} g(f(x))$$

为 D 上的连续函数.

证明 取任意 D 中的点列 $x_1, x_2, x_3, \cdots$, 且它收敛于 $x \in D$. 根据定理 15.4, 由于 f 连续, E 中的点列 $f(x_1), f(x_2), \cdots$ 收敛于 $f(x) \in E$. 又由于 g 连续,

$$\lim_{n \to \infty} g(f(x_n)) = g(f(x)) = g \circ f(x).$$

再由定理 15.4 知 $g \circ f$ 连续. □

例 15.1.4 设 f, g 为 D 上的连续函数. 定义 D 上的函数 $\max\{f, g\}$ 为: 当 $f(x) \geqslant g(x)$ 时取值 $f(x)$, 否则取值 $g(x)$. 类似定义 $\min\{f, g\}$. 证明: $\max\{f, g\}$ 和 $\min\{f, g\}$ 连续.

证明 函数 $|f|(x) \stackrel{\text{def}}{=} |f(x)|$ 在 D 上连续, 因为它是绝对值函数与 f 的复合. 应用下面的等式:

$$\max\{f, g\} = \frac{f + g + |f - g|}{2},$$
$$\min\{f, g\} = \frac{f + g - |f - g|}{2},$$

以及绝对值函数的连续性, 即知结论成立. □

第一册我们曾经讨论过有界闭区间上连续函数的性质，其中介值定理和最大最小值定理说明，定义在闭区间上的连续函数，其值域也是闭区间，或者说连续函数把闭区间映到闭区间. 这里我们将讨论定义在紧致集合上连续函数的类似性质.

性质 15.10　设 f 是定义在紧致集合 E 上的连续函数，则它的值域 $f(E)$ 也是紧致集合.

证明　根据紧致集合的等价条件 (见定理 14.52)，我们只要证明 $f(E)$ 是有界闭集即可. 由 f 的连续性，对于 $\varepsilon = 1$, $x \in E$, 存在 x 的一个开邻域 U_x 使得对任意 $x' \in E \cap U_x$, 都有 $|f(x') - f(x)| < 1$, 因此 $|f(x')| < |f(x)| + 1$, 或者说 $|f|$ 在 $E \cap U_x$ 内有上界 $|f(x)| + 1$. 开集族 $\{U_x \mid x \in E\}$ 构成了 E 的一个开覆盖，它有有限子覆盖 $\{U_{x_1}, U_{x_2}, \cdots, U_{x_N}\}$, 则 $M = 1 + \max\{|f(x_1)|, |f(x_2)|, \cdots, |f(x_N)|\}$ 是 $|f|$ 的上界.

为证明 $f(E)$ 是闭集，设 a 是 $f(E)$ 的聚点，则存在数列 $\{y_n\} \subset f(E)$, $\lim y_n = a$. 设 $y_n = f(x_n)$, $x_n \in E$, $n = 1, 2, \cdots$, 则数列 $\{x_n\}$ 有收敛子列 $\{x_{n_k}\}$ 收敛到 E 中一点 x_0. 由 f 的连续性，

$$a = \lim_{k \to \infty} y_{n_k} = \lim_{k \to \infty} f(x_{n_k}) = f(x_0).$$

所以 $a \in f(E)$. □

推论 15.11　设 f 是紧致集合 E 上的连续函数，则 f 在 E 上取到最大值和最小值.

证明　设 $a = \sup f(E)$, 因为 $f(E)$ 是紧集，当然是有界闭集，则 a 有限且 $a \in f(E)$, 这说明存在 $x_0 \in E$, 使得 $f(x_0) = a$, 即 f 在 E 上取到最大值 a. 同理可证 f 在 E 上取到最小值. □

虽然紧致集合上的连续函数可以取到最大、最小值，但介值定理不一定成立，因为定义域 E 不一定是连通集合. 对于连通的紧致集合，如闭区间上的连续函数，其介值性是成立的.

定理 15.12 (介值定理)　设 f 为定义在区间 $[a, b]$ 上的连续函数，且满足

$$f(a) < f(b),$$

那么对于任意 $c \in (f(a), f(b))$, 都存在 $x_0 \in (a, b)$ 使得 $f(x_0) = c$.

该定理已在第一册用二分法给出了证明，这里我们利用确界原理给出另一种证明.

证明　设

$$E = \left\{x \in [a, b] \,\Big|\, f(x) < c\right\},$$

由定理条件知它是闭区间 $[a, b]$ 的非空子集. 设 $x_0 = \sup E$, 则 $x_0 \in (a, b)$. 下面证明 $f(x_0) = c$.

存在 E 中的点列 $\{x_n\}$ 收敛于 x_0, 所以由 $f(x_n) < c$ 可得 $f(x_0) \leqslant c$. 如果 $f(x_0) < c$, 由 f 的连续性, 存在 $\delta > 0$, 函数 f 在区间 $(x_0 - \delta, x_0 + \delta)$ 内取值均小于 c, 那么 $x_0 + \delta/2 \in E$, 这与 $x_0 = \sup E$ 矛盾. 所以 $f(x_0) = c$. □

下述一致连续性定理是定义在有界闭区间上连续函数一致连续性的推广.

定理 15.13 (一致连续性定理) 设 f 为紧集 E 上的连续函数, 那么它一致连续.

证明 定理可以用反证法或者 Heine-Borel 性质来证明. 这里我们引入 Lebesgue (勒贝格) 数的概念来证明定理.

由于 f 连续, 对任意 $\varepsilon > 0$ 以及任意的 $x \in E$, 总存在包含 x 的开邻域 U_x, 使得
$$|f(y) - f(z)| < \varepsilon$$
对所有 $y, z \in U_x \cap E$ 成立, 从而 $\{U_x \mid x \in E\}$ 是 E 的一个开覆盖.

我们将证明存在一个只与 ε 有关的正数 δ, 使得对任意 $y, z \in E$, 当 $|y - z| < \delta$ 时就存在上述某个 U_x 包含 y, z. 因此, 当 $|y - z| < \delta$ 时,
$$|f(y) - f(z)| \leqslant |f(y) - f(x)| + |f(x) - f(z)| < 2\varepsilon,$$
这说明 f 一致连续.

正数 δ 称为 E 的开覆盖 $\{U_x \mid x \in E\}$ 的 Lebesgue 数. 假设不存在这样的 Lebesgue 数 $\delta > 0$, 那么, 对任意 $1/n$, 存在 $x_n, y_n \in E$, 满足 $|x_n - y_n| < 1/n$ 但上述开覆盖中没有任何一个开集同时包含 x_n 和 y_n. 由于 E 是紧集, 存在 $\{x_k\}$ 的子列 $\{x'_k\}$ 收敛于 $x \in E$, 从而 $\{y_k\}$ 的相应子列 $\{y'_k\}$ 也收敛于 x. 在开覆盖中取一个包含 $x \in E$ 的开集 U, 当 k 充分大时, x'_k, y'_k 都落在 U 中. 矛盾. □

作为一致连续概念的一个应用, 我们将证明如下扩张定理. 它表明一个一致连续函数可以自然扩充到定义域的闭包上, 并且保持一致连续性.

定理 15.14 (连续扩张定理) 设 f 是定义在集合 D 上的一致连续函数, 则在 D 的闭包 $\bar{D}$ 上存在唯一的一致连续函数 F 满足 $F(x) = f(x) \, (\forall x \in D)$. F 称为 f 的连续扩张函数.

证明 设 x 是集合 D 的聚点, 则存在 D 内的数列 $\{x_n\}$ $(x_n \neq x)$ 收敛到 x, 如果扩张函数 F 存在, 那么 $F(x) = \lim F(x_n) = \lim f(x_n)$. 可以看出, $F(x)$ 是收敛数列 $\{f(x_n)\}$ 的极限. 因此可以通过极限定义扩张函数 F, 并且这样的函数唯一.

设 $x \in \bar{D} \setminus D$, 数列 $\{x_n\} \subset D$ 收敛到 x, 依照定理 15.8, $\{f(x_n)\}$ 是 Cauchy 列, 因此定义
$$F(x) = \lim_{n \to \infty} f(x_n).$$

为保证定义的合理性, 还需说明, 如果 D 内存在另一个数列 $\{x_n'\}$ 也收敛到 x, 同理 $\{f(x_n')\}$ 也是 Cauchy 列, 这样我们只要证明

$$\lim f(x_n) = \lim f(x_n')$$

就说明了 $F(x)$ 定义的合理性.

根据 f 的一致连续性, 对任意 $\varepsilon > 0$, 存在 $\delta > 0$, 当 $x, y \in D$ 且 $|x-y| < \delta$ 时, $|f(x) - f(y)| < \varepsilon$; 由于数列 $\{x_n\}$ 和 $\{x_n'\}$ 都收敛到 x, 所以当 n 充分大时 $|x_n - x_n'| < \delta$, 这推出

$$|f(x_n) - f(x_n')| < \varepsilon,$$

因此两个 Cauchy 列有相同极限. 这样就证明了 $F(x)$ 定义的合理性.

下面证明函数 F 在 $\bar{D}$ 上一致连续.

任给 $\varepsilon > 0$, 存在 $\delta_1 > 0$, 当 $x', y' \in D$ 且 $|x' - y'| < \delta_1$ 时,

$$|f(x') - f(y')| < \frac{\varepsilon}{3}.$$

取 $\delta = \delta_1/3$, 则对任意的 $x, y \in \bar{D}$, 当 $|x - y| < \delta$ 时, 根据 F 的定义, 存在 $x' \in D$, $|x - x'| < \delta$, 使得

$$|F(x) - f(x')| < \frac{\varepsilon}{3}.$$

同样存在 $y' \in D$, $|y - y'| < \delta$, 使得

$$|F(y) - f(y')| < \frac{\varepsilon}{3}.$$

由

$$|x' - y'| \leqslant |x' - x| + |x - y| + |y - y'| < 3\delta = \delta_1,$$

得到 $|f(x') - f(y')| < \varepsilon/3$, 所以

$$|F(x) - F(y)| \leqslant |F(x) - f(x')| + |f(x') - f(y')| + |F(y) - f(y')| < \varepsilon.$$

这就证明了 F 的一致连续性. □

连续扩张定理的一个简单应用是下面指数函数定义的例子.

例 15.1.5 设 $a > 0$, 当 $x \in \mathbb{Q}$ 时, 指数函数

$$f(x) = a^x$$

可以用初等方法定义.

设 I 是任意一个有界闭区间, 容易验证, $f(x)$ 在 $I \cap \mathbb{Q}$ 上一致连续, 所以它在 I 上有唯一的连续扩张, 这样就定义了 $f(x) = a^x$ 在 I 上的值.

对于任意 $x \in \mathbb{R}$, 取一个区间 I 包含 x 使其成为内点, 就给出了指数函数 $f(x) = a^x$ 在 $\mathbb{R}$ 上的定义, 而且该定义与区间选取无关.

15.1.4 单调函数

称 D 上的函数 f 单调增 (减) 是指对任意 $x, y \in D$, 当 $x < y$ 时, 有 $f(x) \leqslant f(y)$ ($f(x) \geqslant f(y)$). 单调增和单调减函数统称为单调函数. 下面我们把讨论限制在函数的定义域为区间的情形.

我们知道单调函数不一定连续, 但是单调函数的左、右极限一定存在, 从而有界的单调函数最多只有第一类间断点 (跳跃点).

定理 15.15 设 f 为区间上的单调增函数. x_0 是区间的内点, 则右极限 $f(x_0 + 0) = \lim\limits_{x \to x_0^+} f(x)$ 和左极限 $f(x_0 - 0) = \lim\limits_{x \to x_0^-} f(x)$ 都存在, 并且

$$f(x_0 - 0) \leqslant f(x_0) \leqslant f(x_0 + 0).$$

对区间上单调减函数也有类似结果. 具体证明见第一册 1.3.5 小节.

这里, 从振幅的角度, 我们可以看出单调函数 f 在点 x 的振幅 $\omega_f(x)$ 等于 f 在该点左、右极限差的绝对值. 如果点 x_0 是跳跃点, 那么振幅就是"跳跃度".

推论 15.16 设 f 是定义在开区间 (a, b) 上的单调函数, 对任意 $x_0 \in (a, b)$,

$$\omega_f(x_0) = |f(x_0 + 0) - f(x_0 - 0)|.$$

下面的定理描述了单调函数间断点的个数.

定理 15.17 设 f 为开区间 I 上的单调函数. 那么除去区间中的至多可数个点, f 在其他的点连续. 或者说开区间上单调函数的不连续点至多只有可数个.

证明 不妨设 f 单调增, 我们用两种方法证明.

证法一: 由于开区间 I 是可数个紧致区间的并集. 比如当 $a < b$ 且均为实数时,

$$(a, b) = \bigcup_{n > 2/(b-a)} [a + 1/n, b - 1/n].$$

只需证明 f 限制在 I 的每个紧子区间 $[c, d]$ 上命题成立. 我们将证明对任意 $m \in \mathbb{N}$, 函数 f 在 $[c, d]$ 上振幅超过 $1/m$ 的点的个数有限, 这样 f 的不连续点集合可以表示为可数个包含有限个不连续点集合的并:

$$\{x \in [c, d] \mid \omega_f(x) > 0\} = \bigcup_{m=1}^{\infty} \left\{ x \in [c, d] \;\middle|\; \omega_f(x) > \frac{1}{m} \right\},$$

所以它是一个至多可数集合.

设 $x_1, x_2, \cdots, x_k \in [c, d]$ 是振幅大于 $1/m$ 的点, $x_1 < x_2 < \cdots < x_k$. 我们有

$$f(x_i + 0) - f(x_i - 0) \geqslant \frac{1}{m}, \quad i = 1, 2, \cdots, k.$$

对上式求和, 利用 $f(x_i + 0) - f(x_{i+1} - 0) \leqslant 0$ 可得
$$f(d) - f(c) \geqslant f(x_k + 0) - f(x_0 - 0) \geqslant \frac{k}{m}.$$
这说明振幅大于 $1/m$ 的点的个数 k 有限.

证法二: 记 $D(f)$ 为 f 的不连续点集合. 对于任意 $x \in D(f)$, 定义非空开区间如下:
$$J_x = \big(f(x - 0),\, f(x + 0)\big).$$

对于 $D(f)$ 中任意不等的两点 x, y, 不妨设 $x < y$, 那么对于任意 $z \in (x, y)$, 有 $f(x + 0) \leqslant f(z) \leqslant f(y - 0)$. 因此 $J_x \cap J_y = \varnothing$.

对于每一个 $x \in D(f)$, 根据有理数的稠密性, 可以从开区间 J_x 中取出一个有理数 r_x, 那么 $D(f)$ 与 $\mathbb{Q}$ 的子集 $\{r_x \mid x \in D(f)\}$ 有一一对应, 从而 $D(f)$ 为至多可数集合. $\square$

习题 15.1

1. 设 f 为定义在一个闭集上的函数. 证明: f 连续当且仅当每个闭集的原像为闭集.

2. 设 $f_1, f_2, \cdots, f_n$ 为 $\mathbb{R}$ 上的连续函数, A 是由不等式 $f_1(x) \geqslant 0, f_2(x) \geqslant 0, \cdots, f_n(x) \geqslant 0$ 定义的集合:
$$A = \{x \in \mathbb{R} \mid f_1(x) \geqslant 0, f_2(x) \geqslant 0, \cdots, f_n(x) \geqslant 0\},$$
证明: A 是闭集, 但由 $f_1(x) > 0, f_2(x) > 0, \cdots, f_n(x) > 0$ 定义的集合
$$B = \{x \in \mathbb{R} \mid f_1(x) > 0, f_2(x) > 0, \cdots, f_n(x) > 0\}$$
是开集.

3. 给出 $\lim\limits_{x \to +\infty} f(x) = y$ 的定义, 并证明: 它成立当且仅当对于取值在 f 的定义域中并且发散到 $+\infty$ 的任意数列 $\{x_n\}$, 都有 $\lim\limits_{n \to \infty} f(x_n) = y$.

4. 设 x_0 点是函数 f 的跳跃间断点. 证明: 如果 $\{x_n\}$ 是定义域中收敛于 x_0 的点列, 那么数列 $\{f(x_n)\}$ 至多有三个极限点.

5. 设 $f(x, y)$ 是定义在 $\mathbb{R}^2$ 上的函数, 它分别对 x 和 y 连续, 且 $f(x, y)$ 关于变量 y 是单调的. 证明: $f(x, y)$ 是 $\mathbb{R}^2$ 上的二元连续函数.

6. 给出一个 $\mathbb{R}$ 上的连续函数 f, 使得在 f 下闭集的像可以不是闭集.

7. (1) 问 $\mathbb{R}$ 上的函数 $f(x) = x^2$ 是否一致连续?
   (2) 证明: 满足 Lipschitz 条件的函数一致连续.

8. 设 f 在 $\mathbb{R}$ 上连续. 问等式
$$f(\varlimsup_{n \to \infty} x_n) = \varlimsup_{n \to \infty} f(x_n)$$
是否成立?

9. 设 $[0, 1]$ 上的函数 $f(x) = x^\beta$, β 为区间 $(0, 1)$ 中的数. 证明: 如果 $0 < \alpha \leqslant \beta$, 那么 f 是 α 阶 Hölder 连续的; 如果 $\alpha > \beta$, 那么结论不成立.

10. 证明对任意函数 f, 下列等式成立:
$$f^{-1}(A \cup B) = f^{-1}(A) \cup f^{-1}(B), \quad f^{-1}(A \cap B) = f^{-1}(A) \cap f^{-1}(B).$$

    如果考虑函数的像 (原像的对立面), 问上面的等式是否对函数的像成立?

11. 设 f 是定义在有界开区间 (a, b) 上的连续函数, 证明: f 一致连续当且仅当 f 在 a 点的右极限和 b 点的左极限都存在.

12. 设 f 为区间 $[a, b]$ 上的连续函数, g 为区间 $[b, c]$ 上的连续函数, 且 $f(b) = g(b)$. 证明:
$$h(x) = \begin{cases} f(x), & a \leqslant x \leqslant b, \\ g(x), & b \leqslant x \leqslant c \end{cases}$$

    在 $[a, c]$ 上连续. 这种构造方法称为连续函数的粘合.

13. 验证例 15.1.3 中函数 f 满足 Lipschitz 条件 $|f(x) - f(y)| \leqslant |x - y|$.

14. 设 f 在 (a, b) 上是 C^1 函数, 且 f' 在端点 a 和 b 的单边极限存在. 证明: f 在端点的单边极限也存在, 且 f 可以扩充为 $[a, b]$ 上的 C^1 函数.

15. 设 f 是区间上的单调增函数, 且该区间的内点 x_0 是 f 的不连续点. 证明: 对于任意区间里满足 $x_1 < x_0 < x_2$ 的两点 x_1, x_2, f 在 x_0 的跳跃不超过 $f(x_2) - f(x_1)$.

16. 设 f 为区间 I 上的单调增函数, 该区间的左、右端点分别为 a, b, 端点可以在或不在区间 I 里. 证明: $\lim\limits_{x \to a^+} f(x)$ 和 $\lim\limits_{x \to b^-} f(x)$ 存在, 前者可以取 $-\infty$, 后者可以取 $+\infty$.

17. 设 f 为 D 上的函数. 取定 x_0 为 D 的聚点, 对任意 $\delta > 0$, 定义
$$M(\delta) = \sup \{f(x) \mid x \in D, \ 0 < |x - x_0| < \delta\},$$
$$m(\delta) = \inf \{f(x) \mid x \in D, \ 0 < |x - x_0| < \delta\}.$$

    证明以下命题:

    (1) $M(\delta)$ 和 $m(\delta)$ 在 $(0, +\infty)$ 上分别单调增和单调减;

    (2) 下列两个极限:
$$\lim_{\delta \to 0} M(\delta), \ \lim_{\delta \to 0} m(\delta)$$

    均存在 (可能为 $\pm \infty$), 它们分别称为函数 f 在 x_0 处的**上极限**和**下极限**, 分别记为
$$\varlimsup_{x \to x_0} f(x), \ \varliminf_{x \to x_0} f(x);$$

    (3) f 在 x_0 处有极限 $\lim\limits_{x \to x_0} f(x)$ 当且仅当
$$\varlimsup_{x \to x_0} f(x) = \varliminf_{x \to x_0} f(x).$$

18. 引用上题的术语. 设 f 为 D 上的函数, 称 f 上 (下) 半连续, 是指对 D 与其聚点集之交的任意点 x_0, 都有
$$f(x_0) \geqslant \varlimsup_{x \to x_0} f(x) \ (f(x_0) \leqslant \varliminf_{x \to x_0} f(x)).$$

    证明: 若 f 是开集 D 上的函数, 则 f 上半连续当且仅当对任意 $a \in \mathbb{R}$, $\{x \in D \mid f(x) < a\}$ 是开集.

19. 证明: 如果区间上的连续函数 f 只取有限个值, 那么 f 是常值函数.

20. 设 f 是定义在闭区间 $[a, b]$ 上的函数, 对任意 $\delta > 0$, 证明: 函数 f 的振幅大于或等于 δ 的点集
$$D_\delta = \{x \in [a, b] \mid \omega_f(x) \geqslant \delta\}$$
是闭集.

21. 设 f 是区间上的单调函数. 证明: 如果它的像集是一个区间, 那么它是连续函数. 举出一个定义在区间上的函数, 它既不是单调函数, 也不是连续函数, 但是它的像集是一个区间.

22. 设 f, g 是 D 上的一致连续函数, 并且它们有界, 证明: $f \cdot g$ 一致连续. 举反例说明有界的假设是必要的.

23. 举出一个 $\mathbb{R}$ 上的不连续函数 f, 它在每个紧集上都达到最大、最小值.

24. 设 f 是 $\mathbb{R}$ 上的连续函数, 且 $\lim\limits_{x \to +\infty} f(x)$ 和 $\lim\limits_{x \to -\infty} f(x)$ 存在有限. 证明: f 在 $\mathbb{R}$ 上一致连续.

25. 实数集合 $\mathbb{R}$ 上的 Riemann (黎曼) 函数 $R(x)$ 定义为
$$R(x) = \begin{cases} 0, & x \text{ 是无理数}, \\ \dfrac{1}{q}, & x = \dfrac{p}{q} \text{ 是有理数}, \end{cases}$$

    这里 p, q 是整数且 $q > 0$, $(|p|, q) = 1$. 证明: 在任意点 x, 该函数的极限都是 0, 从而 Riemann 函数 R 在所有无理点处连续, 但在任意有理点处都不连续.

26. 证明: $\mathbb{R}$ 上连续的周期函数一致连续.

27. 设函数 f 在区间 $[a, b]$ 上单调增, $x_1 < x_2 < \cdots$ 是 f 的间断点, 定义 $[a, b]$ 上的函数 $h(x)$ 如下: $h(a) = 0$; 当 $x > a$ 时,
$$h(x) = [f(a+0) - f(a)] + \sum_{x_k < x} [f(x_k + 0) - f(x_k - 0)] + [f(x) - f(x-0)].$$

    证明:

    (1) $h(x)$ 是单调增函数;

    (2) $g(x) = f(x) - h(x)$ 连续.

28. 设 f 是定义在区间 I 上的严格单调函数, $E = f(I)$ 是函数 f 的值域. 求证: $f^{-1} : E \to I$ 是连续函数.

§15.2 级数的收敛性

这一节我们研究函数列和函数项级数的收敛性及其性质. 为了保证完整性, 对与第一册有重复的部分内容作简单罗列或推广, 重点放在更加细致深入的讨论上.

15.2.1 收敛与绝对收敛

考虑无穷级数 $\sum_{n=1}^{\infty} a_n$, 这里我们假设 a_n, $n = 1, 2, \cdots$ 均是实数. 它的前 n 项部分和 (简称 "部分和") 为 $S_n = \sum_{k=1}^{n} a_k$. 称 $\sum_{n=1}^{\infty} a_n$ 收敛于实数 S, 是指数列 $\{S_n\}$ 收敛于 S, 记为 $\sum_{n=1}^{\infty} a_n = S$.

关于收敛级数, 以下性质是熟知的. 如果 $\sum_{n=1}^{\infty} a_n$ 与 $\sum_{n=1}^{\infty} b_n$ 收敛, 且 $\alpha \in \mathbb{R}$, 那么 $\sum_{n=1}^{\infty} (a_n + b_n)$ 与 $\sum_{n=1}^{\infty} \alpha \cdot a_n$ 都收敛. 如果 $\sum_{n=1}^{\infty} a_n$ 与 $\sum_{n=1}^{\infty} b_n$ 收敛且 $a_n \geqslant b_n$ ($\forall n$), 那么 $\sum_{n=1}^{\infty} a_n \geqslant \sum_{n=1}^{\infty} b_n$. 利用数列的 Cauchy 收敛准则可以得到:

定理 15.18 (Cauchy 收敛准则) 级数 $\sum_{n=1}^{\infty} a_n$ 收敛当且仅当对任意的 $\varepsilon > 0$, 存在 $N \in \mathbb{N}$, 使得

$$\left| \sum_{k=p}^{q} a_k \right| < \varepsilon$$

对任意 $q \geqslant p \geqslant N$ 成立.

称级数 $\sum_{n=1}^{\infty} a_n$ **绝对收敛**, 是指级数 $\sum_{n=1}^{\infty} |a_n|$ 收敛. 由 Cauchy 收敛准则与三角不等式可知, 绝对收敛蕴含收敛, 这说明术语 "绝对收敛" 是合理的. 如果一个收敛级数不是绝对收敛的, 那么称它为**条件收敛**级数. 条件收敛的一个例子是

$$\sum_{n=1}^{\infty} \frac{(-1)^{n+1}}{n} = 1 - \frac{1}{2} + \frac{1}{3} - \frac{1}{4} + \cdots.$$

绝对收敛在收敛性的判定方法中得到广泛应用. 例如常用的比较判别法, 它是其他许多收敛判别法的源泉.

定理 15.19 设 $\sum_{n=1}^{\infty} a_n$ 与 $\sum_{n=1}^{\infty} b_n$ 为无穷级数且 $b_n \geqslant 0$, $|a_n| \leqslant b_n$ $(\forall n)$. 如果 $\sum_{n=1}^{\infty} b_n$ 收敛, 那么 $\sum_{n=1}^{\infty} a_n$ 绝对收敛.

下述推论是第一册正项级数收敛的 Cauchy 判别法和 d'Alembert 判别法的推广, 两者都是通过与几何级数的比较得到的, 具体证明留做习题. 两者强弱的比较已在例 14.3.9 中讨论.

推论 15.20 给定级数 $\sum_{n=1}^{\infty} a_n$.

$1°$ 设 $c = \varlimsup_{n \to \infty} \sqrt[n]{|a_n|}$, 若 $c < 1$, 则级数绝对收敛, 若 $c > 1$, 则级数发散.

$2°$ 若 $\varlimsup_{n \to \infty} \left|\dfrac{a_{n+1}}{a_n}\right| < 1$, 则级数绝对收敛, 若 n 充分大时 $\left|\dfrac{a_{n+1}}{a_n}\right| > 1$, 则级数发散.

改变级数中的有限项不影响收敛性. 事实上, 如果仅改变某些 a_k, $1 \leqslant k \leqslant n$, 这意味着部分和数列的第 n 项之后的所有项 S_k 变为 $S_k + c$, 这里 c 是一个常数. 因此, 不改变原级数的收敛性. 特别地, 把级数的有限项顺序重新排列, 得到的新的级数对应的常数 $c = 0$, 如果原级数收敛, 那么新级数的极限不变.

但是, 对级数的无限多项的顺序进行重新排列, 改变了级数的部分和数列, 这有可能改变级数的极限或收敛性. 我们将着重研究重排带来的问题, 从中进一步感受绝对收敛与条件收敛的巨大差别.

定义 15.21 称级数 $\sum_{n=1}^{\infty} b_n$ 为级数 $\sum_{n=1}^{\infty} a_n$ 的一个**重排**, 是指存在一个一一映射 $\sigma: \mathbb{N} \to \mathbb{N}$, 满足 $b_n = a_{\sigma(n)}$, $n = 1, 2, \cdots$.

简单地说, 级数 $\sum_{n=1}^{\infty} b_n$ 是级数 $\sum_{n=1}^{\infty} a_n$ 的一个重排是指两者含有相同的项, 但求和的顺序不同. 记 $\sum_{n=1}^{\infty} a_n^+$ 为级数 $\sum_{n=1}^{\infty} a_n$ 中非负项依次重新编号组成的级数, 而 $\sum_{n=1}^{\infty} a_n^-$ 是负项的绝对值依次重新编号组成的级数. 则

定理 15.22 级数 $\sum_{n=1}^{\infty} a_n$ 绝对收敛的充分必要条件是级数 $\sum_{n=1}^{\infty} a_n^+$ 和 $\sum_{n=1}^{\infty} a_n^-$ 都收敛. 但是, 如果级数 $\sum_{n=1}^{\infty} a_n$ 是条件收敛的, 那么 $\sum_{n=1}^{\infty} a_n^+$ 和 $\sum_{n=1}^{\infty} a_n^-$ 都发散到 $+\infty$.

该定理的证明已在第一册中给出. 但是需要指出的是这里 $a_n^\pm$ 的定义与第一册中的定义有所不同. 在那里 $a_n^\pm = \dfrac{|a_n| \pm a_n}{2}$, 因此无论是 a_n^+ 还是 a_n^- 都增加了一些等于 0 的项 (例如, 若 $a_n < 0$, 则对应位置的 $a_n^+ = 0$). 两种定义对上述定理的证明没有本质区别, 但在将要讨论的重排问题中, 目前的定义更加方便明确.

对于绝对收敛级数, 我们有如下定理.

定理 15.23 设无穷级数 $\sum\limits_{n=1}^{\infty} a_n = a$ 收敛. 如果 $\sum\limits_{n=1}^{\infty} a_n$ 绝对收敛, 那么它的任意重排都绝对收敛, 而且收敛到相同的值.

证明 该定理的证明也已经在第一册中给出, 这里我们从级数收敛的定义出发, 给出一个直接的证明.

设 $\sum\limits_{n=1}^{\infty} b_n$ 为任意一个重排. 首先证它也收敛于 $a = \sum\limits_{n=1}^{\infty} a_n$.

对于任意的 $\varepsilon > 0$, 我们要证明当 k 充分大时

$$\left| \sum_{n=1}^{k} b_n - \sum_{n=1}^{\infty} a_n \right| \leqslant \varepsilon.$$

根据条件, 存在一个 N, 使得 $\sum\limits_{n=N+1}^{\infty} |a_n| \leqslant \varepsilon$. 显然, 存在 K, 使得 $a_1, a_2, \cdots, a_N$ 一定出现在 $b_1, b_2, \cdots, b_K$ 之中, 那么当 $k > K$ 时, $a_1, a_2, \cdots, a_N$ 当然也一定出现在 $b_1, b_2, \cdots, b_k$ 之中. 这样, 当 $k > K$ 时, 有限和 $\sum\limits_{n=1}^{k} b_n - \sum\limits_{n=1}^{N} a_n$ 中的每项都出现在 $a_{N+1}, a_{N+2}, \cdots$ 之中, 所以

$$\left| \sum_{n=1}^{k} b_n - \sum_{n=1}^{\infty} a_n \right| = \left| \left(\sum_{n=1}^{k} b_n - \sum_{n=1}^{N} a_n \right) - \sum_{n=N+1}^{\infty} a_n \right|$$

$$\leqslant \sum_{n=N+1}^{\infty} |a_n| \leqslant \varepsilon.$$

关于 $\sum\limits_{n=1}^{\infty} b_n$ 的绝对收敛性可以由 $\sum\limits_{n=1}^{\infty} |b_n|$ 是 $\sum\limits_{n=1}^{\infty} |a_n|$ 的重排得到. □

上述定理说明, 对于绝对收敛级数, 任何形式的重排不影响收敛性和求和的值. 但是, 对于条件收敛级数, 结果却截然不同.

定理 15.24 (Riemann 重排定理) 设 $\sum\limits_{n=1}^{\infty} a_n$ 条件收敛, 则存在它的一个重排,

使其收敛到任意一个事先指定的实数 A 或发散到 $\pm\infty$.

证明 因为 $\sum_{n=1}^{\infty} a_n$ 条件收敛, 所以

$$a_n \to 0, \ a_n^{\pm} \to 0, \ \sum_{n=1}^{\infty} a_n^{\pm} = +\infty.$$

以下分两种情形讨论.

(1) A 是一个实数. 不妨设 $A > 0$, 从 $\{a_n^+\}$ 中顺次选取 $a_1^+, a_2^+, \cdots, a_{k_1}^+$, 使得

$$\sum_{j=1}^{k_1-1} a_j^+ \leqslant A < \sum_{j=1}^{k_1} a_j^+.$$

因为 $\sum_{n=1}^{\infty} a_n^+ = +\infty$, 这样的选取总是可以做到的. 记 $A_1^+ = \sum_{j=1}^{k_1} a_j^+$, 那么误差满足

$$0 < A_1^+ - A = \sum_{j=1}^{k_1} a_j^+ - A \leqslant a_{k_1}^+.$$

在 $\{a_n^-\}$ 中顺次选取 $a_1^-, a_2^-, \cdots, a_{l_1}^-$, 使得

$$A_1^+ - \sum_{j=1}^{l_1} a_j^- < A \leqslant A_1^+ - \sum_{j=1}^{l_1-1} a_j^-.$$

同理, 这样的选取也是能够做到的. 记 $A_1^- = \sum_{j=1}^{l_1} a_j^-$, 则误差为

$$0 < A - (A_1^+ - A_1^-) \leqslant a_{l_1}^-.$$

为了进一步减少误差, 重复上述过程, 再从 $\{a_n^+\}$ 中顺次选取 $a_{k_1+1}^+$, $a_{k_1+2}^+, \cdots, a_{k_2}^+$, 使得

$$A_1^+ - A_1^- + \sum_{j=k_1+1}^{k_2-1} a_j^+ \leqslant A < A_1^+ - A_1^- + \sum_{j=k_1+1}^{k_2} a_j^+.$$

记 $A_2^+ = \sum_{j=k_1+1}^{k_2} a_j^+$, 则

$$0 < A_1^+ - A_1^- + A_2^+ - A \leqslant a_{k_2}^+.$$

如此下去，可得下面级数：
$$A_1^+ - A_1^- + A_2^+ - A_2^- + \cdots.$$

它是原级数 $\sum_{n=1}^{\infty} a_n$ 的一个重排，其部分和满足

$$0 < A_1^+ - A_1^- + A_2^+ - A_2^- + \cdots + A_n^+ - A \leqslant a_{k_n}^+,$$
$$0 < A - (A_1^+ - A_1^- + A_2^+ - A_2^- + \cdots + A_n^+ - A_n^-) \leqslant a_{l_n}^-.$$

利用 $a_n^\pm \to 0$ 可知，重排后级数的部分和数列 $\{S_n\}$，有一个子列 $\{S_{n_k}\}$ 收敛于 A. 而且，前面分析中出现的 A_n^+, A_n^- 都是由原级数相同符号的项求和得到，并且

$$\lim_{n\to\infty} A_n^+ = \lim_{n\to\infty} A_n^- = 0.$$

因此，对任意的 n，如果 $n_k \leqslant n \leqslant n_{k+1}$，那么 $|S_n - S_{n_k}|$ 小于或者等于某个 A_k^+ 或 A_k^-，所以

$$\lim_{n\to\infty} S_n = A.$$

(2) 对于 $A = +\infty$ 的情形，充分利用 $\sum_{n=1}^{\infty} a_n^\pm = +\infty$，首先从 $\{a_n^+\}$ 中顺次选取 $a_1^+, a_2^+, \cdots, a_{k_1}^+$ 和 a_1^-，使得

$$a_1^+ + a_2^+ + \cdots + a_{k_1}^+ - a_1^- > 1,$$

再加入 $a_{k_1+1}^+, a_{k_1+2}^+, \cdots, a_{k_2}^+$ 和 a_2^-，使得

$$a_1^+ + a_2^+ + \cdots + a_{k_1}^+ - a_1^- + a_{k_1+1}^+ + a_{k_1+2}^+ + \cdots + a_{k_2}^+ - a_2^- > 2.$$

通过相同方法，把 $\{a_n^-\}$ 逐一塞进 $\sum_{n=1}^{\infty} a_n^+$ 中，这样得到一种原级数的重排，而且第 n 步所得部分和大于 n，所以重排级数发散到 $+\infty$. 对于 $-\infty$ 情形可类似证明. □

推论 15.25 设无穷级数 $\sum_{n=1}^{\infty} a_n = a$ 收敛. 如果 $\sum_{n=1}^{\infty} a_n$ 的任意重排都收敛，那么 $\sum_{n=1}^{\infty} a_n$ 绝对收敛.

这是 Riemann 重排定理的直接推论，如果 $\sum_{n=1}^{\infty} |a_n|$ 发散（即 $\sum_{n=1}^{\infty} a_n$ 条件收敛），那么一定存在一个发散的重排，因此与条件矛盾.

例 15.2.1 设级数 $\sum\limits_{n=1}^{\infty} a_n$ 和 $\sum\limits_{n=1}^{\infty} b_n$ 均绝对收敛,其和分别为 A 和 B. 证明:把集合 $\{a_k b_l \mid k, l = 1, 2, 3, \cdots\}$ 中的所有数按任意顺序相加所得的级数均绝对收敛,且和为 AB.

证明 设 $\sum\limits_{s=1}^{\infty} a_{k(s)} b_{l(s)}$ 是集合 $\{a_k b_l\}$ 中数的一个排列构成之和. 对任意 n, 令

$$N = \max\{k(1), k(2), \cdots, k(n), l(1), l(2), \cdots, l(n)\},$$

我们有

$$\begin{aligned}
& \left|a_{k(1)} b_{l(1)}\right| + \left|a_{k(2)} b_{l(2)}\right| + \cdots + \left|a_{k(n)} b_{l(n)}\right| \\
& \leqslant \left(|a_1| + |a_2| + \cdots + |a_N|\right)\left(|b_1| + |b_2| + \cdots + |b_N|\right) \\
& \leqslant \left(\sum_{k=1}^{\infty} |a_k|\right)\left(\sum_{l=1}^{\infty} |b_l|\right) < +\infty.
\end{aligned}$$

从而 $\sum\limits_{s=1}^{\infty} a_{k(s)} b_{l(s)}$ 绝对收敛. 由定理 15.23,集合 $\{a_k b_\ell\}$ 中数的任意排列构成的级数都收敛于同一个和数. 如果采用

$$\sum_{k,\,l \leqslant N} a_k b_l = \left(\sum_{k=1}^{N} a_k\right)\left(\sum_{l=1}^{N} b_l\right)$$

的求和方式, 得到的和等于

$$\lim_{N \to \infty} \sum_{k,\,l \leqslant N} a_k b_l = AB.$$

当然, 如果采用 $\sum\limits_{n=1}^{\infty} a_n$ 和 $\sum\limits_{n=1}^{\infty} b_n$ 的 Cauchy 乘法, 得到的级数

$$\sum_{n=1}^{\infty} c_n, \; c_n = a_1 b_n + a_2 b_{n-1} + \cdots + a_n b_1$$

也收敛于 AB. 在第一册中, 针对两个级数的 Cauchy 乘法, 只要相乘的两个级数中有一个绝对收敛, 上述结果仍然成立. 在此就不再重复. □

例 15.2.2 讨论级数 $\sum\limits_{n=1}^{\infty} \dfrac{(-1)^{n+1}}{n}$ 的重排.

考虑数列

$$a_n = 1 + \frac{1}{2} + \cdots + \frac{1}{n-1} - \ln n,$$
$$b_n = 1 + \frac{1}{2} + \cdots + \frac{1}{n} - \ln n.$$

对函数 $\ln x$ 应用 Lagrange (拉格朗日) 微分中值公式, 容易得到不等式

$$\frac{1}{n+1} < \ln \frac{n+1}{n} < \frac{1}{n},$$

由此可以证明 $\{a_n\}$ 单调增, $\{b_n\}$ 单调减. 因为 $b_n - a_n = 1/n$, 所以它们有共同的极限, 记为 γ. 常数 $\gamma = 0.5772156\cdots$ 称为 **Euler 常数**.

记调和级数 $\sum_{n=1}^{\infty} \frac{1}{n}$ 的部分和数列为 H_n, 则数列

$$r_n \stackrel{\text{def}}{=} H_n - \ln n - \gamma = b_n - \gamma \to 0 \quad (n \to \infty).$$

利用

$$1 + \frac{1}{3} + \cdots + \frac{1}{2n-1} = H_{2n} - \left(\frac{1}{2} + \frac{1}{4} + \cdots + \frac{1}{2n}\right) = H_{2n} - \frac{1}{2}H_n,$$

可以将级数 $\sum_{n=1}^{\infty} \frac{(-1)^{n+1}}{n}$ 的部分和写为

$$S_{2n} = \left(1 + \frac{1}{3} + \cdots + \frac{1}{2n-1}\right) - \left(\frac{1}{2} + \frac{1}{4} + \cdots + \frac{1}{2n}\right)$$
$$= H_{2n} - H_n = (\gamma + \ln 2n + r_{2n}) - (\gamma + \ln n + r_n)$$
$$= \ln 2 + r_{2n} - r_n,$$

所以 $S_{2n} \to \ln 2 \ (n \to \infty)$. 又因为 $S_{2n+1} - S_{2n} = -1/(2n+1) \to 0$, 所以

$$\sum_{n=1}^{\infty} \frac{(-1)^{n+1}}{n} = \ln 2.$$

设 $p, q \geqslant 1$, 将 $\sum_{n=1}^{\infty} \frac{(-1)^{n+1}}{n}$ 作如下重排: 先取前面 p 个正项, 再取前面 q 个负项, 之后再取 p 个正项, 接着取 q 个负项, 如此继续, 得到的级数记为 $\sum_{n=1}^{\infty} a_n$, 它

的部分和记为 A_n. 则对任意 m,

$$A_{mp+mq} = \left(1 + \frac{1}{3} + \cdots + \frac{1}{2mp-1}\right) - \left(\frac{1}{2} + \frac{1}{4} + \cdots + \frac{1}{2mq}\right)$$
$$= H_{2mp} - \frac{1}{2}H_{mp} - \frac{1}{2}H_{mq}$$
$$= \gamma + \ln 2mp + r_{2mp} - \frac{1}{2}\Big(2\gamma + \ln mp + \ln mq + r_{mp} + r_{mq}\Big),$$

所以当 $m \to \infty$ 时,

$$A_{mp+mq} \to \ln 2 + \frac{1}{2}\ln\frac{p}{q}.$$

对任意 n, 设 $m(p+q) \leqslant n < (m+1)(p+q)$, 则

$$\left|A_n - A_{mp+mq}\right| \leqslant \frac{1}{2mp+1} + \cdots + \frac{1}{2(m+1)p-1} +$$
$$\frac{1}{2mq+2} + \cdots + \frac{1}{2(m+1)q}.$$

当 $n \to \infty$ 时, $m \to \infty$, 我们有

$$\left|A_n - A_{mp+mq}\right| \to 0,$$

所以

$$\sum_{n=1}^{\infty} a_n = \ln 2 + \frac{1}{2}\ln\frac{p}{q}.$$

15.2.2 一致收敛

接下来我们讨论函数列和函数项级数的收敛性.

定义 15.26 设 $f_1(x), f_2(x), \cdots$ 是定义在公共定义域 D 上的函数列. 称该函数列收敛于函数 $f(x)$ 是指 $\forall x_0 \in D$,

$$\lim_{n \to \infty} f_n(x_0) = f(x_0),$$

记作 $\lim\limits_{n \to \infty} f_n = f$. 该收敛通常也称为**逐点收敛**.

类似地, 称函数项级数 $\sum\limits_{n=1}^{\infty} u_n(x)$ 在定义域 D 中逐点收敛是指: 部分和构成的函数列 $S_n(x) = \sum\limits_{k=1}^{n} u_k(x)$ 在定义域 D 中逐点收敛. 与逐点收敛相对应的是一致收敛的概念.

定义 15.27 称定义在集合 D 上的函数列 $f_1(x), f_2(x), \cdots$ **一致收敛**于 D 上的函数 $f(x)$ 是指：对任意 $\varepsilon > 0$，存在只与 ε 有关的正整数 N 使得 $n \geqslant N$ 时

$$|f_n(x) - f(x)| < \varepsilon$$

对所有 $x \in D$ 成立．这时，亦称 $f(x)$ 是 $f_n(x)$ 的**一致极限**．函数项级数的一致收敛可以类似定义．

一致收敛一定逐点收敛，但反之不一定成立．例如 $\sum_{n=1}^{\infty} x^n$ 在 $(-1, 1)$ 逐点收敛，不一致收敛．但是对于固定的 $r \in (0, 1)$，它在较小的定义域如 $[-r, r]$ 上是一致收敛的．

性质 15.28 定义在 D 上的函数列 $\{f_n\}$ 一致收敛于 f 当且仅当

$$\lim_{n \to \infty} \sup_{x \in D} \{|f_n(x) - f(x)|\} = 0.$$

这里 $\sup_{x \in D} \{|f_n(x) - f(x)|\}$ 可以看成 f 与 f_n 的某种"距离"，我们以后会继续讨论．

例 15.2.3 研究 $\mathbb{R}$ 上的函数列 $\{f_n\}$ 的收敛性 (如图 15.3)，其中 f_n 定义为

$$f_n(x) = \begin{cases} 0, & x \leqslant 0, \\ nx, & 0 < x < 1/n, \\ 1, & x \geqslant 1/n. \end{cases}$$

显然 f_n 在 $\mathbb{R}$ 上连续，但是 f_n 的极限函数

$$f(x) = \begin{cases} 0, & x \leqslant 0, \\ 1, & x > 0. \end{cases}$$

$x = 0$ 是它的第一类间断点．同时也不难看出

$$\sup\{|f_n(x) - f(x)| \mid x \in \mathbb{R}\} = \sup_{x \in (0, 1/n)} (1 - nx) = 1,$$

从而 $\{f_n\}$ 不一致收敛于 f．

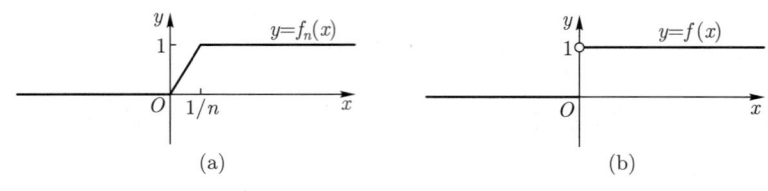

图 15.3

从函数列一致收敛的定义容易得到如下 Cauchy 收敛准则．

定理 15.29 (Cauchy 收敛准则) 定义在 D 上的函数列 $\{f_n(x)\}$ 一致收敛当且仅当对任意 $\varepsilon > 0$, 存在只依赖于 ε 的正整数 N, 使得 $k, n \geqslant N$ 时

$$|f_n(x) - f_k(x)| < \varepsilon$$

对所有 $x \in D$ 成立.

证明 容易验证一个一致收敛的函数列满足 Cauchy 收敛准则. 反之, 如果函数列 $\{f_n(x)\}(x \in D)$ 满足 Cauchy 收敛准则的条件, 那么对任意固定的 $x \in D$, $\{f_n(x)\}$ 是 Cauchy 数列, 因此可以定义 D 上的函数 $f(x) = \lim\limits_{n\to\infty} f_n(x)$, 以下验证 $\{f_n(x)\}$ 一致收敛到 $f(x)$.

对任意 $\varepsilon > 0$, 存在 $N = N(\varepsilon) \in \mathbb{N}$, $k, n \geqslant N$ 时

$$|f_n(x) - f_k(x)| < \frac{\varepsilon}{2}$$

对任意 $x \in D$ 成立, 令 $k \to \infty$, 就得到

$$|f_n(x) - f(x)| < \varepsilon, \quad \forall x \in D. \qquad \Box$$

如果函数项级数的部分和函数列一致收敛, 就称该级数一致收敛. 函数项级数一致收敛有很多判别法, 但简单而有效的判别法是 Weierstrass (魏尔斯特拉斯) 判别法, 它可以由 Cauchy 收敛准则直接推出.

定理 15.30 (Weierstrass 判别法) 设正项级数 $\sum\limits_{n=1}^{\infty} a_n$ 收敛, 定义在 D 上的函数项级数 $\sum\limits_{n=1}^{\infty} u_n(x)$ 满足: 对于任意 n 与任意 $x \in D$ 都有 $|u_n(x)| \leqslant a_n$ (即 a_n 是 $|u_n(x)|$ 在 D 中的一个上界), 则 $\sum\limits_{n=1}^{\infty} u_n(x)$ 一致收敛.

一致收敛的重要性在于函数的连续性、可积性等在一致收敛下可以保持.

定理 15.31 设 $\{f_n\}$ 是定义在区间 $[a, b]$ 上的可积函数列, $\{f_n\}$ 一致收敛到函数 f. 则 f 是 $[a, b]$ 上的可积函数, 且

$$\int_a^b f(x)\mathrm{d}x = \lim_{n\to\infty} \int_a^b f_n(x)\mathrm{d}x.$$

证明 设 $a_n = \int_a^b f_n(x)\mathrm{d}x$, 首先证明数列 $\{a_n\}$ 收敛. $\forall \varepsilon > 0$, 由一致收敛假设, $\exists N \in \mathbb{N}$, 对任意 $m, n > N$,

$$\sup_{x \in [a,\,b]} |f_m(x) - f_n(x)| < \frac{\varepsilon}{b-a},$$

则
$$|a_m - a_n| = \Big| \int_a^b [f_m(x) - f_n(x)] dx \Big|$$
$$\leqslant \int_a^b |f_m(x) - f_n(x)| dx < \varepsilon.$$

所以 $\{a_n\}$ 是 Cauchy 列. 设 $A = \lim\limits_{n\to\infty} a_n$, 下面我们证明 f 可积且 $\int_a^b f(x)dx = A$.

对任意 $\varepsilon > 0$, 存在 N, 当 $n > N$ 时,
$$\sup_{x \in [a,b]} |f_n(x) - f(x)| < \frac{\varepsilon}{b-a}.$$

设 $T: a = x_0 < x_1 < \cdots < x_k = b$ 是区间 $[a,b]$ 的一个分割, 考虑函数 f 的 Riemann 和
$$\sum_{i=1}^k f(\xi_i)\Delta x_i, \quad \forall \xi_i \in [x_{i-1}, x_i], \, i = 1, 2, \cdots, k.$$

固定一个 $n > N$, 同时满足 $|a_n - A| < \varepsilon$. 我们可以将对 f 的 Riemann 和估计转换成对 f_n 的 Riemann 和估计, 即
$$\Big| \sum_{i=1}^k f(\xi_i)\Delta x_i - A \Big| \leqslant \Big| \sum_{i=1}^k [f(\xi_i) - f_n(\xi_i)]\Delta x_i \Big| +$$
$$\Big| \sum_{i=1}^k f_n(\xi_i)\Delta x_i - a_n \Big| + |a_n - A|,$$

由 f_n 可积推出, 存在 $\delta > 0$, 当 $\|T\| < \delta$ 时,
$$\Big| \sum_{i=1}^k f_n(\xi_i)\Delta x_i - a_n \Big| < \varepsilon, \quad \forall \xi_i \in [x_{i-1}, x_i], \, 1 \leqslant i \leqslant k.$$

所以
$$\Big| \sum_{i=1}^k f(\xi_i)\Delta x_i - A \Big| < \sup_{x \in [a,b]} |f(x) - f_n(x)| \sum_{i=1}^k \Delta x_i + \varepsilon + \varepsilon < 3\varepsilon,$$

这就证明了 f 可积且 $\int_a^b f(x)dx = A$. □

定理 15.32 设 f_n 在定义域 D 上一致收敛于 f, 若所有的 f_n 都在 D 中的点 x_0 处连续, 则 f 亦在 x_0 处连续 (从而如果所有 f_n 在 D 上连续, 那么 f 亦在 D 上连续). 如果所有 f_n 都在 D 上一致连续, 那么 f 亦在 D 上一致连续.

证明 对任意 $\varepsilon > 0$, 存在充分大的 n 使得
$$|f(x) - f_n(x)| < \frac{\varepsilon}{3}$$

对所有 $x \in D$ 成立. 可利用如下不等式估计 $f(x) - f(y)$:
$$|f(x) - f(y)| \leqslant |f(x) - f_n(x)| + |f_n(x) - f_n(y)| + |f_n(y) - f(y)|$$
$$< \frac{2\varepsilon}{3} + |f_n(x) - f_n(y)|.$$

对任意的 $x_0 \in D$, 当 n 充分大时, 因为 f_n 在 x_0 连续, 所以存在 x_0 的邻域 $|x - x_0| < \delta$, 在邻域内 $|f_n(x) - f_n(x_0)| < \varepsilon/3$ 成立. 于是, 对此邻域里的点 x,
$$|f(x) - f(x_0)| < \frac{2\varepsilon}{3} + |f_n(x) - f_n(x_0)| < \frac{2\varepsilon}{3} + \frac{\varepsilon}{3} = \varepsilon,$$
因此 f 在 x_0 连续.

当 f_n ($\forall n$) 在 D 上一致连续时, 对固定的 n, 存在 $\delta > 0$, 使得 $|x - y| < \delta$ 时
$$|f_n(x) - f_n(y)| < \frac{\varepsilon}{3} \quad (\forall x, y \in D),$$
所以
$$|f(x) - f(y)| < \frac{2\varepsilon}{3} + |f_n(x) - f_n(y)| < \varepsilon. \qquad \square$$

注记 这个定理一方面显示出一致收敛的用处, 另一方面我们也能通过它判定不一致收敛. 例如我们希望不连续函数也有 Fourier (傅里叶) 级数, 但是收敛于不连续函数的 Fourier 级数一定不会一致收敛, 因为正弦、余弦函数是连续函数.

利用一致收敛性, 可以讨论许多有趣的实例.

例 15.2.4 单调函数的图像可能非常复杂. 下面构造一个 $\mathbb{R}$ 上的单调增函数 f, 它恰好在任意给定的可数集合 A 上不连续.

设可数集合 A 的一个排列是 $a_1, a_2, \cdots$. 令
$$f_k(x) = \begin{cases} 0, & x \leqslant a_k, \\ 1, & x > a_k, \end{cases} \quad k = 1, 2, \cdots,$$
那么函数
$$f(x) = \sum_{k=1}^{\infty} 2^{-k} f_k(x)$$
在 $\mathbb{R}$ 上有定义, 且在 $\mathbb{R}$ 上单调增. 显然 $|2^{-k} f_k(x)| \leqslant 2^{-k}$, 所以由 Weierstrass 判别法, 定义 f 的函数项级数在 $\mathbb{R}$ 上一致收敛. 下面证明 f 恰好在集合 $A = \{a_1, a_2, \cdots\}$ 上不连续.

任取 $x_0 \notin A$, 由于 f_k 都在 x_0 连续, 由一致收敛性得知 f 在 x_0 连续. 对于任意 $a_i \in A$,
$$f - 2^{-i} f_i = \sum_{k \neq i} 2^{-k} f_k(x),$$

类似上面的证明, 不难知道 $f - 2^{-i}f_i$ 在 a_i 连续, 从而 f 在点 a_i 处与 $2^{-i}f_i$ 有相同的跳跃, $i = 1, 2, \cdots$.

特别, 取 $A = \mathbb{Q}$ 为有理数集合, 它在整个实轴上是稠密的. 那么我们可以得到这样一个在稠密的有理数集合上不连续的单调函数.

例 15.2.5 证明幂级数 $\sum_{n=0}^{\infty} a_n x^n$ 的收敛半径 R 由下式给出:

$$\frac{1}{R} = \varlimsup_{n \to \infty} \sqrt[n]{|a_n|}.$$

证明 一个大于或等于 0 的数 $R \in \mathbb{R}_{\infty}$ 称为是幂级数 $\sum_{n=0}^{\infty} a_n x^n$ 的收敛半径是指: 当 $|r| < R$ 时幂级数在 $x = r$ 处收敛, 但 $|r| > R$ 时幂级数在 $x = r$ 处发散.

我们首先证明
$$\varlimsup_{n \to \infty} \sqrt[n]{|a_n|} \leqslant \frac{1}{R}.$$

若 $R = 0$ 结论显然, 下面设 $R > 0$. 任取 $0 < r < R$, 由于 $\sum_{n=1}^{\infty} a_n r^n$ 收敛, 存在正常数 M 使得 $|a_n r^n| \leqslant M$ 对任意 n 成立. 于是 $|a_n|^{1/n} \leqslant M^{1/n}/r$,

$$\varlimsup_{n \to \infty} \sqrt[n]{|a_n|} \leqslant \frac{1}{r} \lim_{n \to \infty} M^{1/n} = \frac{1}{r}.$$

由于 $r \in (0, R)$ 是任意的, 所以结论成立.

记
$$\varlimsup_{n \to \infty} \sqrt[n]{|a_n|} = \frac{1}{R_0},$$

这里 $R_0 = 0, +\infty$ 或非零的有限数. 我们已证明 $R_0 \geqslant R$, 为了证明 $R \geqslant R_0$, 只需证明当 $|x| < R_0$ 时, $\sum_{n=0}^{\infty} a_n x^n$ 收敛. 若 $R_0 = 0$ 结论显然. 当 $R_0 > 0$ 时, 取 R_1 使得 $|x| < R_1 < R_0$. 那么由于 $\varlimsup_{n \to \infty} \sqrt[n]{|a_n|} < 1/R_1$, 即

$$\varlimsup_{n \to \infty} \sqrt[n]{|a_n|} = \lim_{k \to \infty} \sup_{n \geqslant k} \sqrt[n]{|a_n|} < \frac{1}{R_1},$$

因此我们能够取 k 充分大, 使得 $\forall n \geqslant k$, $\sqrt[n]{|a_n|} < 1/R_1$, 或者 $|a_n| < 1/R_1^n$. 最后把 $\sum a_n x^n$ 与几何级数 $\sum (|x|/R_1)^n$ 作比较, 得到前者当 $|x| < R_1$ 时的收敛性. □

上述例子的证明隐含如下事实: 如果幂级数 $\sum_{n=0}^{\infty} a_n x^n$ 的收敛半径 $R > 0$, 那

么对任意 $0 < r < R$, 幂级数在区间 $[-r, r]$ 上绝对收敛而且一致收敛, 所以和函数 $f(x) = \sum_{n=0}^{\infty} a_n x^n$ 在 $(-R, R)$ 内连续.

更一般的是下述结论.

性质 15.33 设连续函数列 $\{f_n\}$ 在开集 D 上逐点收敛到函数 f. 如果对任意的紧致子集 $E \subset D$, 函数列 $\{f_n\}$ 限制在 E 上一致收敛, 那么 f 是 D 上的连续函数.

满足条件的函数列也称为**内闭一致收敛**. 结论成立的原因是连续为局部性质. 事实上, 对任意 $x \in D$, 可以选取一个闭区间 $[a, b] \subset D$ 且 $x \in (a, b)$, 则由 $\{f_n\}$ 在 $[a, b]$ 上一致收敛推出 f 在 x 点连续.

例 15.2.6 讨论实轴 $\mathbb{R}$ 上处处连续、处处不可微函数的存在性.

处处不可微的连续函数的第一个例子是 Weierstrass 以及 Bolzano (波尔查诺) 构造的. 我们下面介绍的实例属于 van der Waerden (范德瓦尔登).

设函数 $u(x)$ 为

$$u(x) = \begin{cases} x, & x \in [0, 1], \\ 2-x, & x \in [1, 2]. \end{cases}$$

将 $u(x)$ 按周期等于 2 扩充到所有实数, 即 $u(x+2) = u(x), \forall x \in \mathbb{R}$, 则 $u(x)$ 是 $\mathbb{R}$ 上的连续函数. 定义

$$u_k(x) = \left(\frac{3}{4}\right)^k u(4^k x),$$
$$f(x) = \sum_{k=0}^{\infty} u_k(x).$$

因为 $0 \leqslant u_k(x) \leqslant (3/4)^k$, 所以由 Weierstrass 判别法, $f(x)$ 是 $\mathbb{R}$ 上的连续函数.

直观上看, $u_k(x)$ 是振幅为 $(3/4)^k$, 周期为 $2/4^k$ 的锯齿形函数, $f(x)$ 是这些函数的叠加. 为证明 f 处处不可微, 对任意 $x \in \mathbb{R}$, 我们将证明存在数列 $a_n \to x^-$, $b_n \to x^+$ $(n \to \infty)$, 并且当 $n \to \infty$ 时,

$$\frac{f(b_n) - f(a_n)}{b_n - a_n}$$

没有极限, 这可以推出函数 f 在点 x 不可微.

对 $n \in \mathbb{N}$, 定义

$$a_n = \frac{[4^n x]}{4^n}, \ b_n = \frac{[4^n x]+1}{4^n},$$

其中 $[\cdot]$ 表示 14.5.1 小节定义的取整函数. 显然 $a_n \leqslant x < b_n$, 并且 $|x - a_n|$ 和 $|b_n - x|$ 都小于或等于 $|b_n - a_n| = 1/4^n$, 所以

$$a_n \to x^-, \quad b_n \to x^+.$$

我们需要计算
$$f(b_n) - f(a_n) = \sum_{k=0}^{\infty} \big(u_k(b_n) - u_k(a_n)\big).$$

当 $k > n$ 时，由于 $4^k b_n - 4^k a_n = 4^{k-n}$ 是偶数，所以
$$u_k(b_n) - u_k(a_n) = \left(\frac{3}{4}\right)^k \big(u(4^k b_n) - u(4^k a_n)\big) = 0.$$

当 $k \leqslant n$ 时，由于区间 $([4^n x],\ [4^n x] + 1)$ 中没有整数，所以区间
$$\big(4^k a_n, 4^k b_n\big) = \left(\frac{[4^n x]}{4^{n-k}}, \frac{[4^n x] + 1}{4^{n-k}}\right)$$

中没有整数，从函数 $u(x)$ 的定义可得
$$|u_k(b_n) - u_k(a_n)| = \left(\frac{3}{4}\right)^k |u(4^k b_n) - u(4^k a_n)|$$
$$= \left(\frac{3}{4}\right)^k (4^k b_n - 4^k a_n) = \left(\frac{3}{4}\right)^k \frac{1}{4^{n-k}}.$$

我们有
$$|f(b_n) - f(a_n)| = \left|\sum_{k=0}^{n} \big(u_k(b_n) - u_k(a_n)\big)\right|$$
$$\geqslant |u_n(b_n) - u_n(a_n)| - \sum_{k=0}^{n-1} |u_k(b_n) - u_k(a_n)|$$
$$= \left(\frac{3}{4}\right)^n - \sum_{k=0}^{n-1} \left(\frac{3}{4}\right)^k \frac{1}{4^{n-k}} \geqslant \frac{1}{2}\left(\frac{3}{4}\right)^n,$$

因此
$$\left|\frac{f(b_n) - f(a_n)}{b_n - a_n}\right| \geqslant \frac{1}{2} 3^n.$$

通常收敛推不出一致收敛. 如果连续函数列的极限函数连续，在某些特定条件下可以得到这种收敛是一致的.

定理 15.34 (Dini (迪尼))　设 $\{f_n\}$ 是紧集 D 上的连续函数列，并且对每一个 $x \in D$，数列 $\{f_n(x)\}$ 当 $n \to \infty$ 时都单调递减地收敛于连续函数 f，那么 f_n 在 D 上一致收敛于 f.

证明　不妨设 $\{f_n\}$ 单调递减趋于 0，否则我们可以用 $f_n - f$ 代替 f_n ($\forall n$). 因此将证明 $\{f_n\}$ 当 $n \to \infty$ 时一致收敛于 0.

任意给定 $x \in D$ 以及 $\varepsilon > 0$，存在 $N(x) = N(x, \varepsilon)$ 使得 $0 \leqslant f_{N(x)}(x) < \varepsilon$. 由于 $f_{N(x)}$ 在 x 连续，存在 $n = n(x)$ 使得在 x 的邻域 $(x - 1/n(x), x + 1/n(x))$ 中有

$$0 \leqslant f_{N(x)}(y) \leqslant \varepsilon, \quad \forall y \in \left(x - \frac{1}{n(x)}, x + \frac{1}{n(x)}\right) \cap D. \tag{$*$}$$

于是这些开区间 $(x - 1/n(x), x + 1/n(x))$, $x \in D$, 构成 D 的一个开覆盖. 由 D 紧致, 存在有限子覆盖 $(x_j - 1/n_j, x_j + 1/n_j)$, 其中 $n_j = n(x_j)$, $j = 1, 2, \cdots, k$. 令 $N = \max\{N(x_1), N(x_2), \cdots, N(x_k)\}$, 由 $(*)$ 与 f_n 的递减性质可得, 对任意 $k \geqslant N$ 以及任意 $x \in D$, $0 \leqslant f_k(x) < \varepsilon$ 成立.

定理还可以如下证明: 利用定义域的紧性, 设连续函数 f_n 在点 x_n 取到最大值, 令 $a_n = \sup\limits_{x \in D} f_n(x) = f_n(x_n)$, 因为

$$a_{n+1} = f_{n+1}(x_{n+1}) \leqslant f_n(x_{n+1}) \leqslant a_n,$$

所以 $\{a_n\}$ 是单调递减的非负数列. 只需证明 $a = \lim\limits_{n \to \infty} a_n = 0$.

数列 $\{x_n\}$ 有收敛子列 $\{x_{k_n}\}$ 收敛到点 $x_0 \in D$, 对任意 $m \in \mathbb{N}$, 当 $k_n > m$ 时

$$a_{k_n} = f_{k_n}(x_{k_n}) \leqslant f_m(x_{k_n}),$$

令 $k_n \to \infty$, 就得到 $a \leqslant f_m(x_0)$, 再令 $m \to \infty$, 就证得 $a = 0$. $\square$

定理 15.35 (Dini 定理的等价形式) 设级数 $\sum\limits_{n=1}^{\infty} u_n(x)$ 的每一项在紧集 D 上连续且非负, 如果它的和函数 $S(x)$ 亦在 D 上连续, 那么该级数在 D 上一致收敛.

不管是定理 15.34, 还是定理 15.35, 紧致性条件是必要的, 例如 $\sum\limits_{n=1}^{\infty} x^n$ 在 $[0, 1)$ 上收敛于 $x/(1-x)$, 但是不一致收敛. 问题出在收敛区域 $[0, 1)$ 不紧致.

对于紧集上连续函数列的一致收敛性, 我们还有如下的另一种刻画方式.

定理 15.36 设 $\{f_n(x)\}$ 是定义在紧集 D 上的连续函数列, 则 $\{f_n\}$ 一致收敛于函数 f 当且仅当对 D 内的任意收敛点列 $x_n \to x$, 有

$$\lim_{n \to \infty} f_n(x_n) = f(x).$$

证明 必要性. 设 f_n 一致收敛于 f, $x_n \to x \in D$. 我们需要估计 $f_n(x_n) - f(x)$. 与定理 15.32 的证明类似, 利用中间值 $f(x_n)$ 可以得到

$$|f_n(x_n) - f(x)| \leqslant |f_n(x_n) - f(x_n)| + |f(x_n) - f(x)|.$$

因为 f_n 连续并一致收敛于 f, 所以 f 也连续, 这样就有

$$\lim_{n \to \infty} f(x_n) = f(x),$$

即任给 $\varepsilon > 0$, 存在 N_1 使得 $|f(x_n) - f(x)| < \varepsilon/2$ 对所有 $n \geqslant N_1$ 成立. 又因为 f_n 一致收敛于 f, 所以存在 N_2 使得当 $n \geqslant N_2$ 时 $|f_n(x) - f(x)| < \varepsilon/2$ 对所有 $x \in D$

成立. 取 $N = \max\{N_1, N_2\}$, 当 $n > N$ 时, 有

$$|f_n(x_n) - f(x)| < \varepsilon.$$

充分性. 设对任意收敛点列 $x_n \to x$ 有 $f_n(x_n) \to f(x)$.

首先取 $x_n = x(\forall n)$, 根据条件, 就得到 f_n 逐点收敛到 f.

其次要证明 f 在 D 中连续, 即 $\forall x \in D$, 要证明 $f(x_n) \to f(x) \ (n \to \infty)$, 其中 $\{x_n\}$ 是收敛到 x 的任意点列.

为此我们需要做好下列准备工作. 依条件 $f_n(x_n) \to f(x)$, 事实上对 $\{f_n\}$ 的任意子列 $\{f_{k_n}\}$, 仍然有 $f_{k_n}(x_n) \to f(x)$, 这是因为我们可以构造一个收敛到 x 的点列 $\{y_n\}$ 满足: $y_{k_1} = x_1, y_{k_2} = x_2, \cdots, y_{k_n} = x_n, \cdots$, 而在其他地方 $y_j = x, j \neq k_1, k_2, \cdots, k_n, \cdots$. 那么对于 $\{y_n\}$, 也有 $f_n(y_n) \to f(x) \ (n \to \infty)$, 所以 $f_{k_n}(x_n) = f_{k_n}(y_{k_n}) \to f(x) \ (n \to \infty)$.

现在设 $\{x_n\}$ 是 D 中收敛到 x 的任意数列. 对任意的 n, 由 $f_k(x_n) \to f(x_n) \ (k \to \infty)$ 可知, 存在 k_n 使得 $|f_{k_n}(x_n) - f(x_n)| < 1/n$, 我们还可以选取 $\{k_n\}$ 满足 $k_1 < k_2 < k_3 < \cdots$. 那么当 $n \to \infty$ 时

$$|f(x_n) - f(x)| \leqslant |f(x_n) - f_{k_n}(x_n)| + |f_{k_n}(x_n) - f(x)| \to 0.$$

最后要证明 $\{f_n\}$ 一致收敛到 f. 令

$$a_n = \sup_{x \in D}\{|f_n(x) - f(x)|\},$$

只需证明 $a_n \to 0 \ (n \to \infty)$. 否则, 存在一个正数 ε_0 以及 $\{a_n\}$ 的一个子列 $\{a_{n_k}\}$ 满足 $a_{n_k} > \varepsilon_0 \ (\forall k)$. 为方便起见不妨设 $a_n > \varepsilon_0 \ (\forall n)$. 由定义域的紧性知存在 $x_n \in D$ 满足 $a_n = |f_n(x_n) - f(x_n)|$. 点列 $\{x_n\}$ 有收敛子列 $\{x_{n_k}\}$ 收敛到 $x_0 \in D$, 那么依定理条件

$$\lim_{k \to \infty} a_{n_k} = \left|\lim_{k \to \infty} f_{n_k}(x_{n_k}) - \lim_{k \to \infty} f(x_{n_k})\right| = |f(x_0) - f(x_0)| = 0,$$

矛盾. □

15.2.3 等度连续

本节最后我们考虑一个与函数列收敛相关的问题, 它与紧致性有关. 对于数列而言, 只要有界就会有收敛子列. 类似地我们考虑在什么条件下函数列一定有收敛子列?

为方便起见我们将把问题限制在紧致区间上的连续函数, 且收敛为一致收敛. 容易发现, 不是每个 $[a, b]$ 上的连续函数列都有一致收敛子列. 最简单的反

例莫过于 $f_n(x) \equiv n$. 即使加上"函数列一致有界"的条件, 即存在正数 M 使得 $|f_n(x)| \leqslant M\ (\forall n)$, 也不能保证有收敛子列, 例如函数列 $\{\sin nx\}$. 我们这里不给出它不存在收敛子列的证明细节, 但是直观上结论是显然的, 因为当 n 越来越大时, $\sin nx$ 在 -1 与 1 之间振动得越来越快. 为了排除这种振动行为的出现, 需要等度连续的概念.

定义 15.37 定义在 D 上的函数列 $\{f_n\}$ 称为**一致等度连续**是指: 对任意 $\varepsilon > 0$, 存在只与 ε 有关的 $\delta > 0$, 使得当 $|x - y| \leqslant \delta\ (\forall x, y \in D)$ 时,

$$|f_n(x) - f_n(y)| < \varepsilon$$

对任意 n 成立.

为寻找函数列存在一致收敛子列的条件, 引入一致等度连续的概念也是自然的. 读者可以证明: 紧致区间上一致收敛的连续函数列一定是一致有界和一致等度连续的.

定理 15.38 (Arzelà-Ascoli) 设 $\{f_n\}$ 是定义在紧致区间上一致有界、一致等度连续的函数列, 则它存在一致收敛子列.

证明 证明思想是先找到在定义域的一个可数稠密子集上收敛的子列, 然后证明这个子列一致收敛. 第一步用到一致有界性, 第二步需要一致等度连续性.

设 $\{x_k\}$ 是定义域的一个可数稠密子集 (比如可以取区间里的有理数全体). 对每个固定的 k, 根据一致有界可知 $\{f_n(x_k)\}$ 是有界数列. 我们要找 $\{f_n\}$ 的一个子列, 它在所有点 x_k 的值均收敛. 首先选 $\{f_n\}$ 的一个子列 $\{f_{1n}\}$, $f_{1n}(x_1)$ 收敛. 再选 $\{f_{1n}\}$ 的一个子列 $\{f_{2n}\}$, $f_{2n}(x_2)$ 收敛. 此时 $f_{2n}(x_1)$ 也收敛. 再选 $\{f_{2n}\}$ 的一个子列 $\{f_{3n}\}$, $f_{3n}(x_3)$ 收敛, 以此类推. 通过这种方式, 我们得到原来函数列的一列子列 $\{f_{kn}\}(k = 1, 2, 3, \cdots)$, 每个子列是它前一个子列的子列, 并且对固定的 k, 函数列 $f_{k1}, f_{k2}, f_{k3}, \cdots$ 在 $x_1, x_2, \cdots, x_k$ 的值收敛.

至此仍然没有得到在可数个点 $x_1, x_2, x_3, \cdots$ 的值都收敛的子列, 为此我们把所有子列写成一个无限矩阵:

$$\begin{matrix} f_{11} & f_{12} & f_{13} & \cdots \\ f_{21} & f_{22} & f_{23} & \cdots \\ f_{31} & f_{32} & f_{33} & \cdots \\ \vdots & \vdots & \vdots & \end{matrix}$$

再取对角线 $f_{11}, f_{22}, f_{33}, \cdots$. 对角线列是原函数列的子列, 并且对任意 k, 除了开始的 k 项, 它是第 k 行 $f_{k1}, f_{k2}, f_{k3}, \cdots$ 的子列 (因为在第 k 行以下的行都是第 k 行的子列), 因此对角线列在 x_k 收敛. 它即是我们要找的子列, 为方便起见, 不妨仍记它为 $f_1, f_2, \cdots$.

以下我们证明函数列 $\{f_n\}$ 满足一致收敛的 Cauchy 准则. 利用有限覆盖定理可以证明 $\{f_n\}$ 在可数稠密子集的一个有限子集上 Cauchy 准则成立, 再利用这个事实与一致等度连续性证明 $\{f_n\}$ 满足 Cauchy 准则.

设给定误差 $\varepsilon > 0$, 由一致等度连续性, 存在 $\delta > 0$ 使得当 $|x - y| \leqslant \delta$ 就有 $|f_j(x) - f_j(y)| \leqslant \varepsilon/3$ ($\forall j, \forall x, y$). 另一方面, 稠密子集 $\{x_k\}$ 中每点的 δ 邻域 $(x_k - \delta, x_k + \delta)$ 构成了定义域 (紧致区间) 的一个开覆盖, 必有有限子覆盖, 即可以从上述可数稠密子集中选出有限个点 $x_1, x_2, \cdots, x_r$, 使得定义域的任意点都与某个 x_j 的距离 $\leqslant \delta$. 因为函数列 f_k 在 $x_1, x_2, \cdots, x_r$ 均收敛, 我们能找到充分大的 N, 使得 $j, k \geqslant N$ 时就有 $|f_j(x_p) - f_k(x_p)| \leqslant \varepsilon/3, p = 1, 2, \cdots, r$.

对属于定义域的任意点 x, 存在 $x_p \in \{x_1, x_2, \cdots, x_r\}$ 使得 $|x - x_p| \leqslant \delta$, 当 $j, k \geqslant N$ 时我们有估计

$$|f_j(x) - f_k(x)| \leqslant |f_j(x) - f_j(x_p)| + |f_j(x_p) - f_k(x_p)| + |f_k(x_p) - f_k(x)|$$
$$\leqslant \varepsilon/3 + \varepsilon/3 + \varepsilon/3 = \varepsilon,$$

其中第一和第三个估计用到一致等度连续性, 中间的估计用到在 x_p 的 Cauchy 准则. □

为应用 Arzelà-Ascoli 定理, 我们需要验证函数列是否一致等度连续. 一个常见方法是假设函数列中的所有函数都可导, 且导数一致有界, 比如说 $|f_k'(x)| \leqslant M$. 那么由中值定理,

$$|f_k(x) - f_k(y)| = |f_k'(z)||x - y| \leqslant M|x - y|,$$

从而函数列一致等度连续.

推论 15.39 设 $\{f_k\}$ 是定义在紧致区间上的可导函数列且 $|f_k(x)| \leqslant M$, $|f_k'(x)| \leqslant M$ 对任意 k 和 x 成立, 则它存在一致收敛的子列.

习题 15.2

1. 写出比较判别法 (定理 15.19) 的逆否命题, 并注意它可以用来判定一个级数发散.
2. 设 $\sum_{n=1}^{\infty} a_n$ 为每项都为正的收敛级数. 证明: 存在绝对收敛级数 $\sum_{n=1}^{\infty} b_n$ 使得
$$\lim_{n \to \infty} \frac{a_n}{b_n} = 0.$$
这个结论解释了: 不存在一个收敛正项级数, 可以用于判定所有级数是否绝对收敛.
3. 证明: 级数 $\sum_{n=1}^{\infty} \frac{(-1)^{[\sqrt{n}]}}{n}$ 收敛, 其中 $[\cdot]$ 表示 14.5.1 小节定义的取整函数.
4. 设
$$\sum_{m=1}^{\infty} \left(\sum_{n=1}^{\infty} |a_{mn}| \right) < +\infty,$$

证明:

(1) 可数集合 $\{a_{mn} \mid m, n \in \mathbb{N}\}$ 的任意排列求和均收敛;

(2) $\sum_{m=1}^{\infty} \left(\sum_{n=1}^{\infty} a_{mn} \right) = \sum_{n=1}^{\infty} \left(\sum_{m=1}^{\infty} a_{mn} \right)$.

5. 求如下定义在实直线上的函数列的极限:
$$\lim_{k \to \infty} \left(\lim_{j \to \infty} (\cos k! \pi x)^{2j} \right).$$

6. 给出一列定义在紧集上的连续函数, 它们在这个紧集上收敛但是不一致收敛.

7. 设 $\lim_{n \to \infty} f_n = f$ 并且所有函数 f_n 都单调增. 问 f 一定单调增吗? 若 f_n 严格单调增又如何?

8. 给出一列定义在非紧集合 D 上的连续函数, 它们不一致收敛, 但满足: 对 D 中任意收敛数列 $\{x_n\}$, $x = \lim_{n \to \infty} x_n \in D$, 都有 $\lim_{n \to \infty} f_n(x_n) = f(x)$.

9. 设 f_n 一致收敛于 f, 且对所有的 n 极限 $\lim_{x \to x_0} f_n(x)$ 均存在. 证明: 两个极限 $\lim_{x \to x_0} f(x)$ 和 $\lim_{n \to \infty} \left(\lim_{x \to x_0} f_n(x) \right)$ 均存在且相等 (注意我们不假定 f 或者 f_n 的连续性).

10. 设 f_n 一致收敛于 f, 且所有的函数 f_n 均仅有第一类间断点. 证明: f 亦仅有第一类间断点.

11. 设 f_n 在 $[a, b]$ 上一致收敛于 f. 设 $F_n(x) = \int_a^x f_n(t) \, dt$, $F(x) = \int_a^x f(t) \, dt$. 证明: F_n 在 $[a, b]$ 上一致收敛于 F. 问如果把 $[a, b]$ 换成整个实直线同样的结论成立吗?

12. 一个集合 $A \subset \mathbb{R}$ 的**特征函数** χ_A 为 $\mathbb{R}$ 上的函数, 其定义为
$$\chi_A(x) = \begin{cases} 1, & \text{若 } x \in A, \\ 0, & \text{若 } x \notin A. \end{cases}$$

称形如
$$f(x) = \sum_{j=1}^n c_j \chi_{[a_j, b_j)}$$

的函数为**阶梯函数**, 其中 $[a_j, b_j)$ 为两两不交的区间. 证明: 紧致区间上的连续函数是阶梯函数的一致极限.

13. 称紧致区间 $[a, b]$ 上的连续函数为**线性样条**, 是指存在区间的一个分割, 该函数限制在每个子区间上为一次函数. 证明: $[a, b]$ 上的每个连续函数都是线性样条的一致极限.

14. 给出 $[0, 1]$ 上的一列连续函数列 $\{f_n\}$, 它们逐点收敛于 0, 但是
$$\lim_{n \to \infty} \int_0^1 f_n(x) dx = 0$$

不成立.

15. 举例说明：函数项级数在定义域内一致收敛并不蕴含它在定义域内任意点处绝对收敛，反之亦然.

16. 设 $\mathbb{R}$ 上的函数 f 定义为 $f(0)=0, f(x)=\mathrm{e}^{-1/x^2}\ (x\neq 0)$. 证明:
    (1) f 是 $\mathbb{R}$ 上的光滑函数；
    (2) f 关于原点无幂级数展开.

17. 对于任意不等于 1 的实数 x_0，给出 $1/(1-x)$ 的关于 x_0 的幂级数展开，并写出收敛区间.

18. 设 $\sum\limits_{n=0}^{\infty} a_n x^n$ 和 $\sum\limits_{n=0}^{\infty} b_n x^n$ 在区间 $(-R, R)\ (R>0)$ 内收敛，集合 E 定义为
$$E = \left\{ x \in (-R, R) \,\Big|\, \sum_{n=0}^{\infty} a_n x^n = \sum_{n=0}^{\infty} b_n x^n \right\}.$$

    证明: 若集合 E 有一个聚点属于 $(-R, R)$，则 $a_n = b_n,\ n=0,1,2,\cdots$.

19. 设 $\{b_n\}$ 是单调递减的非负数列，证明: 级数 $\sum\limits_{n=1}^{\infty} b_n \sin nx$ 一致收敛的充分必要条件是 $\lim\limits_{n\to\infty} n b_n = 0$.

20. 设 $\{f_n\}$ 为紧致区间 $[a,b]$ 的一致收敛的连续函数列. 证明: $\{f_n\}$ 一致有界且一致等度连续.

21. 证明: $[0,1]$ 上的函数列 $\{\sin nx\}$ 不存在一致收敛子列.

    提示: 先证它不存在一致等度连续的子列.

22. 设 $\{f_n\}$ 为 $\mathbb{R}$ 上的有紧致支集的连续函数列，且 f_n 在 $\mathbb{R}$ 上一致收敛于一个有紧致支集的连续函数 f. 证明: 函数列 $\{f_n\}$ 一致有界且一致等度连续.

    提示: $\mathbb{R}$ 上连续函数 g 的支集定义为集合 $\{x\in\mathbb{R} \mid g(x)\neq 0\}$ 的闭包.

23. 设 $\{f_n\}$ 是紧致区间上一致等度连续的函数列，且 f_n 逐点收敛于 f. 证明: f_n 一致收敛于 f.

    提示: 不能假设 f 连续去证明命题，尽管它作为命题的结论是正确的. 可以用定理 15.36.

24. 设紧致区间 I 上的函数列 $\{f_n\}$ 满足: 存在与 n 无关的常数 $M>0$ 与 $\alpha>0$，对于任意 $x,y\in I$，有
$$|f_n(x)-f_n(y)| \leqslant M|x-y|^\alpha.$$

    证明: $\{f_n\}$ 在这个紧致区间上一致等度连续.

25. 设 $\{f_n\}$ 是一个紧致区间上的一列 C^∞ 函数，且对任意 k 存在常数 M_k 使得 $|f_n^{(k)}(x)| \leqslant M_k\ (\forall x)$. 证明: 存在一个子列一致收敛到一个 C^∞ 函数 f，并且这个子列的任意 k 阶导函数都一致收敛于 $f^{(k)}$.

    提示: 利用对角线证法.

26. 给出紧致区间 $[a,b]$ 上的一列一致等度连续的函数，但它们不一致有界.

27. 证明: 由 $[0,1]$ 上次数不超过 N，且满足 $|P(x)|\leqslant 1,\ \forall x\in[0,1]$ 的多项式 $P(x)$ 全体构成的函数族一致等度连续.

28. 设 $f_1, f_2, \cdots, f_n$ 是一个紧致区间上的连续函数. 证明: 所有线性组合
$$\sum_{j=1}^{n} a_j f_j, \ |a_j| \leqslant 1$$
构成的函数族是一致有界且一致等度连续的.

29. 给出一列在 $\mathbb{R}$ 上一致有界且一致等度连续的函数列, 但是它没有一致收敛子列.

30. 设 $\{f_k\}$ 是一列定义在开区间 (a, b) (可以是无限区间) 上的函数列, 满足 $|f_k(x)| \leqslant F(x)$, $|f'_k(x)| \leqslant G(x)$, $\forall k$, 这里 F 和 G 是 (a, b) 上的连续函数. 证明: 存在一个 $\{f_k\}$ 的子列在每个 (a, b) 的紧致子区间上都一致收敛.

    提示: 先在 $[a + 1/n, b - 1/n]$ 上找到一致收敛子列后再用对角线证法.

31. 设一个区间上的函数列 $f_1, f_2, \cdots$ **逐点有界** (对于任意 x, 存在 $M(x) > 0$ 使得对于所有 k, $|f_k(x)| \leqslant M(x)$ 成立) 且**逐点等度连续** (对于任意 x 与任意 $\varepsilon > 0$, 存在与 x 及 ε 都有关的 $\delta > 0$, 使得对于所有 k 与所有和 x 的距离小于 δ 的 $y, |f_k(x) - f_k(y)| \leqslant \varepsilon$ 成立). 证明: 存在一个 $\{f_n\}$ 的逐点收敛的子列.

§15.3　连续函数的多项式逼近

在第一册中, 我们已经知道, 如果函数 f 具有无穷次导数, 且导函数有界, 那么 f 一定能够展开成 Taylor (泰勒) 级数. 或者说 f 能被 Taylor 级数的部分和所构成的多项式逼近. 显然, Taylor 展开对函数的要求太强. 本节将讨论一个十分有趣的问题, 即如何用多项式函数列逼近连续函数.

15.3.1　Weierstrass 一致逼近定理

定理 15.40 (Weierstrass)　一个紧致区间上的任意连续函数都可以用多项式一致逼近. 即, 对于定义在有限闭区间 $[a, b]$ 上的连续函数 f, 任给 $\varepsilon > 0$, 存在多项式 $P_\varepsilon(x)$ 使得
$$|P_\varepsilon(x) - f(x)| \leqslant \varepsilon$$
对任意 $x \in [a, b]$ 成立, 这里的 $P_\varepsilon(x)$ 表示一个依赖于 $f(x)$ 与 ε 的多项式.

需要指出的是, Weierstrass 定理和有些连续函数没有幂级数展开的事实并不矛盾. 事实上幂级数的部分和构成一列很特殊的多项式函数列, 比如考虑关于原点的收敛幂级数 $\sum_{n=0}^{\infty} a_n x^n$, 对应的部分和构成的多项式函数列 $\{P_k(x)\}$ 具有如下性质: $P_{n+1}(x) = P_n(x) + a_{n+1} x^{n+1}$, 即一旦 x^n 项加到 P_n 中以后, 后面的多项式中的 n 次项系数就不再改变. 稍后将发现, 在 Weierstrass 定理的证明中我们将构造一致收敛于 f 的多项式列 $\{P_n\}$, 其中的多项式之间没有类似的关系.

在给出定理证明之前，我们讨论一个稍微简单的问题，寻找满足在有限个点取特定值的多项式.

例 15.3.1 设 $x_1, x_2, \cdots, x_n$ 是两两不同的实数，$a_1, a_2, \cdots, a_n$ 是任意实数，试求 $n-1$ 次多项式 $P(x)$ 满足
$$P(x_k) = a_k, \quad k = 1, 2, \cdots, n.$$

令 $P(x) = c_0 + c_1 x + \cdots + c_{n-1} x^{n-1}$，其中系数 $c_0, c_1, \cdots, c_{n-1}$ 待定，通过上式就得到一个关于 $c_0, c_1, \cdots, c_{n-1}$ 的由 n 个线性方程构成的方程组：
$$c_0 + c_1 x_1 + c_2 x_1^2 + \cdots + c_{n-1} x_1^{n-1} = a_1,$$
$$c_0 + c_1 x_2 + c_2 x_2^2 + \cdots + c_{n-1} x_2^{n-1} = a_2,$$
$$\cdots\cdots\cdots\cdots$$
$$c_0 + c_1 x_n + c_2 x_n^2 + \cdots + c_{n-1} x_n^{n-1} = a_n.$$

方程组的系数矩阵对应的行列式为 Vandermonde (范德蒙德) 行列式，从而系数矩阵可逆，方程组有唯一解.

但是，我们可以用另一种方法直接构造出满足题意的多项式.

取一组特殊的 $n-1$ 次多项式
$$q_k(x) = \prod_{1 \leqslant j \leqslant n,\, j \neq k} (x - x_j),\ k = 1, 2, \cdots.$$

它们的特点是 $q_k(x)$ 在 x_k 处不为零，但在其他的 $x_j, j \neq k$ 处均为零，因此，多项式
$$Q_k(x) = \frac{q_k(x)}{q_k(x_k)} = \prod_{1 \leqslant j \leqslant n,\, j \neq k} \frac{x - x_j}{x_k - x_j}$$

满足
$$Q_k(x_j) = \begin{cases} 0, & j \neq k, \\ 1, & j = k, \end{cases}$$

这里 $k = 1, 2, \cdots, n$. 于是
$$P(x) = \sum_{k=1}^n a_k Q_k(x)$$

就是满足题意的解，它称为 **Lagrange 插值多项式**.

利用上述结论，对于给定的函数 f，可以构造多项式，使其在定义域的有限个点上和函数取值相同，即令
$$P(x) = \sum_{k=1}^n f(x_k) Q_k(x)$$

则 $f(x_k) = P(x_k)$, $k = 1, 2, \cdots$.

但是仅仅让多项式与给定函数在有限个点取值相同, 并不能解决在整个区间上逼近的问题, 因为我们不能控制 Lagrange 插值多项式在其他点的取值. 比如, 对于图 15.4 中的函数 f, 多项式 $P(x) \equiv 0$ 通过了函数 f 与 x 轴的七个交点, 但 P 不是 f 的好的近似. 即使我们在 f 的图像上取更多的点, 仍然不能保证会得到更好的近似.

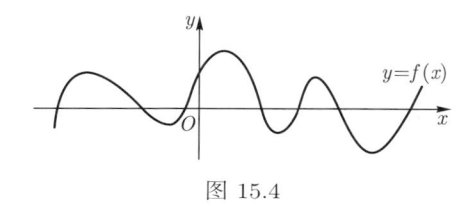

图 15.4

随后我们将给出一个 Weierstrass 定理的构造性证明. 这个证明有如下两个优点: 其一, 它是构造函数近似的一般性方法的原型. 其二, 若我们知道关于 f 的更多信息, 则构造出来的近似多项式有更好的性质 (例如, 若 f 是 C^1 的, 则近似多项式的导数也一致逼近 f'). 但是这里介绍的构造性证明并不是唯一的. 事实上 Bernstein (伯恩斯坦) 给出了一个完全不同的构造性证明, 具体细节可以参看本教材第一册的扩展数字资源 (或通过扫描二维码获取).

用多项式一致逼近连续函数

15.3.2 卷积与单位近似

我们将要采用的证明方法涉及卷积与单位近似. 首先简单介绍它们的定义.

卷积是函数之间的一种新的 "乘法" 运算, 具体定义如下:

$$f * g(x) = \int_{-\infty}^{+\infty} f(x-y) g(y) \, \mathrm{d}y.$$

以下我们总假设参与卷积运算的函数连续. 为了保证卷积中的反常积分收敛, 我们可假设 f 和 g 中至少一个在某个有限区间之外取值为零. 因此积分总是在一个有限区间上的积分, 这样对每个 x, $f * g(x)$ 都有定义, 并且 $f * g$ 是 $\mathbb{R}$ 上的连续函数 (习题). 第二册的 §12.4 已经证明卷积满足交换律与结合律:

$$f * g = g * f, \quad (f * g) * h = f * (g * h).$$

如果把积分视为函数的一种平均, 那么卷积 $f * g$ 可以视为函数 f 平移的加权平均: $f(x - y)$ 可以看成 f 的一个平移 (函数图像向右移动了 y 个单位), 然后再乘上权重 $g(y)$ 取 "平均". 但是卷积的交换性 $(f * g(x) = g * f(x))$ 显示了卷积又是

函数 g 平移的加权平均. 因此, $f*g$ 具有 f 与 g 两者的性质 (至少有平移与平均所保持的那些性质).

性质 15.41 如果 g 是多项式, f 连续且在一个有限区间之外取值为零, 那么 $f*g$ 仍然是多项式.

证明 事实上, 如果 $g(x) = \sum_{k=0}^{n} a_k x^k$, 那么

$$f*g(x) = \int_{-\infty}^{+\infty} g(x-y) f(y) \, \mathrm{d}y$$

$$= \int_{-\infty}^{+\infty} \left[\sum_{k=0}^{n} a_k (x-y)^k \right] f(y) \, \mathrm{d}y$$

$$= \int_{-\infty}^{+\infty} \sum_{k=0}^{n} \sum_{j=0}^{k} (-1)^{k-j} a_k \binom{k}{j} x^j y^{k-j} f(y) \, \mathrm{d}y$$

$$= \sum_{j=0}^{n} b_j x^j,$$

其中多项式 $f*g = \sum_{j=0}^{n} b_j x^j$ 的系数为

$$b_j = \sum_{k=j}^{n} (-1)^{k-j} a_k \binom{k}{j} \int_{-\infty}^{+\infty} y^{k-j} f(y) \, \mathrm{d}y.$$

由于 f 连续且在一个有限区间外为零, 所以上述系数中的积分是一个在有限区间上连续函数的积分. □

但是通过取一般多项式 g 与 f 作卷积得到的多项式并不逼近 f, 因为多项式在无穷远处趋向 $\pm\infty$. 因此需要寻找一种特殊的函数 g, 使 $f*g$ 成为 f 的近似, 这就是单位近似的思想.

从表达式

$$f*g(x) = \int_{-\infty}^{+\infty} f(x-y) g(y) \, \mathrm{d}y$$

可以发现, 只有满足下面两个条件时它才和 $f(x)$ 很靠近:

$1°$ 在 $|y|$ 很小的地方的积分占整个积分的主导地位, 这时 $f(x-y)$ 与 $f(x)$ 很靠近.

$2°$ 在 $|y|$ 很小的地方, 权重 $g(y)$ 的分布很 "均匀".

一个满足以上要求的函数列 g_n 为

$$g_n(y) = \begin{cases} n, & 0 \leqslant y \leqslant 1/n, \\ 0, & \text{其他}. \end{cases}$$

这时
$$\int_0^{1/n} g_n(y)\,\mathrm{d}y = 1,$$
我们有一个公平的平均. 由 f 的一致连续性,
$$f * g_n(x) = n\int_0^{1/n} f(x-y)\,\mathrm{d}y$$
可以很好地逼近 f. 这是由于
$$f * g_n(x) - f(x) = n\int_0^{1/n}\bigl[f(x-y) - f(x)\bigr]\,\mathrm{d}y,$$
对任意 $\varepsilon > 0$, 存在 n 使得当 $|y| < 1/n$ 时 $|f(x-y) - f(x)| < \varepsilon$, 我们有
$$|f * g_n(x) - f(x)| \leqslant n\int_0^{1/n} \bigl|f(x-y) - f(x)\bigr|\,\mathrm{d}y$$
$$< n\int_0^{1/n} \varepsilon\,\mathrm{d}y = \varepsilon.$$

不难看出函数 g_n 的具体形式并不重要, 只要 $\int_{-\infty}^{+\infty} g_n(y)\,\mathrm{d}y = 1$ 且它越来越集中在 0 附近. 一个满足具有如此性质的函数列 $\{g_n\}$ 称为单位近似, 它的定义是:

定义 15.42 $\mathbb{R}$ 上一列连续函数 $\{g_n\}$ 称为一个**单位近似**是指它们满足:

$1°$ $g_n(x) \geqslant 0$.

$2°$ $\int_{-\infty}^{+\infty} g_n(x)\,\mathrm{d}x = 1$.

$3°$ 对任意 $\delta > 0$, $\lim\limits_{n\to\infty}\int_{|x|\geqslant\delta} g_n(x)\,\mathrm{d}x = 0$.

以下我们设 f 连续且在一个有限区间之外为零. 这蕴含 f 有界且一致连续. 所以 $|f(x)| \leqslant M\ (\forall x)$, 并且对任意 $\varepsilon > 0$, 存在 $\delta > 0$, 使得当 $|y| \leqslant \delta$ 时有 $|f(x-y) - f(x)| < \varepsilon$. 因此
$$|f * g_n(x) - f(x)| = \left|\int_{-\infty}^{\infty}\bigl[f(x-y) - f(x)\bigr]g_n(y)\,\mathrm{d}y\right|$$
$$\leqslant \int_{|y|\geqslant\delta} \bigl|f(x-y) - f(x)\bigr|g_n(y)\,\mathrm{d}y +$$
$$\int_{-\delta}^{\delta} \bigl|f(x-y) - f(x)\bigr|g_n(y)\,\mathrm{d}y$$
$$< 2M\int_{|y|\geqslant\delta} g_n(y)\,\mathrm{d}y + \varepsilon\int_{-\delta}^{\delta} g_n(y)\,\mathrm{d}y$$
$$\leqslant 2M\int_{|y|\geqslant\delta} g_n(y)\,\mathrm{d}y + \varepsilon,$$

这里最后一个不等式是因为 $\int_{-\delta}^{\delta} g_n(y)\,dy \leqslant \int_{-\infty}^{+\infty} g_n(y)\,dy = 1.$

又因为 $\forall \delta > 0$, 当 $n \to \infty$ 时

$$\int_{|y| \geqslant \delta} g_n(y)\,dy \to 0,$$

所以当 n 充分大时, 有 $2M \int_{|y| \geqslant \delta} g_n(y)\,dy < \varepsilon$, 从而 $|f * g_n(x) - f(x)| < 2\varepsilon.$

总结上述分析我们得到如下引理:

引理 15.43 (单位近似引理) 设 f 是 $\mathbb{R}$ 上的连续函数且在一有限区间外为零. 如果 $\{g_n\}$ 为单位近似, 那么 $f * g_n$ 一致收敛于 f.

15.3.3 Weierstrass 一致逼近定理的证明

直接利用单位近似引理来证明 Weierstrass 定理, 必须克服两个障碍: 其一是区间 $[a, b]$ 上的连续函数 f 不一定能够拓展为在 $[a, b]$ 外为零并在整个 $\mathbb{R}$ 上的连续函数; 其二是不存在 $\mathbb{R}$ 上的多项式列满足单位近似的条件.

有两种方法可以克服第一个障碍. 如果 $f(a) = f(b) = 0$, 那么只需在 $[a, b]$ 之外令 $f = 0$ 就可以把 f 的定义域进行扩充, 得到一个 $\mathbb{R}$ 上的连续函数. 如果 f 在区间端点不为 0, 如图 15.5, 那么给函数添上"两翼", 我们得到 f 在一个更大的区间 $[a-1, b+1]$ 上的扩充, 且 $f(a-1) = f(b+1) = 0$, 再用同样的方法把 f 扩充为整个 $\mathbb{R}$ 上的连续函数, 在 $[a-1, b+1]$ 之外为零. f 在区间 $[a-1, b+1]$ 上的近似多项式自动成为更小的区间 $[a, b]$ 上的近似多项式.

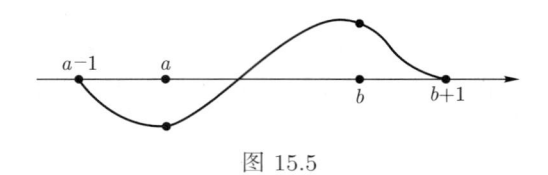

图 15.5

另一个方法则是用 f 减去一个一次函数 $Ax + B$ 使得 $f - Ax - B$ 在区间端点为零. 因为 $Ax + B$ 也是多项式, 把它加回到 $f - Ax - B$ 的近似多项式中去, 依然得到 f 的近似多项式. 这个一次多项式的系数可根据要求解出来:

$$A = \frac{f(b) - f(a)}{b - a},\ B = \frac{bf(a) - af(b)}{b - a}.$$

不管哪种方法, 以下我们可以设 f 为 $\mathbb{R}$ 上的连续函数, 且在区间 $[a, b]$ 之外为零.

又因为 Weierstrass 定理是一个局部逼近问题，因此只需要找到在区间 $[a, b]$ 上逼近 f 的多项式，这样就可以克服多项式函数列不可能是 $\mathbb{R}$ 上的单位近似这一障碍.

因为在区间 $[a, b]$ 之外 $f = 0$, 卷积

$$f * g(x) = \int_{-\infty}^{+\infty} f(x-y)g(y)\,\mathrm{d}y = \int_{-\infty}^{+\infty} f(y)g(x-y)\,\mathrm{d}y$$
$$= \int_a^b f(y)g(x-y)\,\mathrm{d}y$$

仅仅涉及 g 在区间 $[x-b, x-a]$ 上的取值; 如果把 x 限制在 $[a, b]$ 上, 那么 g 在 $[a', b'] = [a-b, b-a]$ 上的取值与 f 就共同决定了 $f * g$ 在 $[a, b]$ 上的取值. 因此, 如果我们取 $g_n(x)$ 在 $[a', b']$ 上为多项式, 在其外面为零, 那么 $f * g_n$ 在 $[a, b]$ 里面为多项式. 于是, 应用单位近似引理, 要证明 Weierstrass 一致逼近定理, 我们只要找到满足如下条件的单位近似 $\{g_n\}$: g_n 是 $[a', b']$ 上的多项式, 且在 $[a', b']$ 外面为零.

注意到 $[a', b']$ 是关于原点对称的区间, 我们可以设 $[a', b'] = [-1, 1]$, 这是因为如果 g_n 是在区间 $[-1, 1]$ 之外为零的单位近似, 那么 $\tilde{g}_n(x) = \dfrac{1}{\lambda} g_n\left(\dfrac{x}{\lambda}\right)$, $\lambda > 0$, 是在区间 $[-\lambda, \lambda]$ 之外为零的单位近似.

以下我们具体构造在 $[-1, 1]$ 上满足上述条件的单位近似. 考虑函数 $y = (1-x^2)^n$ (参看图 15.6), 它在 $x = \pm 1$ 处直到 $n-1$ 阶的导数都为零, 且它在区间 $[-1, 1]$ 里图像集中在 $x = 0$ 附近.

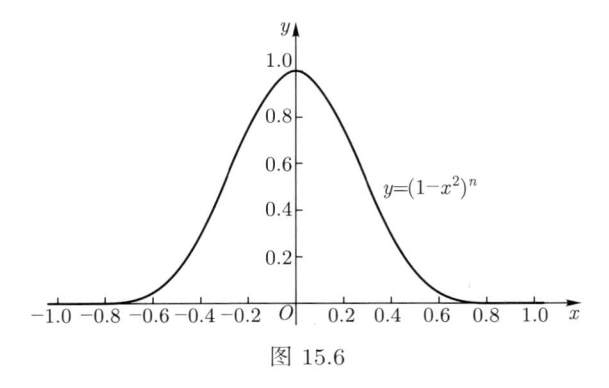

图 15.6

令

$$c_n = \int_{-1}^1 (1-x^2)^n\,\mathrm{d}x.$$

虽然可以具体计算出 c_n 的精确值, 但这里仅需要 c_n 的一个关于 n 的下界估计. 比

较 $(1-x^2)^n$ 与它关于 $x=0$ 的二阶 Taylor 展开 $1-nx^2$, 容易知道当 $|x| \leqslant \dfrac{1}{2\sqrt{n}}$ 时有
$$(1-x^2)^n \geqslant 1 - nx^2 \geqslant 1 - \frac{n}{4n} = \frac{3}{4},$$
由此可得 c_n 的下界估计:
$$c_n > \int_{-\frac{1}{2\sqrt{n}}}^{\frac{1}{2\sqrt{n}}} (1-x^2)^n \, dx \geqslant \frac{3}{4}\frac{1}{\sqrt{n}}.$$

定义单位近似 $\{h_n(x)\}$ 为
$$h_n(x) = \begin{cases} c_n^{-1}(1-x^2)^n, & x \in [-1,\,1], \\ 0, & x \in (-\infty,\,-1) \cup (1,\,+\infty). \end{cases}$$

于是
$$h_n \geqslant 0, \quad \int_{-1}^{1} h_n(x)\,dx = 1,$$

并且有不等式
$$|h_n(x)| \leqslant \frac{4}{3}\sqrt{n}(1-x^2)^n, \quad \forall x \in [-1,\,1].$$

最后我们只需要验证单位近似的第三个性质: 对任意 $\delta > 0$, 下列极限成立即可:
$$\lim_{n \to \infty} \int_{|x| \geqslant \delta} h_n(x)\,dx = 0.$$

因为 h_n 是一个偶函数并在 $[-1,1]$ 之外为零, 因此只需证明在区间 $[\delta, 1]$ 上 $h_n(x)$ 一致趋于 0. 又因为 $h_n(x)$ 在 $[\delta, 1]$ 上单调减, 最大值在 $x = \delta$ 处取到. 而由
$$\lim_{n \to \infty} n^{1/2}(1-\delta^2)^n = 0$$
得到 $\lim\limits_{n \to \infty} h_n(\delta) = 0$, 所以在区间 $[\delta,\,1]$ 上 $h_n(x)$ 一致趋于 0.

这样, 我们就完成了 $\{h_n(x)\}$ 是单位近似的证明. 其中 $h_n(x)$ 正好满足是在 $[-1,\,1]$ 上的多项式, 且在 $[-1,\,1]$ 外面为零的条件.

因此, 由单位近似引理, 在实数轴 $\mathbb{R}$ 上, $h_n * f$ 一致收敛于 f, 并且 $h_n * f$ 在 $[-1,\,1]$ 上是一个多项式. 至此, 我们就完成了 Weierstrass 一致逼近定理的构造性证明.

Weierstrass 一致逼近定理的一个典型应用是解决如下的问题:

设 f 是区间 $[-1,\,1]$ 上的连续函数, 定义
$$a_n = \int_{-1}^{1} f(x) x^n \, dx \quad (n = 0, 1, 2, \cdots),$$

并称之为函数 f 的 n 阶的**矩**. 现在的问题是连续函数 f 是否由它的矩唯一确定? 如果考虑两个具有相同矩的函数的差, 那么可以把以上问题约化为: 如果函数 f 的矩全为 0, 是否 $f \equiv 0$?

如果 f 的所有矩为 0, 那么由积分的线性性, 对任意多项式 $P(x)$,

$$\int_{-1}^{1} f(x)P(x)\,\mathrm{d}x = 0.$$

由 Weierstrass 定理我们能找到一列多项式 $\{P_n\}$ 一致收敛于 f, 那么 $\{fP_n\}$ 一致收敛于 $|f|^2$, 这是因为 n 趋于 ∞ 时,

$$|fP_n - f^2| = |f||P_n - f| \leqslant \sup |f||P_n - f|$$

一致趋于 0. 交换一致极限与积分的顺序, 我们得到

$$\int_{-1}^{1} |f(x)|^2\,\mathrm{d}x = \lim_{n \to \infty} \int_{-1}^{1} f(x)P_n(x)\,\mathrm{d}x = 0,$$

所以 $|f|^2 \equiv 0$, 即 $f \equiv 0$.

显然, 在上述应用中, 区间 $[-1, 1]$ 并不是本质的, 可以直接推广到一般的区间 $[a, b]$ 上.

15.3.4　导函数的一致逼近

本节最后我们将证明: 如果 f 连续可微, 那么 Weierstrass 定理中一致逼近 f 的多项式的导数也将一致逼近 f'. 这不是一个显然的结论, 准确地说, f 在 $[a, b]$ 上是 C^1 函数意味着 f 在端点存在单侧导数且 $f'(x)$ 在 $[a, b]$ 连续. 这时我们需要把 f 扩充成为 $\mathbb{R}$ 上的 C^1 函数. 这可以对 f 的图像加上两翼并使得导数也相吻合, 或者从 f 减去一个高次多项式使得 f 和 f' 都在端点为零.

做好这些细致的准备之后, 我们就能得到想要的近似函数. 事实上, 只需验证

$$(f * g_n)' = f' * g_n,$$

由 Weierstrass 定理我们知道 $f' * g_n$ 一致收敛于 f'.

为了上述目的, 我们证明一个更一般的结果.

定理 15.44　设 f 是 $\mathbb{R}$ 上的 C^1 函数且在一个有限区间之外为零, g 是 $\mathbb{R}$ 上的连续函数. 那么 $f * g$ 是 C^1 函数且 $(f * g)' = f' * g$.

证明　不失一般性, 我们只证等式在原点成立. 设 $\{h_n\}$ 为一列收敛于 0 的非

零实数. 考虑差商

$$\frac{f*g(h_n) - f*g(0)}{h_n} = \frac{1}{h_n}\left[\int_{-\infty}^{+\infty} f(h_n - y)g(y)\,\mathrm{d}y - \int_{-\infty}^{+\infty} f(-y)g(y)\,\mathrm{d}y\right]$$
$$= \int_{-\infty}^{+\infty} \frac{f(h_n - y) - f(-y)}{h_n} g(y)\,\mathrm{d}y.$$

由 Lagrange 中值定理, 存在 y_n 于 $-y$ 与 $h_n - y$ 之间, 满足

$$\frac{f(h_n - y) - f(-y)}{h_n} = f'(y_n).$$

又根据 f' 的一致连续性和 $h_n \to 0$ 就得到函数列 $(f(h_n-y) - f(-y))/h_n = f'(y_n)$ 一致收敛于 $f'(-y)$. 由 $\{h_n\}$ 的任意性, 我们得到

$$\begin{aligned}(f*g)'(0) &= \lim_{n\to\infty} \frac{f*g(h_n) - f*g(0)}{h_n} \\ &= \lim_{n\to\infty} \int_{-\infty}^{+\infty} \frac{f(h_n - y) - f(-y)}{h_n} g(y)\,\mathrm{d}y \\ &\stackrel{\text{一致收敛}}{=} \int_{-\infty}^{+\infty} f'(-y)g(y)\,\mathrm{d}y = (f'*g)(0).\end{aligned}\quad\square$$

注记 如果 g 也是 C^1 函数, 那么由卷积的交换性, $(f*g)' = f*g'$. 由数学归纳法可以证明: 如果 f 是 C^k 函数, 那么 $f*g$ 也是 C^k 函数且 $(f*g)^{(k)} = f^{(k)}*g$. 这是因为通过选取更精致的两翼, 或者通过减去一个更高次数的多项式, 我们可以把 $[a,b]$ 上的 C^k 函数扩充为 $\mathbb{R}$ 上的 C^k 函数, 且扩充在一个更大的区间之外为零. 从而得到一列多项式 $\{f*g_n\}$, 它的直到 k 阶的导函数都一致收敛于 f 相应的导函数.

习题 15.3

1. 证明: 对任意常数 a_k, b_k, 存在次数不超过 $2n - 1$ 的多项式 f 满足 $f(x_k) = a_k$ 与 $f'(x_k) = b_k$, $k = 1, 2, \cdots, n$.
2. 设 f 是 $[a,b]$ 上的 C^1 函数. 证明: 存在一个次数不超过 3 的多项式 P 使得 $f - P$ 及其导数在区间端点为零.
3. 设 f 在 $[a,b]$ 上是 C^1 函数. 构造一个 f 到整个 $\mathbb{R}$ 上的 C^1 扩充, 使得它在区间 $[a-1, b+1]$ 外面为零.
4. 证明: 若 f 和 g 在 $\mathbb{R}$ 上连续且 f 在一个有限区间之外为零, 则 $f*g$ 连续.
5. 设 f, g 与 h 为 $\mathbb{R}$ 上的连续函数且它们中的两个函数在一个有限区间之外为零. 证明:

$$(f*g)*h = f*(g*h).$$

6. 定义 $\mathbb{R}$ 上的函数 f 的支集 (support) 为集合 $\{x|f(x) \neq 0\}$ 的闭包, 记为 $\operatorname{supp} f$.
   (1) 证明: $\mathbb{R}$ 上的连续函数 f 的支集为紧集当且仅当 f 在一个有限区间外为零;
   (2) 设 f 与 g 为连续函数, 且其中一个函数有紧致支集. 证明:
   $$\operatorname{supp} f * g \subset \operatorname{supp} f + \operatorname{supp} g.$$
   这里 $A + B = \{x + y \mid x \in A, y \in B\}$.

7. 设 $f \geqslant 0$ 为 $[a, b]$ 上的连续函数. 证明: 对任意 $\varepsilon > 0$, 存在多项式 $P_n(x) \geqslant 0$ 满足
   $$|P_n(x) - f(x)| \leqslant \varepsilon, \ \forall x \in [a, b].$$

8. 设 $f \in C^k(\mathbb{R})$, $g \in C^m(\mathbb{R})$ ($C^n(\mathbb{R})$ 表示 $\mathbb{R}$ 上的 C^n 函数的集合), 且它们中的一个函数的支集为紧集. 证明
   $$f * g \in C^{k+m}(\mathbb{R}), \ (f * g)^{(k+m)} = f^{(k)} * g^{(m)}.$$

9. 设 f 为 $[a, b]$ 上的连续函数且 $\exists c, f(c) = 0$. 证明: f 在 $[a, b]$ 上的近似多项式可以取得在 c 点为零.

10. 设 f 为 $[-1, 1]$ 上的连续偶函数: $f(x) = f(-x), \ \forall x \in [-1, 1]$. 证明: 若
    $$\int_{-1}^{1} f(x) x^{2k} \, dx = 0,$$
    其中 $k = 0, 1, 2, \cdots$, 则 $f \equiv 0$.

11. 设在区间 $[a, b]$ 上多项式列 $\{P_n\}$ 一致收敛到函数 f, 且 P_n 的次数不超过 $N, \forall n$. 证明: f 也是次数不超过 N 的多项式.
    提示: 对每个 $0 \leqslant k \leqslant N$, 先找到连续函数 $h_k(x)$ 使得 $\int_a^b h_k(x) x^j \, dx = 0, 1 \leqslant j \leqslant N, j \neq k$, 但 $\int_a^b h_k(x) x^k \, dx = 1$, 然后考虑 $\lim\limits_{n \to \infty} \int_a^b h_k(x) P_n(x) \, dx$.

12. 计算 $f * f$, 这里 f 为区间 $[0, 1]$ 的特征函数 (在区间里等于 1, 其他点为零).

13. (1) 设 $c_m = \int_{-1}^{1} (1 - x^2)^m \, dx$, 用分部积分得到递推式 $(1 + 2m)c_m = 2m c_{m-1}$;
    (2) 证明:
    $$c_m = 2 \frac{2 \cdot 4 \cdot 6 \cdot \cdots \cdot (2m)}{3 \cdot 5 \cdot 7 \cdot \cdots \cdot (2m + 1)}.$$

14. 设 $g(x)$ 为 $\mathbb{R}$ 上的连续函数, 且 $g(x) \geqslant 0$, 反常积分 $\int_{-\infty}^{+\infty} g(x) \, dx = 1$. 证明: $g_n(x) = n g(nx), n = 1, 2, 3, \cdots$ 为单位近似.

§15.4 Fourier 级数的收敛性

在第二册我们定义了函数的 Fourier 级数, 讨论了 Fourier 级数的基本性质. 这里将着重讨论 Fourier 级数的收敛性, 包括逐点收敛、一致收敛和弱收敛性. 为此简单回顾有关内容.

15.4.1 部分和函数的积分表示

设 f 是定义在 $\mathbb{R}$ 上的周期为 2π 的函数, 并且在一个周期内 Riemann 可积. f 的 Fourier 级数定义为

$$f(x) \sim \frac{a_0}{2} + \sum_{n=1}^{\infty} \Big(a_n \cos nx + b_n \sin nx\Big),$$

其中函数 f 的 Fourier 系数为

$$a_n = \frac{1}{\pi} \int_{-\pi}^{\pi} f(x) \cos nx \, \mathrm{d}x \quad (n \geqslant 0),$$
$$b_n = \frac{1}{\pi} \int_{-\pi}^{\pi} f(x) \sin nx \, \mathrm{d}x \quad (n \geqslant 1).$$

作为特殊的函数项级数, 考虑 Fourier 级数的部分和

$$S_n(x) = S_n f(x) = \frac{a_0}{2} + \sum_{k=1}^{n} \Big(a_k \cos kx + b_k \sin kx\Big),$$

将 Fourier 系数的表示式代入, 就得到下列 Fourier 级数的积分形式:

$$\begin{aligned} S_n(x) &= \frac{1}{2\pi} \int_{-\pi}^{\pi} f(t) \mathrm{d}t + \frac{1}{\pi} \sum_{k=1}^{n} \int_{-\pi}^{\pi} f(t) \Big(\cos kx \cos kt + \sin kx \sin kt \Big) \mathrm{d}t \\ &= \frac{1}{\pi} \int_{-\pi}^{\pi} f(t) \Big[\frac{1}{2} + \sum_{k=1}^{n} \cos k(x-t)\Big] \mathrm{d}t. \end{aligned}$$

利用等式

$$\frac{1}{2} + \sum_{k=1}^{n} \cos kt = \frac{\sin\Big(\big(n+\frac{1}{2}\big)t\Big)}{2\sin\frac{t}{2}} \quad (t \neq 2m\pi),$$

部分和函数可以化简为下列积分 (称为 **Dirichlet** 积分) 表示:

$$S_n(x) = \frac{1}{\pi} \int_{-\pi}^{\pi} f(t) D_n(x-t) \mathrm{d}t,$$

其中
$$D_n(t) = \frac{\sin\left(\left(n+\frac{1}{2}\right)t\right)}{2\sin\frac{t}{2}}$$

称为积分的 **Dirichlet 核**.

注意到上述 Dirichlet 积分是一种卷积形式 (见 15.3.2 小节), 只是这里的卷积是对于两个周期为 2π 的可积函数 f, g, 通过下列积分给出:
$$f * g(x) = \int_{-\pi}^{\pi} f(y)g(x-y)\,\mathrm{d}y,$$

称之为 f 与 g 的**周期卷积**. 周期卷积仍然满足交换律等性质, 因为利用变量替换 $y \to x - y$, 我们有
$$\int_{-\pi}^{\pi} f(y)g(x-y)\,\mathrm{d}y = \int_{x-\pi}^{x+\pi} f(x-y)g(y)\,\mathrm{d}y$$
$$= \int_{-\pi}^{\pi} f(x-y)g(y)\,\mathrm{d}y.$$

即 $f * g = g * f$.

利用周期卷积将部分和函数改写为
$$S_n f(x) = \frac{1}{\pi}(f * D_n)(x) = \frac{1}{\pi}\int_{-\pi}^{\pi} f(x-t)\,D_n(t)\,\mathrm{d}t.$$

在上式中取 $f(x) = 1$, 我们就得到
$$\frac{1}{\pi}\int_{-\pi}^{\pi} D_n(t)\mathrm{d}t = 1,$$

并且还有 $\max D_n(t) = D_n(0) = n + \frac{1}{2}$. 但 $D_n(t)$ 并不是单位近似, 因为在远离原点的地方它会剧烈振荡 (如图 15.7).

虽然 15.3.2 小节中的单位近似方法在此失效, 但是我们仍然可以利用 Dirichlet 积分, 讨论 Fourier 级数的各种收敛性.

15.4.2 逐点收敛

首先我们考虑部分和函数 $S_n(x)$ 的逐点收敛性. 为研究部分和函数的极限行为, 需要下述 Riemann-Lebesgue 引理.

引理 15.45 设 f 是闭区间 $[a, b]$ 上的 Riemann 可积函数, 则
$$\lim_{\lambda \to +\infty} \int_a^b f(x)\sin\lambda x\,\mathrm{d}x = 0, \quad \lim_{\lambda \to +\infty} \int_a^b f(x)\cos\lambda x\,\mathrm{d}x = 0.$$

图 15.7

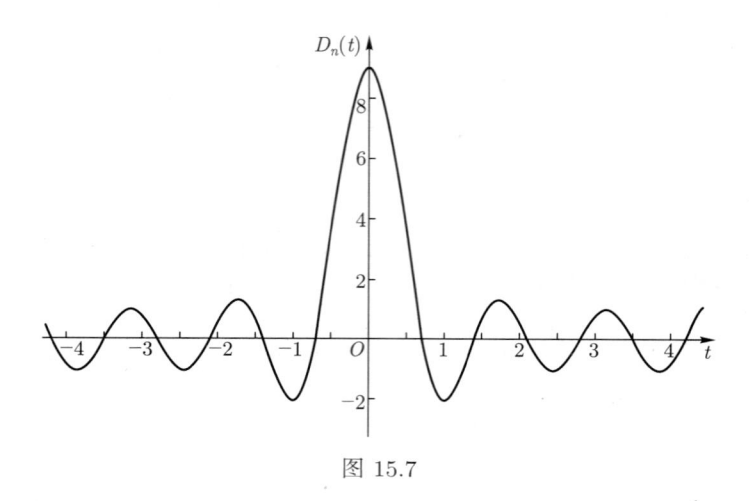

注意到在第二册中，如果 f 是 $[-\pi, \pi]$ 上可积且平方可积的函数，那么 Bessel (贝塞尔) 不等式成立，作为其推论，有

$$\lim_{n\to\infty}\int_{-\pi}^{\pi} f(x)\sin nx\mathrm{d}x = \lim_{n\to\infty}\int_{-\pi}^{\pi} f(x)\cos nx\mathrm{d}x = 0,$$

它是 Riemann-Lebesgue 引理的离散形式.

证明 对任意的 $\varepsilon > 0$，因为 f 是 Riemann 可积函数，所以存在区间的一个分割

$$T: a = x_0 < x_1 < x_2 < \cdots < x_n = b,$$

使得

$$\sum_{k=1}^{n} \omega_k(f)\Delta x_k < \varepsilon.$$

这里 $\omega_k(f)$ 是 f 在区间 $[x_{k-1}, x_k]$ 上的振幅. 对任意 $[a', b'] \subset [a, b]$，有

$$\left|\int_{a'}^{b'} \sin \lambda x \mathrm{d}x\right| = \left|\frac{\cos \lambda a' - \cos \lambda b'}{\lambda}\right| \leqslant \frac{2}{\lambda},$$

设 M 是 $|f|$ 的一个上界，我们有如下积分估计：当 $\lambda > 2nM/\varepsilon$ 时，

$$\left|\int_a^b f(x)\sin\lambda x\mathrm{d}x\right| = \left|\sum_{k=1}^{n}\int_{x_{k-1}}^{x_k}\left[f(x) - f(x_k) + f(x_k)\right]\sin\lambda x\mathrm{d}x\right|$$

$$\leqslant \sum_{k=1}^{n}\int_{x_{k-1}}^{x_k}|f(x) - f(x_k)|\mathrm{d}x + \sum_{k=1}^{n}|f(x_k)|\left|\int_{x_{k-1}}^{x_k}\sin\lambda x\mathrm{d}x\right|$$

$$\leqslant \sum_{k=1}^{n}\omega_k(f)\Delta x_k + \frac{2nM}{\lambda} < 2\varepsilon.$$

同理可以证明第二个等式. □

将部分和函数 $S_n(x)$ 改写为

$$S_n(x) = \frac{1}{\pi} \int_{-\pi}^{\pi} f(x-t) D_n(t) \mathrm{d}t$$
$$= \frac{1}{\pi} \Big[\int_{-\pi}^{0} f(x-t) D_n(t) \mathrm{d}t + \int_{0}^{\pi} f(x-t) D_n(t) \mathrm{d}t \Big]$$
$$= \frac{1}{\pi} \int_{0}^{\pi} [f(x+t) + f(x-t)] D_n(t) \mathrm{d}t,$$

我们有:

定理 15.46 (局部化定理) 函数 f 的 Fourier 级数在点 x 的敛散性以及极限只与函数 f 在 x 附近的取值有关.

证明 设 $\delta > 0$,

$$S_n(x) = \frac{1}{\pi} \int_{0}^{\delta} [f(x+t) + f(x-t)] D_n(t) \mathrm{d}t +$$
$$\frac{1}{\pi} \int_{\delta}^{\pi} \sin\left(\left(n+\frac{1}{2}\right)t\right) \frac{f(x+t)+f(x-t)}{2\sin\frac{t}{2}} \mathrm{d}t,$$

由 Riemann-Lebesgue 引理, 当 $n \to \infty$ 时上式的第二项趋于 0. 所以 $S_n(x)$ 是否收敛, 以及收敛时其极限为何, 都由 f 在 $[x-\delta, x+\delta]$ ($\forall \delta > 0$) 的取值决定. □

局部化定理令人意外之处在于: 虽然 Fourier 级数的部分和涉及函数在一个周期上的积分, 但它在一点的收敛性是"局部性质", 也就是只与函数在该点任意小邻域的取值有关. 因此我们可以利用局部化定理寻求 Fourier 级数逐点收敛的充分条件.

设 a 是一个常数, 如果函数

$$\varphi(t) = \frac{f(x+t) + f(x-t) - 2a}{t}$$

在 $|t|$ 充分小时有界, 由于 $\varphi(t)$ 在 $[\delta, \pi]$ ($\forall \delta > 0$) 上可积, 在 $t = 0$ 处任意赋予 $\varphi(t)$ 一个值, 容易验证它在区间 $[0, \pi]$ 上 (关于 t) Riemann 可积. 由此可得下述收敛判别定理.

定理 15.47 设 f 是周期为 2π 的函数, 并且在一个周期上 Riemann 可积. 对固定的 x, 如果有常数 $a \in \mathbb{R}$ 使得函数

$$\frac{f(x+t) + f(x-t) - 2a}{t}$$

当 $|t|$ 充分小时有界, 那么 f 的 Fourier 级数在点 x 收敛到 a.

证明 因为 $t \to 0$ 时 $\sin(t/2) \sim t/2$，依定理条件，函数
$$\varphi(t) = \frac{f(x+t) + f(x-t) - 2a}{2\sin\dfrac{t}{2}}$$
在 $[0, \pi]$ 上 Riemann 可积. 利用等式
$$\frac{1}{\pi}\int_0^\pi D_n(t)\mathrm{d}t = \frac{1}{2\pi}\int_{-\pi}^\pi D_n(t)\mathrm{d}t = \frac{1}{2},$$
我们有
$$S_n(x) - a = \frac{1}{\pi}\int_0^\pi [f(x+t) + f(x-t) - 2a]D_n(t)\mathrm{d}t$$
$$= \frac{1}{\pi}\int_0^\pi \varphi(t)\sin\left(\left(n+\frac{1}{2}\right)t\right)\mathrm{d}t,$$
由 Riemann-Lebesgue 引理，
$$\lim_{n\to\infty}[S_n(x) - a] = 0. \qquad \square$$

如果函数 f 可微，那么 $|t|$ 充分小时，
$$f(x \pm t) - f(x) = \pm f'(x)t + o(t),$$
所以
$$\frac{f(x+t) + f(x-t) - 2f(x)}{t} = \frac{o(t)}{t}$$
当 $|t|$ 充分小时有界，因此 f 在点 x 的 Fourier 级数收敛到 $f(x)$. 更一般的结论是下面讨论的 Dirichlet 收敛定理.

称一个函数 f 在闭区间 $[a, b]$ 可微是指 f 在 (a, b) 可微，并且 f 在区间端点的单侧导数
$$f'_+(a) = \lim_{t\to 0^+}\frac{f(a+t) - f(a)}{t},$$
$$f'_-(b) = \lim_{t\to 0^+}\frac{f(b-t) - f(b)}{-t}$$
均存在. 称函数 f 在区间 $[a, b]$ **分段可微**是指：可以将区间 $[a, b]$ 分割为有限个子区间 $a = a_1 < a_2 < \cdots < a_n = b$，在每个小区间 $[a_j, a_{j+1}]$ 上，f 在区间端点的单侧极限存在，并且 $j = 1, 2, \cdots, n-1$ 时，函数
$$f_j(x) = \begin{cases} f(a_j + 0), & x = a_j, \\ f(x), & a_j < x < a_{j+1}, \\ f(a_{j+1} - 0), & x = a_{j+1} \end{cases}$$
在区间 $[a_j, a_{j+1}]$ 可微.

定理 15.48 (Dirichlet) 设 f 是周期为 2π 的函数,并且它在一个周期内是分段可微的. 则对任何一点 $x \in [-\pi, \pi]$, f 的 Fourier 级数收敛到
$$\frac{f(x+0) + f(x-0)}{2},$$
特别, 当 f 在 x 点连续时它收敛到 $f(x)$.

证明 分段可微函数一定 Riemann 可积. 依定理 15.47, 我们只需验证函数
$$\varphi(t) = \frac{f(x+t) + f(x-t) - f(x+0) - f(x-0)}{t}$$
当 $|t|$ 充分小时有界. 因为下列两个极限:
$$\lim_{t \to 0^+} \frac{f(x+t) - f(x+0)}{t}, \quad \lim_{t \to 0^+} \frac{f(x-t) - f(x-0)}{-t}$$
均存在, 所以存在 $\delta > 0$, $\sup_{|t|<\delta} |\varphi(t)| < +\infty$. □

注记 虽然我们对 Dirichlet 定理的证明与第二册中证明思路基本一致, 但是这里通过引进一般的 Riemann-Lebesgue 引理, 揭示了 Fourier 级数收敛性的局部性质 (即局部化定理).

15.4.3 一致收敛

在第二册中, 我们证明了如果函数 $f(x)$ 是连续的、周期的, 而且是分段可微的, 那么 $f(x)$ 的 Fourier 级数一致收敛于 $f(x)$. 这里我们只在较强条件下讨论 Fourier 级数的一致收敛性, 并且给出收敛速度的估计. 我们将说明在 "平均" 意义下 Dirichlet 核 $D_n(x)$ 在远离原点的地方很小, 即在原点之外 D_n 的剧烈振荡使得在 $\delta \leqslant |x| \leqslant \pi$ 的部分对积分的贡献很小. 为说明这一点, 我们先证明在 $f \in C^2$ 的更强假设之下的收敛性, 然后证明 $f \in C^1$ 时的一致收敛性.

性质 15.49 设 f 是周期为 2π 的 C^2 函数. 那么 f 的 Fourier 级数一致收敛于 f, 并且当 $n \to \infty$ 时
$$S_n(x) - f(x) = O\left(\frac{1}{n}\right)$$
一致成立.

证明 首先我们有
$$S_n(x) - f(x) = \frac{1}{\pi} \int_{-\pi}^{\pi} \left[f(x-t) - f(x) \right] D_n(t) \, dt.$$
利用 $D_n(t)$ 的表达式重新组合被积函数, 得到
$$S_n(x) - f(x) = \frac{1}{2\pi} \int_{-\pi}^{\pi} \frac{f(x-t) - f(x)}{\sin \frac{t}{2}} \sin\left(\left(n + \frac{1}{2}\right)t\right) dt. \qquad (*)$$

当 $x, t \in [-\pi, \pi]$ 时, 记

$$g = g(x,t) = \begin{cases} \dfrac{f(x-t) - f(x)}{\sin \dfrac{t}{2}}, & t \neq 0, \\ -2f'(x), & t = 0. \end{cases}$$

由于 $f \in C^2$, 应用 Taylor 展开和 L'Hospital (洛必达) 法则, 不难证明 $g_x(t) \stackrel{\text{def}}{=} g(x, t)$ 是 $[-\pi, \pi]$ 上的 C^1 函数, 且

$$\frac{\mathrm{d}g_x}{\mathrm{d}t}(0) = f''(x) = \lim_{t \to 0} \frac{\mathrm{d}g_x}{\mathrm{d}t}(t),$$

从而

$$\frac{\mathrm{d}g_x}{\mathrm{d}t}(t) = \frac{\partial g}{\partial t}(x, t)$$

为紧致集合 $[-\pi, \pi] \times [-\pi, \pi]$ 上的连续函数. 于是存在与 x, t 无关的正常数 M 使得

$$\left|\frac{\mathrm{d}g_x}{\mathrm{d}t}(t)\right| \leqslant M.$$

由于 $\cos\left(\left(n + \dfrac{1}{2}\right)t\right)$ 在 $t = \pm\pi$ 消失, 利用等式

$$\sin\left(\left(n + \frac{1}{2}\right)t\right) = \left(-\frac{\mathrm{d}}{\mathrm{d}t}\right)\frac{\cos\left(\left(n + \dfrac{1}{2}\right)t\right)}{n + \dfrac{1}{2}},$$

对 $(*)$ 式分部积分, 就得到

$$S_n(x) - f(x) = \frac{1}{2\pi}\int_{-\pi}^{\pi} g'(t) \frac{\cos\left(\left(n + \dfrac{1}{2}\right)t\right)}{n + \dfrac{1}{2}} \mathrm{d}t,$$

于是

$$|S_n(x) - f(x)| \leqslant \frac{M}{n}. \qquad \square$$

注记 当 $f \in C^k$ ($k \geqslant 2$) 时, 作 $k - 1$ 次分部积分可以证明收敛速度是 $O(1/n^{k-1})$.

定理 15.50 设 f 是周期为 2π 的 C^1 函数. 那么 f 的 Fourier 级数一致收敛于 f, 并且当 $n \to \infty$ 时

$$S_n(x) - f(x) = O\left(\frac{1}{\sqrt{n}}\right)$$

一致成立.

证明 还是利用等式
$$S_n(x) - f(x) = \frac{1}{2\pi} \int_{-\pi}^{\pi} g(t) \sin\left(\left(n + \frac{1}{2}\right)t\right) dt,$$
其中
$$g(t) = \frac{f(x-t) - f(x)}{\sin \frac{t}{2}}.$$

我们把积分区间分成两部分: $[-\delta, \delta]$ 与 $\delta \leqslant |t| \leqslant \pi$, 这里 δ 待定. 对前一部分可以直接估计, 对后一部分将利用分部积分估计.

由于 $f \in C^1$, 函数 $g(t)$ 在 $t = 0$ 之外的点连续, 并且在 $t = 0$ 处有极限
$$\lim_{t \to 0} \frac{f(x-t) - f(x)}{\sin \frac{t}{2}} = \lim_{t \to 0} \frac{t}{\sin \frac{t}{2}} \frac{f(x-t) - f(x)}{t} = -2f'(x).$$

又由中值定理, 存在 y 使得 $f(x-t) - f(x) = -tf'(y)$, 于是
$$|g(t)| = \left| \frac{tf'(y)}{\sin \frac{t}{2}} \right| \leqslant \pi \sup_y |f'(y)| \leqslant 4 \sup |f'|,$$

这里用到了不等式
$$|t| \leqslant \pi \left| \sin \frac{t}{2} \right| \leqslant 4 \left| \sin \frac{t}{2} \right|, \ |t| \leqslant \pi,$$

由此我们估计区间 $[-\delta, \delta]$ 上的积分:
$$\left| \int_{-\delta}^{\delta} g(t) \sin\left(\left(n + \frac{1}{2}\right)t\right) dt \right| \leqslant \int_{-\delta}^{\delta} |g(t)| dt \leqslant 8\delta \sup |f'|.$$

接着我们考虑在区间 $[\delta, \pi]$ 上的积分. 作分部积分, 我们有
$$\int_{\delta}^{\pi} g(t) \sin\left(\left(n + \frac{1}{2}\right)t\right) dt$$
$$= \frac{1}{n + \frac{1}{2}} \left[\int_{\delta}^{\pi} g'(t) \cos\left(\left(n + \frac{1}{2}\right)t\right) dt + g(\delta) \cos\left(\left(n + \frac{1}{2}\right)\delta\right) \right].$$

取绝对值得到
$$\left| \int_{\delta}^{\pi} g(t) \sin\left(\left(n + \frac{1}{2}\right)t\right) dt \right| \leqslant \frac{1}{n} \left[\int_{\delta}^{\pi} |g'(t)| dt + |g(\delta)| \right].$$

在区间 $[\delta, \pi]$ 上,由

$$g'(t) = -\frac{f'(x-t)}{\sin\frac{t}{2}} - \frac{\cos\frac{t}{2}}{2\sin\frac{t}{2}} g(t),$$

利用 $|g(t)| \leqslant 4 \sup |f'|$ 与 $\sin\frac{t}{2} \geqslant \frac{\delta}{4}$,可得

$$|g'(t)| \leqslant \left(\frac{4}{\delta} + \frac{16}{2\delta}\right) \sup |f'| = \frac{12}{\delta} \sup |f'|.$$

把 $|g(t)|$ 与 $|g'(t)|$ 的估计代入积分估计后得到

$$\left|\int_\delta^\pi g(t) \sin\left(\left(n+\frac{1}{2}\right)t\right) dt\right| \leqslant \frac{1}{n}\left(\frac{12 \times 4}{\delta} + 4\right) \sup |f'|.$$

可以类似处理区间 $[-\pi, -\delta]$ 上的积分,得到同样的估计. 综合两部分积分,我们得到

$$|S_n(x) - f(x)| = \frac{1}{2\pi} \left|\int_{-\pi}^\pi g(t) \sin\left(\left(n+\frac{1}{2}\right)t\right) dt\right|$$
$$\leqslant \frac{1}{2\pi}\left[8\delta + \frac{2}{n}\left(\frac{48}{\delta} + 4\right)\right] \sup |f'|.$$

取 $\delta = n^{-1/2}$,就有

$$|S_n(x) - f(x)| \leqslant \frac{C}{\sqrt{n}}.$$

至此我们已经证明了收敛速度为 $O(1/\sqrt{n})$,其中的常数 C 只依赖于 f. □

15.4.4 Cesàro (塞萨罗) 和的收敛性和平方平均收敛

本节最后我们考虑 Fourier 级数的两个弱收敛性,其一是 Cesàro 求和的收敛性,其二是平方平均收敛性.

设 $S_n(x)$ 是函数 f 的 Fourier 级数的部分和,$S_k(x)$,$k = 0, 1, \cdots, n$ 的算术平均

$$\sigma_n(x) = \sigma_n f(x) = \frac{S_0(x) + S_1(x) + \cdots + S_n(x)}{n+1}$$

定义为 f 的 **Cesàro** 和. 显然,如果 $\{S_n(x)\}$ 在 x 收敛,那么 $\{S_n(x)\}$ 的算术平均 $\{\sigma_n(x)\}$ 在 x 也收敛 (见第一册 1.2.5 小节),反之不然. 所以函数的 Fourier 级数 Cesàro 和的收敛性要比 Dirichlet 收敛性弱.

利用 Dirichlet 积分,可以将 Cesàro 和表示为卷积的形式,

$$\sigma_n(x) = \frac{1}{\pi} \int_{-\pi}^\pi f(t)\, K_n(x-t) dt = \frac{1}{\pi}\int_{-\pi}^\pi f(x-t) K_n(t) dt,$$

其中
$$K_n(x) = \frac{1}{n+1} \sum_{k=0}^{n} D_k(x) = \frac{1}{2(n+1)} \left(\frac{\sin \frac{n+1}{2} x}{\sin \frac{x}{2}} \right)^2$$

称为积分的 **Fejér (费耶尔) 核**.

Fejér 核是 Dirichlet 核的算术平均, 两者有一些相似之处, 但与 Dirichlet 核不同的是, Fejér 核是非负的. 事实上它是周期卷积意义下的单位近似函数. 这是因为平均过程使得 $D_n(x)$ 的振荡部分彼此之间相抵消. 例如比较 $D_3(x)$ 与 $K_3(x)$ (图 15.8), 它们有着明显的不同.

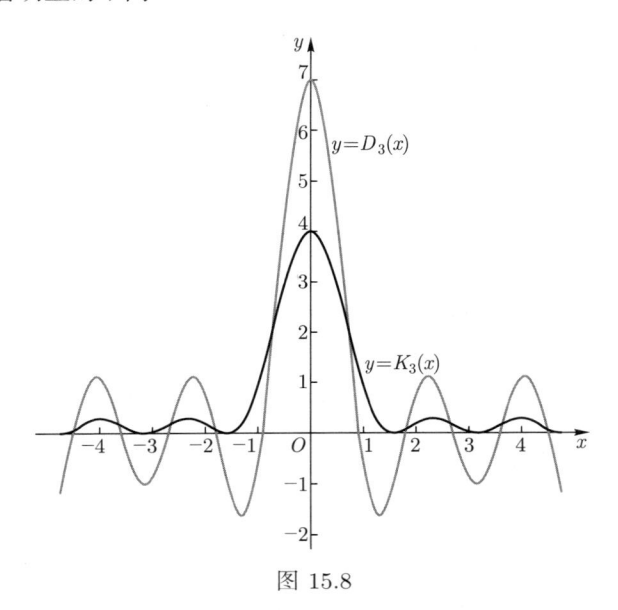

图 15.8

定理 15.51 (Fejér) 设 f 是周期为 2π 的连续函数. 那么 f 的 Fourier 级数在 Cesàro 求和意义下一致收敛于 f, 即当 $n \to \infty$ 时 $\sigma_n(x)$ 在 $[-\pi, \pi]$ 上一致收敛于 $f(x)$.

证明 定理本质上是单位近似引理 15.43 的推论, 因为
$$\sigma_n(x) = \frac{1}{\pi} \int_{-\pi}^{\pi} f(x-t) K_n(t) \, \mathrm{d}t.$$

我们需要验证 $K_n(x)$ 满足单位近似的三个性质:

1° $K_n(x) \geqslant 0$.

2° $\dfrac{1}{\pi} \displaystyle\int_{-\pi}^{\pi} K_n(x) \, \mathrm{d}x = 1$.

3° 对任意 $\delta > 0$, $\lim\limits_{n\to\infty} K_n(x) = 0$ 对任意的 $|x| \in [\delta, \pi]$ 一致成立.

由 $K_n(x)$ 的表达式, 性质 1° 显然成立. 性质 2° 可由

$$\frac{1}{\pi}\int_{-\pi}^{\pi} D_n(t)\,\mathrm{d}t = 1, \ n = 0, 1, \cdots$$

直接得到. 关于性质 3° 的验证如下: 对任意 $\delta > 0$, 如果 $\delta \leqslant |x| \leqslant \pi$, 那么

$$|K_n(x)| \leqslant \frac{1}{n+1}\frac{1}{\sin^2\frac{x}{2}} \leqslant \frac{c}{\delta^2(n+1)}.$$

所以性质 3° 也成立.

由性质 2°,

$$\sigma_n(x) - f(x) = \frac{1}{\pi}\int_{-\pi}^{\pi}[f(x-t) - f(x)]\,K_n(t)\,\mathrm{d}t,$$

于是

$$|\sigma_n(x) - f(x)| \leqslant \frac{1}{\pi}\int_{-\pi}^{\pi}|f(x-t) - f(x)|\,K_n(t)\,\mathrm{d}t.$$

注意到连续函数 f 的周期性蕴含一致连续性, 因此对任意 $\varepsilon > 0$, 存在 $\delta > 0$ 使得当 $|t| \leqslant \delta$ 时就有

$$|f(x) - f(x-t)| < \frac{\varepsilon}{2\pi}.$$

这样对任意 n, 我们得到估计

$$\int_{-\delta}^{\delta}|f(x-t) - f(x)|\,K_n(t)\,\mathrm{d}t \leqslant \frac{\varepsilon}{2\pi}\int_{-\delta}^{\delta}K_n(t)\,\mathrm{d}t < \frac{\varepsilon}{2\pi}\int_{-\pi}^{\pi}K_n(t)\,\mathrm{d}t = \frac{\varepsilon}{2}.$$

记 $M = \sup|f(x)|$, 由性质 3°, 对于固定的 $\delta > 0$, 可以选择充分大的 n 使得

$$\int_{\delta \leqslant |t| \leqslant \pi} K_n(t)\,\mathrm{d}t \leqslant \frac{2\pi c}{\delta^2(n+1)} \leqslant \frac{\varepsilon}{4M}.$$

于是

$$\int_{\delta \leqslant |t| \leqslant \pi}|f(x-t) - f(x)|\,K_n(t)\,\mathrm{d}t \leqslant 2M\int_{\delta \leqslant |t| \leqslant \pi}K_n(t)\,\mathrm{d}t \leqslant \frac{\varepsilon}{2},$$

综合上述结果, 最终得到对任意的 $x \in [-\pi, \pi]$, 有 $|\sigma_n(x) - f(x)| < \varepsilon$. □

推论 15.52 如果两个周期为 2π 的连续函数 f 和 g 有相同的 Fourier 系数, 那么这两个函数相等.

因为当 f 和 g 的 Fourier 系数相等时, 它们的 Cesàro 和相等, 因此由定理 15.51 可得 $f = g$.

推论 15.53(三角多项式逼近的 Weierstrass 定理)　如果 f 在 $[-\pi,\pi]$ 上连续, 且 $f(-\pi)=f(\pi)$, 那么 f 必能用三角多项式一致逼近.

因为条件 $f(-\pi)=f(\pi)$ 保证了 $[-\pi,\pi]$ 上的连续函数 f 可以延拓为 $\mathbb{R}$ 上连续的周期函数, 根据 Fejér 定理 15.51, f 在 $[-\pi,\pi]$ 上能用 $\{\sigma_n(x)\}$ 一致逼近. 根据定义, $\sigma_n(x)$ 是 $1,\cos x,\sin x,\cos 2x,\sin 2x,\cdots,\cos nx,\sin nx$ 的线性组合, 因此被称为 n 次 "三角多项式".

最后我们讨论 Fourier 级数的平方平均收敛性.

设 f 是 2π 周期的 Riemann 可积函数, 在第二册第 12 章中我们已经证明了在所有次数不超过 n 的三角多项式中, f 的 Fourier 级数前 n 项部分和 S_n 与 f 的距离最小, 并且得到如下等式:

$$\frac{1}{\pi}\int_{-\pi}^{\pi}|f(x)-S_n(x)|^2\,\mathrm{d}x = \frac{1}{\pi}\int_{-\pi}^{\pi}|f(x)|^2\,\mathrm{d}x - \left[\frac{a_0^2}{2}+\sum_{k=1}^{n}\left(a_k^2+b_k^2\right)\right],$$

其中 a_k, b_k 是 f 的 Fourier 系数.

所谓 "距离", 是指在平方可积函数空间的内积

$$\langle f,g\rangle = \frac{1}{2\pi}\int_{-\pi}^{\pi}f(x)g(x)\,\mathrm{d}x$$

诱导的距离

$$d(f,g)=\left[\frac{1}{2\pi}\int_{-\pi}^{\pi}|f(x)-g(x)|^2\,\mathrm{d}x\right]^{1/2}.$$

因此, 由 $d(f,S_n)\geqslant 0$, 就可得到下列 Bessel 不等式:

$$\frac{a_0^2}{2}+\sum_{k=1}^{\infty}\left(a_k^2+b_k^2\right)\leqslant \frac{1}{\pi}\int_{-\pi}^{\pi}|f(x)|^2\,\mathrm{d}x.$$

作函数 f 的 Cesàro 和 $\sigma_n f$, 那么它也是一个 n 次的三角多项式. 根据距离的最小性可得

$$\frac{1}{\pi}\int_{-\pi}^{\pi}|f(x)-S_n(x)|^2\,\mathrm{d}x \leqslant \frac{1}{\pi}\int_{-\pi}^{\pi}|f(x)-\sigma_n(x)|^2\,\mathrm{d}x.$$

当 f 是连续的周期为 2π 的函数时, 由于 $f-\sigma_n$ 一致趋于 0 $(n\to\infty)$, 我们有

$$\lim_{n\to\infty}\frac{1}{\pi}\int_{-\pi}^{\pi}|f(x)-\sigma_n(x)|^2\,\mathrm{d}x = 0.$$

这样由 Fejér 定理, 我们得到了连续函数 Fourier 级数的平方平均收敛性,

$$\lim_{n\to\infty}\frac{1}{\pi}\int_{-\pi}^{\pi}|f(x)-S_n(x)|^2\,\mathrm{d}x = 0,$$

以及等价的 **Parseval (帕塞瓦尔)** 等式

$$\frac{a_0^2}{2} + \sum_{k=1}^{\infty} \left(a_k^2 + b_k^2\right) = \frac{1}{\pi} \int_{-\pi}^{\pi} |f(x)|^2 \, \mathrm{d}x.$$

特别, 有

$$\lim_{n\to\infty} a_n = \lim_{n\to\infty} b_n = 0.$$

事实上, 平方平均收敛性以及 Parseval 等式在更弱条件下亦成立.

定理 15.54 设 f 是区间 $[-\pi, \pi]$ 上的 Riemann 可积函数, 则 f 的 Fourier 级数前 n 项部分和 S_n 平方平均收敛于 f, 或者说 Parseval 等式成立, 即

$$\frac{a_0^2}{2} + \sum_{k=1}^{\infty} \left(a_k^2 + b_k^2\right) = \frac{1}{\pi} \int_{-\pi}^{\pi} f^2(x) \mathrm{d}x.$$

作为定理 15.54 的推论, 我们有:

推论 15.55 设 f, g 是区间 $[-\pi, \pi]$ 上的两个 Riemann 可积函数, a_n, b_n 和 $\tilde{a}_n, \tilde{b}_n$ 分别是 f 和 g 的 Fourier 系数, 则

$$\frac{1}{\pi} \int_{-\pi}^{\pi} f(x)g(x)\mathrm{d}x = \frac{a_0 \tilde{a}_0}{2} + \sum_{k=1}^{\infty} \left(a_k \tilde{a}_k + b_k \tilde{b}_k\right).$$

定理 15.54 的证明涉及 Riemann 积分理论, 留到最后一章完成.

注记 设在区间 $[-\pi, \pi]$ 上可积且平方可积函数的全体为 $L^2([-\pi, \pi])$, 那么它在内积

$$\langle f, g \rangle = \frac{1}{2\pi} \int_{-\pi}^{\pi} f(x)g(x) \, \mathrm{d}x$$

下构成一个"内积空间". Parseval 等式意味着三角函数系是空间 $L^2([-\pi, \pi])$ 中完备的正交函数系 (见第二册 12.2.4 小节).

习题 15.4

若无特别说明, 本习题中出现的函数都是周期为 2π 的连续函数.

1. 证明: 存在常数 $c > 0$ 使得

$$\int_{-\pi}^{\pi} |D_n(t)| \, \mathrm{d}t \geqslant c \left(1 + \frac{1}{2} + \cdots + \frac{1}{n}\right) \geqslant c \ln n.$$

提示: 将积分区间细分成 $[k\pi/(n+1/2), (k+1)\pi/(n+1/2)]$, 再分别估计积分的下界.

2. 设 f 连续且 $f'(x_0)$ 存在. 证明: $S_n f(x_0) \to f(x_0)$ $(n \to \infty)$.

3. 设 f Riemann 可积且在点 x_0 连续. 证明: $\sigma_n f(x_0) \to f(x_0)$ $(n \to \infty)$.

4. 设 f 在点 x_0 之外都连续且 x_0 是跳跃间断点. 证明:
$$\sigma_n f(x_0) \to \left[\lim_{x \to x_0^+} f(x) + \lim_{x \to x_0^-} f(x)\right]\Big/2 \quad (n \to \infty).$$

*5. 设 f Riemann 可积. 证明:
$$\int_{-\pi}^{\pi} |\sigma_n f(x) - f(x)|\, \mathrm{d}x \to 0 \quad (n \to \infty).$$

6. 证明: 若连续函数列 $\{f_k\}$ 一致收敛于 f, 则 f_k 的 Fourier 系数收敛于 f 的 Fourier 系数.

7. 设 $\tau_y f(x) = f(x+y)$. 问 f 和 $\tau_y f$ 的 Fourier 系数之间有何关系?

8. 对于周期为 2π 的连续函数 f, g, 设
$$f * g(x) = \int_{-\pi}^{\pi} f(x-y)g(y)\, \mathrm{d}y.$$

问 f, g 和 $f * g$ 的 Fourier 系数之间有何关系?

9. 证明: 当 $|x| \leqslant \pi$ 时, $|x| \leqslant \pi |\sin \dfrac{x}{2}|$.

10. 设 f 是周期为 2π 的 C^k 函数, 且 $k \geqslant 2$. 证明:

(1) $\forall x, y,$
$$g(y) = \frac{f(x-y) - f(x)}{\sin \dfrac{y}{2}}$$

是 C^{k-1} 函数, 且存在 M 使得 $|g^{(k-1)}(y)| \leqslant M$;

(2) $g(y + 2\pi) = -g(y)$;

(3) 当 k 是偶数时,
$$S_n f(x) - f(x) = \pm \frac{1}{2\pi} \int_{-\pi}^{\pi} g^{(k-1)}(y) \frac{\cos\left(\left(n + \dfrac{1}{2}\right)y\right)}{\left(n + \dfrac{1}{2}\right)^{k-1}}\, \mathrm{d}y;$$

并且当 k 是奇数时, 也有类似的等式成立, 其中 cos 被 sin 代替;

(4) $n \to \infty$ 时, $S_n f(x) - f(x) = O(1/n^{k-1})$ 一致成立.

第 16 章 度量空间的连续函数

本章我们介绍多变量函数,它的定义域是 n 元实数组空间 $\mathbb{R}^n$,或者 $\mathbb{R}^n$ 的一个子集合. 这类函数通常记为 $f(x_1, x_2, \cdots, x_n)$,这里每个 x_k 都在 $\mathbb{R}$ 中取值.

定义在 $\mathbb{R}^n$ 的多变量函数又称为 n 元函数,多变量函数的连续性只与定义域 $\mathbb{R}^n$ 的度量性质有关,因此我们将在更广泛的一类空间——度量空间上讨论函数的连续性,包括度量空间拓扑以及紧致度量空间上连续函数等内容.

§16.1 $\mathbb{R}^n$ 与度量空间

空间 $\mathbb{R}^n$ 定义为有序 n 元实数组 $(x_1, x_2, \cdots, x_n)$ 的集合,

$$\mathbb{R}^n = \{x = (x_1, x_2, \cdots, x_n) \mid x_k \in \mathbb{R},\ 1 \leqslant k \leqslant n\}.$$

下面我们将在集合 $\mathbb{R}^n$ 上定义各种"结构",使之成为线性空间、度量空间、赋范空间与内积空间. 对每一种结构而言, $\mathbb{R}^n$ 都是最简单的例子,每一种结构都可以用很简单的几条公理来定义. 为更形象地描述它们,我们先介绍它们在 $\mathbb{R}^n$ 的定义,然后导出结构的基本性质,最后用这些性质来提炼出结构的抽象定义. 每种结构在数学里都起着重要作用,但是在本章里我们只强调度量空间,它与连续性密切相关.

首先约定一些记号,字母 x, y, z 代表 $\mathbb{R}^n$ 中的点,表达式 $x = (x_1, x_2, \cdots, x_n)$ 中的 x_k 表示点 x 的第 k 个坐标,字母 a, b, c 或 λ, μ 等将表示实数,或称为纯量.

$\mathbb{R}^n$ 是实数域上的 n 维线性空间, $(1, 0, \cdots, 0), (0, 1, 0, \cdots, 0), \cdots, (0, \cdots, 0, 1)$ 是它的一组基;这些向量称为 $\mathbb{R}^n$ 的标准基,记作 $e_1, e_2, \cdots, e_n$. 每个向量 x 可以表示成线性组合

$$x = x_1 e_1 + x_2 e_2 + \cdots + x_n e_n$$

的形式,坐标 x_k 就是线性组合中 e_k 的系数.

16.1.1 内积与范数

设 $x = (x_1, x_2, \cdots, x_n)$, $y = (y_1, y_2, \cdots, y_n) \in \mathbb{R}^n$, 它们的 Euclid (欧几里得) 内积定义为

$$\langle x, y \rangle = x_1 y_1 + x_2 y_2 + \cdots + x_n y_n.$$

$\mathbb{R}^n$ 的 Euclid 内积具有如下基本性质:

1° $\langle x, y \rangle = \langle y, x \rangle$ (对称性).
2° $\begin{cases} \langle (ax+by), z \rangle = a\langle x, z \rangle + b\langle y, z \rangle, \\ \langle x, (ay+bz) \rangle = a\langle x, y \rangle + b\langle x, z \rangle \end{cases}$ (双线性性).
3° $\langle x, x \rangle \geqslant 0$, 等式成立当且仅当 $x = 0$ (正定性).

对于任意的实线性空间 $\mathbb{V}$, 如果存在实值函数

$$\langle \cdot, \cdot \rangle \colon \mathbb{V} \times \mathbb{V} \longrightarrow \mathbb{R},$$

满足对称性、双线性性与正定性, 那么称之为 $\mathbb{V}$ 上的**内积**. 定义了内积的线性空间也称为**内积空间**. 线性代数课程已经证明, 任意有限维的内积空间与 Euclid 内积空间 $\mathbb{R}^n$ 同构. 下面是一个常见的无限维内积空间例子.

例 16.1.1 设 $C([a, b])$ 是闭区间 $[a, b]$ 上连续函数全体, 定义

$$\langle f, g \rangle = \int_a^b f(x) g(x) \, \mathrm{d}x,$$

容易验证它满足内积的三条性质, 所以它是 $C([a, b])$ 的一个内积, 也称为函数空间的 L^2 内积.

对任意点 $x \in \mathbb{R}^n$, 它的 Euclid 范数 (或称模) $|x|$ 定义为

$$|x| = \sqrt{x_1^2 + x_2^2 + \cdots + x_n^2}.$$

Euclid 范数 $|\cdot|\colon \mathbb{R}^n \to [0, +\infty)$ 具有如下基本性质:

1° $|x| \geqslant 0$, 等号成立当且仅当 $x = 0$ (正定性).
2° $|ax| = |a| \cdot |x|$, $\forall a \in \mathbb{R}$ (齐性).
3° $|x+y| \leqslant |x| + |y|$ (三角不等式).

实线性空间 $\mathbb{V}$ 上的一个函数

$$\|\cdot\|\colon \mathbb{V} \to [0, +\infty),$$

若满足上述三条性质——正定性、齐性与三角不等式, 则称为 $\mathbb{V}$ 的一个**范数**. 定义了范数的线性空间称为**赋范空间**, 记为 $(\mathbb{V}, \|\cdot\|)$.

注记 在 Euclid 范数的齐性定义里 $|\cdot|$ 用来表示两个不同的含义: $|a|$ 表示实数的绝对值, $|x|$ 表示向量 x 的 Euclid 范数, 因为实数的范数与绝对值一致, 所以不会引起混淆. 下文中我们总是选择用 $|\cdot|$ 表示 Euclid 范数, 用 $\|\cdot\|$ 表示一般的范数.

Euclid 范数和 Euclid 内积有显然的关系:

$$|x| = \sqrt{\langle x, x \rangle}.$$

一般地, 给定实线性空间的一个内积 $\langle \cdot, \cdot \rangle$, 我们定义它的**诱导范数**为

$$\|x\| = \sqrt{\langle x, x \rangle}.$$

为了验证它确实是一个范数, 需要用到 Cauchy-Schwarz 不等式

$$|\langle x, y \rangle| \leqslant \sqrt{\langle x, x \rangle} \cdot \sqrt{\langle y, y \rangle}.$$

性质 16.1 设 $\langle x, y \rangle$ 是一个实线性空间 $\mathbb{V}$ 上的内积, 那么 $\|x\| = \langle x, x \rangle^{1/2}$ 是范数.

证明 内积的正定性蕴含范数的正定性, 而范数的齐次性由内积的双线性性得到,

$$\|ax\| = \langle ax, ax \rangle^{1/2} = \left(a^2 \langle x, x \rangle\right)^{1/2} = |a| \langle x, x \rangle^{1/2} = |a| \cdot \|x\|.$$

唯一非平凡的性质是三角不等式, 我们只需证明它的平方形式:

$$\|x+y\|^2 \leqslant \left(\|x\| + \|y\|\right)^2 = \|x\|^2 + 2\|x\|\|y\| + \|y\|^2.$$

将左边展开, 就有

$$\|x+y\|^2 = \langle x+y, x+y \rangle = \langle x, x \rangle + 2\langle x, y \rangle + \langle y, y \rangle$$
$$= \|x\|^2 + 2\langle x, y \rangle + \|y\|^2$$
$$(\text{Cauchy-Schwarz 不等式}) \leqslant \|x\|^2 + 2\|x\|\|y\| + \|y\|^2. \qquad \square$$

线性代数课程已经给出 Cauchy-Schwarz 不等式的证明. 它是分析中重要的不等式之一, 并且有各种各样的形式. Eucild 内积情形的不等式是

$$\left|\sum_{j=1}^n x_j y_j\right| \leqslant \left(\sum_{j=1}^n x_j^2\right)^{1/2} \left(\sum_{j=1}^n y_j^2\right)^{1/2}.$$

函数空间 $C([a,b])$ 上的 Cauchy-Schwarz 不等式为

$$\left|\int_a^b f(x)g(x)\,\mathrm{d}x\right| \leqslant \left[\int_a^b |f(x)|^2\,\mathrm{d}x\right]^{1/2} \left[\int_a^b |g(x)|^2\,\mathrm{d}x\right]^{1/2}.$$

由 Cauchy-Schwarz 不等式，可以定义两个非零向量 x, y 的夹角 $\theta \in [0, \pi]$ 为

$$\cos\theta = \frac{\langle x, y\rangle}{\sqrt{\langle x, x\rangle}\sqrt{\langle y, y\rangle}}.$$

展开等式 $\|x \pm y\|^2 = \langle x \pm y, x \pm y\rangle$，我们可以得到**极化恒等式**：

$$\langle x, y\rangle = \frac{1}{4}\left(\|x+y\|^2 - \|x-y\|^2\right).$$

由它我们可以反过来用诱导范数表示内积. 当然不是每个范数都是由内积所诱导的. 由内积诱导的范数满足如下的**平行四边形法则**：

$$\|x+y\|^2 + \|x-y\|^2 = 2(\|x\|^2 + \|y\|^2).$$

它的几何解释是一个平行四边形的对角线长的平方和等于四边长的平方和. 如果一个范数满足平行四边形法则，那么极化恒等式定义了一个内积，且由之诱导的范数就是原来的范数. 证明留作习题.

下面我们讨论一些范数的实例，它们不是从内积诱导的.

例 16.1.2 设 $p \geqslant 1$，在 $\mathbb{R}^n$ 中定义

$$\|x\|_p = \left[\sum_{k=1}^n |x_k|^p\right]^{\frac{1}{p}},$$

则它是 $\mathbb{R}^n$ 的范数.

由定义，正定性和齐性是显然的，我们只需验证它满足三角不等式，即

$$\|x+y\|_p \leqslant \|x\|_p + \|y\|_p,$$

这已经在例 14.2.7 中证明.

在 $\|\cdot\|_p$ 的定义中令 $p \to \infty$，就得到

$$\|x\|_\infty = \max\{|x_j| \mid 1 \leqslant j \leqslant n\},$$

可以验证，它也是 $\mathbb{R}^n$ 的一个范数.

可以证明，当 $p \neq 2$ 时，范数 $\|\cdot\|_p$ 不是由内积诱导的. 图 16.1 给出了 $p = 1, 2, \infty$ 时，集合 $\|x\|_p = 1$ 的图像，由此可以得到这些范数之间差别的直观印象.

例 16.1.3 设 $p \geqslant 1$，在线性空间 $C([a, b])$ 中定义

$$\|f\|_p = \left[\int_a^b |f(x)|^p \, \mathrm{d}x\right]^{\frac{1}{p}},$$

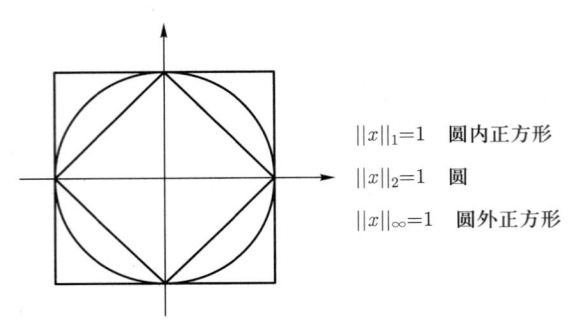

$\|x\|_1 = 1$ 圆内正方形
$\|x\|_2 = 1$ 圆
$\|x\|_\infty = 1$ 圆外正方形

图 16.1

它是一个范数，称为 L^p 范数. 这里的正定性和齐性显然，需要证明的是三角不等式，它可以利用例 16.1.2 中的离散三角不等式和 Riemann 积分定义加以证明.

设 $f, g \in C([a, b])$, $\pi: a = x_0 < x_1 < x_2 < \cdots < x_n = b$ 是区间 $[a, b]$ 的一个分割，函数 $|f + g|^p$ 的 Riemann 和满足

$$\left[\sum_{i=1}^n \left|f(x_i) + g(x_i)\right|^p \Delta x_i\right]^{\frac{1}{p}} \leqslant \left\{\sum_{i=1}^n \left[|f(x_i)|(\Delta x_i)^{\frac{1}{p}} + |g(x_i)|(\Delta x_i)^{\frac{1}{p}}\right]^p\right\}^{\frac{1}{p}}$$

$$\leqslant \left[\sum_{i=1}^n \left|f(x_i)\right|^p \Delta x_i\right]^{\frac{1}{p}} + \left[\sum_{i=1}^n \left|g(x_i)\right|^p \Delta x_i\right]^{\frac{1}{p}},$$

令 $\|\pi\| \to 0$, 就得到 L^p 范数的三角不等式.

令 $p \to \infty$, 我们同样得到一个 $C([a, b])$ 的范数 $\|f\|_\infty = \sup\limits_{x \in [a, b]} |f(x)|$, 它也称作函数空间 $C([a, b])$ 的 **sup** 范数.

16.1.2 距离

设 $x, y \in \mathbb{R}^n$, 定义两点 x 与 y 之间的 Euclid 距离为

$$d(x, y) = \sqrt{(x_1 - y_1)^2 + (x_2 - y_2)^2 + \cdots + (x_n - y_n)^2}.$$

距离函数满足三个基本条件：

$1°$ $d(x, y) \geqslant 0$ 且等号成立等价于 $x = y$ (正定性).

$2°$ $d(x, y) = d(y, x)$ (对称性).

$3°$ $d(x, z) \leqslant d(x, y) + d(y, z)$ (三角不等式).

更一般地，一个集合 M 和满足上述三个条件 (正定性、对称性、三角不等式) 的距离函数

$$d: M \times M \to [0, +\infty)$$

称为一个**度量空间**, 也称为**距离空间**, 记为 (M, d). 赋予 Euclid 距离的 $\mathbb{R}^n$ 通称 Euclid 度量空间.

$\mathbb{R}^n$ 上的 Euclid 距离 $d(x,y)$ 只依赖于 $x-y$, 它和 Euclid 范数有关系 $d(x,y) = |x - y|$. 对于一般的赋范空间, 范数同样诱导一个距离

$$d(x,y) = \|x - y\|.$$

这是因为: 范数的正定性蕴含度量的正定性, 度量的对称性由范数在 $a = -1$ 的齐性得到, 最后, 范数的三角不等式蕴含度量的三角不等式,

$$d(x,z) = \|x - z\| = \|(x - y) + (y - z)\|$$
$$\leqslant \|x - y\| + \|y - z\| = d(x,y) + d(y,z).$$

因此, 如果 $(\mathbb{V}, \|\cdot\|)$ 是一个赋范空间, 令 $d(x,y) = \|x - y\|$, 那么 $(\mathbb{V}, d)$ 是一个度量空间. 度量 $d(x,y) = \|x-y\|$ 称为**范数 $\|\cdot\|$ 诱导的度量**.

通过对 $\mathbb{R}^n$ 的内积、模和距离三个概念的抽象, 我们已经定义了内积空间、赋范空间和度量空间, 它们都是在集合上满足三条公理的数学结构. 而且, 内积自然诱导一个范数, 范数自然诱导一个距离. 需要指出的是, 为了满足齐性和三角不等式, 范数必须定义在线性空间之上, 而定义度量的集合不需具有线性空间结构.

例 16.1.4 设 (M, d) 是一个度量空间, M_1 是 M 的子集合, 将距离函数 d 限制在 M_1 上, 它仍然满足距离的三个条件, 所以 (M_1, d) 亦是度量空间, 称作 (M, d) 的度量子空间.

例 16.1.5 设 M 是一个非空集合, 定义距离

$$d(x,y) = \begin{cases} 1, & \text{如果 } x \neq y, \\ 0, & \text{如果 } x = y. \end{cases}$$

容易验证它满足度量的三个条件, 称它为**离散度量**.

例 16.1.6 设 (M, d) 是一个度量空间, 定义

$$d_1(x, y) = \frac{d(x, y)}{1 + d(x, y)}.$$

则 d_1 是 M 的一个度量. 显然 d_1 满足正定性和对称性, 为验证它满足三角不等式, 利用函数 $f(x) = \dfrac{x}{1+x}$ 当 $x \geqslant 0$ 时单调递增, 可得

$$d_1(x,z) = \frac{d(x, z)}{1 + d(x, z)} \leqslant \frac{d(x, y) + d(y, z)}{1 + d(x, y) + d(y, z)}$$
$$\leqslant \frac{d(x, y)}{1 + d(x, y)} + \frac{d(y, z)}{1 + d(y, z)} = d_1(x, y) + d_1(y, z).$$

16.1.3 极限与完备性

由于 $\mathbb{R}^n$ 的极限只与度量有关, 我们将在度量空间里讨论极限的概念. 除非特别声明, $\mathbb{R}^n$ 的度量是指 Euclid 度量.

定义 16.2 设 (M, d) 是一个度量空间, $\{x_k\}$ 是 M 的点列. 称 $\{x_k\}$ **在 M 中有极限** x 或者 $\{x_k\}$ **收敛于** $x \in M$, 是指

$$\lim_{k \to \infty} d(x, x_k) = 0,$$

记作 $x_k \to x \ (k \to \infty)$ 或者 $\lim\limits_{k \to \infty} x_k = x$.

这个定义完全与 $\mathbb{R}$ 上的收敛性一致, 仅仅把 $\mathbb{R}$ 中的距离 $|x_k - x|$ 换成 M 的距离 $d(x_k, x)$, 因此 $\mathbb{R}$ 的相关概念和结论可以平移到度量空间上.

实直线上收敛性的一个重要的事实是: 一个数列收敛当且仅当它满足 Cauchy 准则. 在度量空间里我们亦可定义 Cauchy 列.

定义 16.3 称度量空间的点列 $\{x_k\}$ 为 **Cauchy 列**是指: 对任意 $\varepsilon > 0$, 存在自然数 N 使得 $j, k \geqslant N$ 时, 有

$$d(x_j, x_k) < \varepsilon.$$

容易看出收敛点列一定是 Cauchy 列, 因为一旦有 $d(x_k, x) < \varepsilon, \forall k \geqslant N$, 由三角不等式就有 $d(x_j, x_k) < 2\varepsilon, \forall j, k \geqslant N$. 但是, "Cauchy 列一定收敛"这一结论不一定成立, 比如子空间 $\mathbb{Q} \subset \mathbb{R}$. Cauchy 列收敛与否涉及度量空间的完备性.

一个度量空间称为**完备**的, 是指它的每个 Cauchy 列都收敛.

我们首先证明 $\mathbb{R}^n$ 是完备度量空间, 事实上 $\mathbb{R}^n$ 中的收敛性等价于每个坐标下的收敛性, 因此 $\mathbb{R}^n$ 的完备性是显然的.

定理 16.4 设 $x^{(1)}, x^{(2)}, \cdots$ 是 $\mathbb{R}^n$ 的一个点列, 则它收敛到点 $x = (x_1, x_2, \cdots, x_n)$ 当且仅当它的每个坐标数列 $x_k^{(1)}, x_k^{(2)}, \cdots$ 收敛于 x_k, $k = 1, 2, \cdots, n$.

证明 先设 $\lim\limits_{j \to \infty} x^{(j)}$ 存在且等于 x. 因为

$$|x_k| \leqslant \left(\sum_{j=1}^{n} |x_j|^2 \right)^{1/2},$$

我们有

$$|x_k^{(j)} - x_k| \leqslant d(x^{(j)}, x) \to 0 \quad (j \to \infty),$$

即

$$\lim_{j \to \infty} x_k^{(j)} = x_k, \quad k = 1, 2, \cdots, n.$$

反之, 设对 $k = 1, 2, \cdots, n$ 有 $\lim_{j \to \infty} x_k^{(j)} = x_k$. 因为 $\lim_{j \to \infty} |x_k^{(j)} - x_k| = 0$, 我们有

$$d(x^{(j)}, x)^2 = \sum_{k=1}^{n} \left[x_k^{(j)} - x_k \right]^2 \to 0 \quad (j \to \infty),$$

即得 $x^{(j)} \to x$. □

推论 16.5 $(\mathbb{R}^n, |\cdot|)$ 是完备度量空间.

证明 设 $x^{(1)}, x^{(2)}, \cdots$ 是一个 Cauchy 列. 由定理 16.4 的证明知道每个坐标分量构成的数列 $x_k^{(1)}, x_k^{(2)}, \cdots$ 是一个实数 Cauchy 列. 由实数的完备性, 这些数列有极限, 记为 x_k, 则从上述定理知 $\lim_{j \to \infty} x^{(j)} = x = (x_1, x_2, \cdots, x_n)$. □

在例 16.1.2 中我们曾经定义了 $\mathbb{R}^n$ 的 p 范数 $\|\cdot\|_p$ $(p \geqslant 1)$. 可以证明, 点列在这些范数诱导的度量下收敛等价于在 Euclid 度量下收敛. 事实上, 容易验证这些范数满足不等式

$$\frac{1}{n} \|x\|_p \leqslant \|x\|_\infty \leqslant |x| \leqslant \sqrt{n} \|x\|_\infty \leqslant \sqrt{n} \|x\|_p.$$

因此, 点列 $\{x^{(k)}\}$ 在范数 $\|\cdot\|_p$ 下是 Cauchy 列当且仅当它在 Euclid 度量下是 Cauchy 列, 点列 $\{x^{(k)}\}$ 满足 $\|x^{(k)} - x\|_p \to 0$ 等价于 $|x^{(k)} - x| \to 0$, 所以有:

推论 16.6 $(\mathbb{R}^n, \|\cdot\|_p)$ 是完备度量空间.

例 16.1.7 离散度量空间的点列 $\{x_k\}$ 收敛 (或是 Cauchy 列) 当且仅当 k 充分大之后它是常点列, 显然它是完备度量空间.

例 16.1.8 设 M 是所有实数列全体, 对 $x = (x_1, x_2, x_3, \cdots)$, $y = (y_1, y_2, y_3, \cdots) \in M$, 定义距离

$$d(x, y) = \sum_{i=1}^{\infty} \frac{1}{2^i} \frac{|x_i - y_i|}{1 + |x_i - y_i|}.$$

与例 16.1.6 同理, 可以证明它是 M 上的一个度量. 下面我们证明它是一个完备度量.

将 x_i 视为点 $x = (x_1, x_2, x_3, \cdots)$ 的第 i 个坐标. 固定 i, 如果两点 $x, y \in M$ 的距离

$$d(x, y) < \frac{1}{2^{i+1}},$$

那么由

$$d(x, y) \geqslant \frac{1}{2^i} \frac{|x_i - y_i|}{1 + |x_i - y_i|}$$

可以推出

$$|x_i - y_i| \leqslant 2^{i+1} d(x, y).$$

设 $\{x^{(k)}\}$ 是 (M, d) 的一个 Cauchy 列，首先证明对任意 i，第 i 个坐标数列 $x_i^{(1)}, x_i^{(2)}, \cdots$ 是 Cauchy 列. 任意固定 i，对任意正数 $\varepsilon < 1$，存在 $N \in \mathbb{N}$，当 $m, n > N$ 时
$$d(x^{(m)}, x^{(n)}) < \frac{\varepsilon}{2^{i+1}},$$
则 $|x_i^{(m)} - x_i^{(n)}| < \varepsilon$. 所以点列 $\{x^{(k)}\}$ 的每个坐标数列都是 Cauchy 列，它们均收敛.

设 $\lim\limits_{k \to \infty} x_i^{(k)} = x_i$, $i = 1, 2, \cdots$，就得到一个点 $x = (x_1, x_2, x_3, \cdots) \in M$，下面我们证明 Cauchy 列 $\{x^{(k)}\}$ 收敛到点 x. $\forall \varepsilon > 0$，存在 $N_1 \in \mathbb{N}$，
$$\sum_{i=N_1+1}^{\infty} \frac{1}{2^i} < \frac{\varepsilon}{2}.$$

因为
$$d(x^{(k)}, x) \leqslant \sum_{i=1}^{N_1} |x_i^{(k)} - x_i| + \sum_{i=N_1+1}^{\infty} \frac{1}{2^i},$$

且
$$\lim_{k \to \infty} \sum_{i=1}^{N_1} |x_i^{(k)} - x_i| = 0,$$

所以存在 $N \in \mathbb{N}$，当 $k > N$ 时
$$\sum_{i=1}^{N_1} |x_i^{(k)} - x_i| < \frac{\varepsilon}{2},$$

由此可得 $k > N$ 时，$d(x^{(k)}, x) < \varepsilon$.

下面我们讨论函数空间 $C([a, b])$ 上的收敛性. 首先我们有：

定理 16.7 闭区间 $[a, b]$ 上的连续函数空间 $C([a, b])$ 在 sup 范数诱导的度量
$$d(f, g) = \sup_{x \in [a, b]} |f(x) - g(x)|$$

之下，是完备度量空间.

证明 这个定理事实上是一致收敛的 Cauchy 准则的另一个表述形式. 前面已经证明 sup 范数诱导的度量下的收敛就是一致收敛 (性质 15.28)，同样在该度量下函数列 $\{f_n\}$ 是 Cauchy 列等价于一致收敛的 Cauchy 准则 (定理 15.29)：对任意 $\varepsilon > 0$，存在 $N = N(\varepsilon)$，使得当 $j, k \geqslant N$ 时，有 $|f_j(x) - f_k(x)| < \varepsilon$ ($\forall x \in [a, b]$). 于是 Cauchy 列 $\{f_n\}$ 一致收敛于一个连续函数 f，等价于在 sup 范数诱导的度量下 $f_n \to f$. □

需要注意的是，上述定理只对于函数空间 $C([a,b])$ 上的 sup 范数诱导的度量成立，对于其他 L^p 范数并不成立. 下述例子说明，一个在 L^1 范数下的连续函数 Cauchy 列，不能收敛到连续函数.

例 16.1.9 定义区间 $[0,1]$ 上的函数列如下：

$$f_n(x) = \begin{cases} 0, & x \in \left[0, \dfrac{n-1}{2n}\right], \\ \dfrac{1}{2} + n\left(x - \dfrac{1}{2}\right), & x \in \left[\dfrac{n-1}{2n}, \dfrac{n+1}{2n}\right], \\ 1, & x \in \left[\dfrac{n+1}{2n}, 1\right]. \end{cases}$$

函数列 $\{f_n\}$ 满足

$$\|f_m - f_n\|_1 = \frac{1}{4}\left|\frac{1}{m} - \frac{1}{n}\right|,$$

所以 $\{f_n\}$ 是 L^1 范数意义下的 Cauchy 列，但是 $\{f_n\}$ 不收敛到一个连续函数. 这是因为如果 $\{f_n\}$ 收敛到 $f \in C([0,1])$，对于

$$a_n = \frac{n-1}{2n},\ b_n = \frac{n+1}{2n},$$

有

$$\|f_n - f\|_1 \geqslant \int_0^{a_n} |f(x)|\,\mathrm{d}x + \int_{b_n}^1 |f_n(x) - f(x)|\,\mathrm{d}x,$$

令 $n \to \infty$，就有

$$\int_0^{1/2} |f(x)|\,\mathrm{d}x + \int_{1/2}^1 |1 - f(x)|\,\mathrm{d}x = 0,$$

显然这样的连续函数不存在.

注记 从有理数到实数，是通过将有理数完备化完成的. 我们可以用完全相同的方法，完备化一个不完备的度量空间. 如果度量空间还有范数、内积等结构，那么我们同时可以把范数或者内积扩充到完备化后的空间上. 这些是后续课程"实分析"和"泛函分析"的内容. 需要指出的是，通常完备化后的空间只是一个抽象事物，并不都能像实数一样可以具体描述. 例如空间 $C([a,b])$，在 L^1 度量下的完备化本质上就是 $[a,b]$ 上的 Lebesgue 可积函数空间. 但是 Lebesgue 积分理论比起完备化的抽象构造要困难得多，将在后续课程"实分析"中讨论.

最后，我们讨论一个与常微分方程有关的例子.

例 16.1.10 将 m 行 n 列的实矩阵全体记为 $\mathbb{M}(m,n)$，如果将它与 mn 维实数组空间 $\mathbb{R}^{mn}$ 同构，可以定义 Euclid 内积使其成为 Euclid 内积空间. 除此之外，

在 $\mathbb{M}(m,n)$ 中还可以定义范数如下: 对 $A \in \mathbb{M}(m,n)$, 定义

$$\|A\| = \sup_{0 \neq x \in \mathbb{R}^n} \frac{|Ax|}{|x|}.$$

它显然满足正定性和齐性, 注意到上式右侧的 $Ax \in \mathbb{R}^m$, 利用 Euclid 范数的三角不等式可得, $|(A+B)x| \leqslant |Ax| + |Bx|$, 由此容易推出

$$\|A+B\| \leqslant \|A\| + \|B\|.$$

设 $A = (a_{ij}) \in \mathbb{M}(m,n)$, 那么它的 Euclid 范数

$$|A| = \left(\sum_{i,j} a_{ij}^2\right)^{1/2},$$

我们有

$$|Ax| = \left[\sum_i \left(\sum_j a_{ij} x_j\right)^2\right]^{1/2} \leqslant |A||x|,$$

所以 $\|A\| \leqslant |A|$. 另一方面,

$$\|A\| = \sup_{0 \neq x \in \mathbb{R}^n} \frac{|Ax|}{|x|} = \sup_{|x|=1} |Ax| \geqslant \max |a_{ij}| \geqslant \frac{1}{mn}|A|.$$

至此可得, 空间 $\mathbb{M}(m,n)$ 中点列依 Euclid 距离收敛和依范数 $\|\cdot\|$ 收敛等价. 特别, $(\mathbb{M}(m,n), \|\cdot\|)$ 是完备度量空间.

用 $\mathbb{M}(n)$ 表示 n 行 n 列的实矩阵全体. 设 $A \in \mathbb{M}(n)$, 范数 $\|A\|$ 满足 $|Ax| \leqslant \|A\||x|$, 由此推出 $|A^2 x| \leqslant \|A\||Ax| \leqslant \|A\|^2|x|$, 所以 $\|A^2\| \leqslant \|A\|^2$, 用数学归纳法可证

$$\|A^k\| \leqslant \|A\|^k, \ k = 1, 2, \cdots.$$

设 $t \in \mathbb{R}$, 定义 $\mathbb{M}(n)$ 中的点列

$$E_k(t) = I_n + \sum_{j=1}^k \frac{A^j}{j!} t^j.$$

可以证明当 $|t| \leqslant b < +\infty$ 时, 它是 $\mathbb{M}(n)$ 中的 Cauchy 列. 这是因为当 $l > k$ 时,

$$\|E_l(t) - E_k(t)\| \leqslant \sum_{j=k+1}^l \frac{\|A^j\|}{j!}|t|^j \leqslant \sum_{j=k+1}^l \frac{a^j}{j!}b^j,$$

这里 $a = \|A\|$. 对于任意 $\varepsilon > 0$, k 充分大时, 上式右端小于 ε.

因为 $(\mathbb{M}(n), \|\cdot\|)$ 完备，所以对任意 $t \in \mathbb{R}$，$\{E_k(t)\}$ 在 $\mathbb{M}(n)$ 中收敛到一个依赖于变元 t 的矩阵 $E(t)$。通常也将极限函数记为 $E(t) = \mathrm{e}^{At}$，它满足 $\dfrac{\mathrm{d}}{\mathrm{d}t}E(t) = A\,E(t)$，是常系数线性常微分方程组初值问题

$$\begin{cases} \dfrac{\mathrm{d}x}{\mathrm{d}t} = A\,x, \\ x(0) = I_n \end{cases}$$

的解。

习题 16.1

1. 证明：sup 范数 $\|f\| = \sup |f|$ 是 $C([a, b])$ 上的一个范数。
*2. 证明：如果实线性空间上的范数 $\|x\|$ 满足平行四边形法则，那么极化恒等式定义了一个内积，且它诱导的范数就是原来的范数。
3. 设 V 是 Euclid 空间 $\mathbb{R}^n$ 的线性子空间。定义 $\mathbb{R}^n$ 中点 x 到 V 的距离为 $\inf\limits_{y \in V} |x - y|$，记作 $d(x, V)$。证明：
   (1) 存在 $x_0 \in V$，使得 $|x - x_0| = d(x, V)$；
   (2) 对于任意 $y \in V$，$d(x, V) = d(x + y, V)$。
4. 证明：若 $\|\cdot\|$ 是 $\mathbb{R}^n$ 上的范数，则存在正常数 M 使得 $\|x\| \leqslant M|x|$，$\forall x \in \mathbb{R}^n$，其中 $|x|$ 是 Euclid 范数。
5. 称集合 M 上的两个度量 d_1 和 d_2 **等价**，是指存在两个正常数 c_1, c_2，使得 $\forall x, y \in M$，$d_1(x, y) \leqslant c_2\, d_2(x, y)$ 和 $d_2(x, y) \leqslant c_1\, d_1(x, y)$ 同时成立。证明：若 d_1 和 d_2 等价，则按 d_1 度量 $x_n \to x$，当且仅当按 d_2 度量 $x_n \to x$。
6. 设 $\{x_k\}$ 和 $\{y_k\}$ 是度量空间 (M, d) 的两个 Cauchy 列，证明：数列 $\{d(x_k, y_k)\}$ 收敛。
7. 证明：$\mathbb{R}^n$ 上的范数 $\|x\|_1$ 当 $n > 1$ 时不由任何内积诱导。
8. 证明：
$$d(x, y) = \frac{|x - y|}{1 + |x - y|}$$
定义了 $\mathbb{R}^n$ 上的度量，但它不由任何范数诱导。
9. 设 $1 \leqslant p < \infty$，
$$\ell_p = \left\{ (x_1, x_2, x_3, \cdots) \,\bigg|\, \sum_{k=1}^{\infty} |x_k|^p < \infty,\ x_k \in \mathbb{R} \right\}$$
对于 $x = (x_1, x_2, x_3, \cdots)$，$y = (y_1, y_2, y_3, \cdots) \in \ell_p$，定义
$$d(x, y) = \left(\sum_{k=1}^{\infty} |x_k - y_k|^p \right)^{1/p}.$$
证明：(ℓ_p, d) 是完备度量空间。并证明依度量收敛推出每个坐标分量收敛，举例说明反之不成立。

10. 设 S 是 $\mathbb{R}^2$ 上的单位圆周 $x^2 + y^2 = 1$. 对于 S 上的两点 p, q, 定义它们之间的距离 $d(p, q)$ 为圆周上连接它们的最短弧的长度. 证明这是一个度量. 问这个度量和 S 作为 $\mathbb{R}^2$ 的子空间的度量一样吗？如果用极坐标 $(\cos\theta, \sin\theta)$ 表示圆周上的点, 弧长度量的具体表达式是什么？

11. 设 $A \in \mathbb{M}(n)$. 证明：

    (1) 若 A 是对称矩阵, 则它的范数

    $$\|A\| = \sup_{x \neq 0} \frac{|Ax|}{|x|}$$

    等于矩阵 A 特征值绝对值的最大值;

    (2) 对于一般的 A, $\|A\|^2$ 等于对称矩阵 $A^T A$ 特征值绝对值的最大值.

§16.2 度量空间的拓扑

第 14 章讨论了实数集合 $\mathbb{R}$ 的开集、闭集、紧集等与极限密切相关的概念, 这一节要讨论这些概念在 $\mathbb{R}^n$ 的推广. 因为这些概念只涉及 $\mathbb{R}^n$ 的度量, 我们将在抽象的度量空间上定义这些概念. 需要指出的是, 虽然这些概念和相应的结论都是建立在抽象度量空间上, 但是借助于 $\mathbb{R}^n$ 的直观, 特别是第二册 9.1.1 小节中当 $n = 2$ 时的简单描述, 去理解它们, 仍然十分有效.

16.2.1 开集

设 (M, d) 是一个度量空间. 类似开区间的**开球**定义为

$$B_r(x) = \{y \in M \mid d(x, y) < r\},$$

其中的**半径** r 是正数, **中心** x 是度量空间 M 中的点. 我们使用 "球" 表示这个实心的区域, 用 "球面" 表示它的边界 $\{y \in M \mid d(x, y) = r\}$. 在 Euclid 空间 $\mathbb{R}^n (n = 2, 3)$ 里, 这些 "球" 就是我们通常意义下的圆盘或者球. 在一般的度量空间里, 我们不能指望 "球" 是圆的.

容易证明: 任给 $y \in B_r(x)$, 存在一个以 y 为中心的开球包含于 $B_r(x)$. 事实上, 这是三角不等式的推论, 由于 $d(x, y) = r_1 < r$, 对 $\forall z \in B_{r-r_1}(y)$, 有 $d(y, z) < r - r_1$, 利用三角不等式有

$$d(x, z) \leqslant d(x, y) + d(y, z) < r_1 + (r - r_1) = r,$$

即 $z \in B_r(x)$, 所以 $B_{r-r_1}(y) \subset B_r(x)$. 利用这个性质我们可以定义开集.

定义 16.8 我们称度量空间 (M, d) 的子集 A 为**开集**, 是指它具有性质: 对于 A 内的每一点 x, 存在开球 $B_r(x) \subset A \ (r > 0)$. 定义一点的**邻域**为包含它的开集.

集合 A 的点 x 称为 A 的**内点**, 是指存在 x 的邻域包含于 A. 集合 A 的**内部** A° 定义为 A 的内点的集合, 因此 A° 是包含于 A 的最大开集. A 为开集当且仅当 A 等于它的内部. 同样我们还可以证明一个非空开集是开球的并集, 反之也成立. 但值得注意的是, 即使是 Euclid 空间 $\mathbb{R}^n$, 它的开集结构也会很复杂, 不再有类似于 $\mathbb{R}$ 上的开集结构定理. 并且, $\mathbb{R}^n$ 的度量子空间的开集不同于 $\mathbb{R}^n$ 的开集.

关于开集的运算有如下结论, 证明留作练习.

性质 16.9 度量空间中, 任意多个开集的并是开集, 有限多个开集的交是开集.

以后除非特别说明, 记号 $\mathbb{R}^n$ 特指 Euclid 距离空间. 若 M 是 $\mathbb{R}^n$ 的度量子空间, 则 M 中以 y 为中心的开球是指集合

$$\{x \in M \mid d(x,y) < r\} = B_r(y) \cap M.$$

M 中的开集是此类开球的并, 它是 $\mathbb{R}^n$ 的开集与 M 的交集, 但它在 $\mathbb{R}^n$ 中不一定是开集. 为了表示这种区别, 我们称这些集合为**相对于 M 的开集**或者**相对开集**. 由于 $M = M \cap \mathbb{R}^n$, 集合 M 永远是相对于 M 的开集, 但不一定是 $\mathbb{R}^n$ 的开集. 容易看出, 如果 M 是 $\mathbb{R}^n$ 的开集, 那么 M 的所有开集都是 $\mathbb{R}^n$ 的开集.

更一般地, 我们有下述定理.

定理 16.10 设 M_1 是度量空间 (M,d) 的一个度量子空间. 那么子集 $A_1 \subset M_1$ 是 M_1 的开集当且仅当存在 M 的开集 A, 使得 $A_1 = A \cap M_1$. 若 M_1 是 M 的开集, 那么 M_1 的子集 A_1 为 M_1 的开集当且仅当它是 M 的开集.

证明 对 M_1 中的点 y, 定义 $B_r(y), B_r(y)_1$ 分别为 M, M_1 中的开球, 即

$$B_r(y) = \{x \in M \mid d(x,y) < r\}, \quad B_r(y)_1 = \{x \in M_1 \mid d(x,y) < r\}.$$

于是 $B_r(y)_1 = B_r(y) \cap M_1$. 就是说 M_1 的开球等于以 M_1 的点为中心的 $M-$ 开球与 M_1 的交.

给定 M_1 的开集 A_1, 构造集合 A 为集族 $\{B_r(y) \mid B_r(y)_1 \subset A_1, \forall r, y\}$ 里所有开球的并, 则 A 是 M 中的开集, 且 $A_1 = M_1 \cap A$. 注意这样的 A 未必唯一.

另一方面, 设 A 是 M 中的开集, 要证 $A_1 = A \cap M_1$ 是 M_1 的开集. 设 $y \in A_1$, 由 y 也属于 A 知存在充分小的 r 使得 $B_r(y) \subset A$. 则

$$B_r(y)_1 = M_1 \cap B_r(y) \subset M_1 \cap A = A_1,$$

所以 A_1 是 M_1 的开集. 特别, 如果 M_1 的子集 A_1 为 M 的开集, 那么 $A_1 = A_1 \cap M_1$ 为 M_1 的开集.

下面证明定理的第二个结论. 设 M_1 是 M 的开集, 我们只需证明当 A_1 是 M_1 的开集时, 它也是 M 的开集. 任给 $x \in A_1 \subset M_1$, 由于 M_1 为 M 的开集, 存在正

数 r 使得 $B_r(x) \subset M_1$, 同时存在 $r' < r$ 满足 $B_{r'}(x)_1 = B_{r'}(x) \cap M_1 \subset A_1$. 由于

$$B_{r'}(x)_1 = B_{r'}(x) \cap M_1 = B_{r'}(x) \cap B_r(x) = B_{r'}(x),$$

A_1 可以表示为这些 $B_{r'}(x)$ ($\forall x \in A_1$) 的并集, 所以它是 M 的开集. □

例 16.2.1 考虑 $\mathbb{R}^n$ 中由 Euclid 度量和范数 $\|\cdot\|_p$ ($1 \leqslant p \leqslant \infty$) 分别定义的开集之间的关系. 设 A 是关于 Euclid 度量的开子集, $x_0 \in A$. 如果 $x_0 \in A$ 的一个邻域

$$\{x \in \mathbb{R}^n \mid |x - x_0| < r\} \subset A,$$

利用不等式 $|x| \leqslant \sqrt{n}\|x\|_p$ ($\forall x \in \mathbb{R}^n$) 可得,

$$\{x \in \mathbb{R}^n \mid \|x - x_0\|_p < r/\sqrt{n}\} \subset \{x \in \mathbb{R}^n \mid |x - x_0| < r\} \subset A.$$

所以 A 是关于范数 $\|\cdot\|_p$ 的开子集.

反之, 如果 A 是关于范数 $\|\cdot\|_p$ 的开子集, 利用不等式 $\|x\|_p \leqslant n|x|$ 同样可以证明它是关于 Euclid 度量的开子集. 所以, $\mathbb{R}^n$ 由 Euclid 度量定义的开集和由范数 $\|\cdot\|_p$ ($1 \leqslant p \leqslant \infty$) 定义的开集相同.

16.2.2 闭集与紧致集合

与实数轴相类似, 度量空间的闭集也对极限"运算"封闭. 为讨论闭集, 我们先定义度量空间子集合的聚点.

定义 16.11 设 E 是度量空间 (M, d) 的子集合, 称点 x 是集合 E 的**聚点**, 是指 x 的任意邻域都包含一个不同于 x 的 E 中的点. 集合 E 称为**闭集**是指它包含自身所有的聚点. 集合 E 的**闭包** $\bar{E}$ 定义为 E 与 E 的聚点集合之并.

集合 E 中的点, 如果不是自身的聚点, 称为集合 E 的**孤立点**, 点 $x \in E$ 是孤立点当且仅当存在 $r > 0$, $B_r(x) \cap E = \{x\}$.

依照定义, 点 x 是集合 E 的聚点当且仅当, 存在 E 中的点列 $\{x_n\}$, $x_n \neq x$ ($\forall n$), 且 $x_n \to x (n \to \infty)$. 与 §14.4 类似, 我们有下列结论.

性质 16.12 设 E 是度量空间 (M, d) 的子集, 则它的闭包 $\bar{E}$ 是闭集, 一个集合是闭集当且仅当它等于它的闭包.

性质 16.13 有限个闭集的并是闭集, 任意个闭集的交是闭集.

定理 16.14 度量空间的一个子集是闭集当且仅当它的余集是开集.

证明 设 E 是闭集, $x \in E^c$, 则 x 不是 E 的聚点, 这说明存在 $r > 0$, $B_r(x) \cap E = \varnothing$, 即 $B_r(x) \subset E^c$, 所以 E^c 是开集.

反之, 如果 E^c 是开集, 同理可证 E^c 中的点都不是 E 的聚点, 这说明 E 包含了自身的所有聚点. □

注记 依定义, 空集 $\varnothing$ 既是开集也是闭集, 相应的全集 M 既是开集也是闭集.

对度量空间而言, "完备性" 与 "闭子集" 都与点列的极限相关, 它们之间的联系可以用如下事实描述, 它的证明留作习题:

性质 16.15 完备度量空间 (M, d) 的一个子集 E 作为 (子) 空间是完备的当且仅当它是 M 的闭子集.

最后, 我们讨论度量空间的紧致性. 设 $\{x_n\}$ 是度量空间 (M, d) 的一个点列, 点 $x \in M$ 称为是点列 $\{x_n\}$ 的**极限点**是指: 存在一个子列 $\{x_{k_n}\}$ 收敛到 x. 需要再次提请注意的是, 极限点和聚点这两个概念的差异在于, 极限点与点列相关, 聚点与点集相关. 可以考虑一个点列对应的附属集合, 如果点列中任意两点不同, 那么点列的极限点集与它附属集合的聚点集相同; 如果一个点列的附属集合是有限集, 点列的极限点集非空, 但附属集合没有聚点.

定义 16.16 一个度量空间 (M, d) 的子集 A 称为**紧致集合**, 是指 A 中的任意点列 $x_1, x_2, \cdots$ 有极限点属于 A.

紧致的定义蕴含如下信息, 如果 A 是紧致集合, $x_1, x_2, x_3, \cdots$ 是 A 中的点列, 那么它一定有收敛子列, 且它的任意极限点都属于 A. 注意到定义只涉及 A 里点与点之间的距离, 没有涉及 A 之外的点. 特别地, 我们称度量空间 M **紧致**, 是指 M 是自身的紧致子集或者 M 的所有点列都有极限点. 于是, A 是度量空间 M 的紧致子集当且仅当 A 作为子空间是紧致度量空间.

性质 16.17 紧致度量空间的子集是紧致子集当且仅当它是闭子集.

证明 设 E 是紧致空间 (M, d) 的紧致子集. 如果一点 x 是 E 的聚点, 那么存在 E 中的点列收敛到 x, 由 E 的紧致性可得 $x \in E$, 这说明 E 是闭集.

反之, 如果 E 是紧致空间 (M, d) 的闭子集, 设 $\{x_n\}$ 是 E 中的点列, 空间 M 的紧致性保证它有极限点 x, 如果 $x \neq x_n, \forall n$, 这说明 x 是 E 的聚点, 因而 $x \in E$.
□

紧致性与完备性都与点列的极限有关, 因而它们之间有着紧密联系: 紧致性推出完备性, 但完备性推不出紧致性. 设 M 紧致, 考虑 M 中的 Cauchy 列 $\{x_k\}$, 需要证明它在 M 里有极限. 由紧致性知它在 M 中有极限点 x, 很容易由 Cauchy 准则得到 $x = \lim\limits_{j \to \infty} x_j$. 另一方面, $\mathbb{R}$ 是完备但不紧致的例子.

对于 $\mathbb{R}$ 的子集, 紧致性等价于其他性质, 其中最重要的是 Heine-Borel 性质: 每一个开覆盖有有限子覆盖. 对于一般的度量空间 M 也可以定义这个性质.

定义 16.18 若 A 是 M 的子集, 称 M 的一些子集组成的一个集合族 $\mathcal{B}$ 是 A 的**覆盖**, 是指

$$A \subset \bigcup_{B \subset \mathcal{B}} B,$$

如果集合族的所有元素都是开集，那么称 $\mathcal{B}$ 是 A 的**开覆盖**；$\mathcal{B}$ 的**子覆盖** $\mathcal{B}'$ 是指：$\mathcal{B}'$ 是 $\mathcal{B}$ 的子族 (子集)，且 $\mathcal{B}'$ 仍然覆盖 A。

需要注意的是，有两种方式来定义度量空间 (M,d) 中一个集合 A 的 Heine-Borel 性质：M 的开集构成的开覆盖有有限子覆盖，或者子空间 A 自身的开覆盖有有限子覆盖。由于在 A 中和在 M 中"开"的意义不一样，它们看起来有所不同，但利用定理 16.10，容易证明这两种 Heine-Borel 性质是等价的 (习题)。

定理 16.19 (抽象 Heine-Borel 定理)　度量空间 (M,d) 是紧致的当且仅当它具有 Heine-Borel 性质。

证明　先证明 Heine-Borel 性质蕴含紧致性。要证明度量空间 M 里的任意点列 $\{x_k\}$ 有极限点。不妨设这些点两两不同。假设点列不存在极限点，那么集合 $\{x_1, x_2, \cdots\}$ 与它的任意子集都不存在聚点，因此都是闭集。如下构造 M 的一列开集：

$$B_1 = M \setminus \{x_1, x_2, \cdots\},\ B_2 = M \setminus \{x_2, x_3, \cdots\},\ \cdots,\ B_k = M \setminus \{x_k, x_{k+1}, \cdots\},\ \cdots.$$

显然 $\{B_k\}$ 是 M 的开覆盖，但它没有有限子覆盖，矛盾。

反过来，设 M 紧致。要证明它有 Heine-Borel 性质。类似于定理 14.52 的证明，先证明 M 的任意开覆盖有可数子覆盖，然后证明它有有限子覆盖。

从具有可数开覆盖推出具有有限子覆盖，与定理 14.52 的证明完全相同，在此略去。要证明任意开覆盖有可数子覆盖，需要如下事实：一个紧致度量空间有至多可数的稠密子集，这一事实将随后证明。下面我们利用这个事实证明：M 的任意开覆盖 $\mathcal{B}$ 有可数子覆盖 $\mathcal{B}_1$，它的构造方法与定理 14.52 的构造法类似。

设 $x_1, x_2, x_3, \cdots$ 是 M 的可数稠密子集，考虑可数集合 $\{B_{1/m}(x_n) \mid m, n \in \mathbb{N}\}$。任取一个开球 $B_{1/m}(x_n)$，如果集合

$$\{B \in \mathcal{B} \mid B \supset B_{1/m}(x_n)\}$$

非空，那么从中任意选取一个 B 放入集族 $\mathcal{B}_1$，这样得到 $\mathcal{B}$ 的一个子族 $\mathcal{B}_1$，它是可数的。

最后证明 $\mathcal{B}_1$ 覆盖 M。任取 $x \in M$，存在开集 $B \in \mathcal{B}$ 包含点 x，因此有 $m \in \mathbb{N}$ 使得 $B_{2/m}(x) \subset B$。因为点列 $x_1, x_2, x_3, \cdots$ 在 M 中稠密，所以可以选取某个 x_n 使得 $x \in B_{1/m}(x_n)$。利用距离的三角不等式容易得到 (如图 16.2)

$$B_{1/m}(x_n) \subset B_{2/m}(x) \subset B,$$

由 $\mathcal{B}_1$ 的构造方法可得，存在 $B_1 \in \mathcal{B}_1$，B_1 包含 $B_{1/m}(x_n)$，它亦包含点 x。

图 16.2

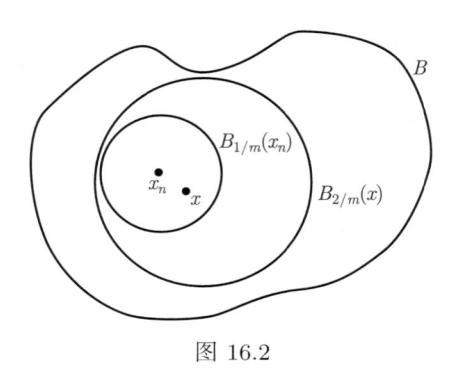

引理 16.20 任意紧致度量空间存在至多可数稠密子集.

证明 设紧致度量空间 (M, d) 为无限集合. 我们先证明如下事实: 对任意 $\varepsilon > 0$, 存在有限个点 $x_1, x_2, \cdots, x_N$ $(N = N(\varepsilon))$ 满足

$$M = \bigcup_{k=1}^{N} B_\varepsilon(x_k). \tag{$*$}$$

若不然, 则存在 $\varepsilon_0 > 0$ 使得上述结论不成立. 任取 x_1, 则 $M \backslash B_{\varepsilon_0}(x_1) \neq \varnothing$, 因此可取 $x_2 \in M \backslash B_{\varepsilon_0}(x_1)$, 又因为 $M \backslash \big(B_{\varepsilon_0}(x_1) \cap B_{\varepsilon_0}(x_2) \big) \neq \varnothing$, 可取 $x_3 \in M \backslash \big(B_{\varepsilon_0}(x_1) \cap B_{\varepsilon_0}(x_2) \big), \cdots$, 如此继续下去, 得到一个点列 $\{x_k\}$ 满足

$$x_{n+1} \in M \backslash \bigcup_{k=1}^{n} B_{\varepsilon_0}(x_k), \quad n = 1, 2, \cdots,$$

这个点列满足 $d(x_j, x_k) \geqslant \varepsilon_0$ $(\forall j, k)$, 所以没有极限点, 矛盾.

令 $\varepsilon = 1/n$, $n = 1, 2, \cdots$, 每个 $\varepsilon = 1/n$ 都有限点集 A_n 满足性质 $(*)$, 可数集合 $A = \bigcup_{n=1}^{\infty} A_n$ 是 M 的稠密子集. $\square$

一个度量空间 (M, d) 称为**有界**是指: 存在 $R > 0$, 对任意 $x, y \in M$ 都有 $d(x, y) < R$. 满足这个条件最小的 R 称为空间 (M, d) 的**直径**. 称度量空间的子集合 A 有界, 是指它作为子空间有界, 这等价于存在一点 $x_0 \in M$,

$$\sup\{d(x, x_0) \mid x \in A\} < \infty.$$

推论 16.21 紧致度量空间有界.

证明 如果结论不成立, 那么对固定的一点 x_0, 存在点列 $\{x_n\}$ 满足

$$d(x_0, x_n) \to \infty \quad (n \to \infty).$$

因此, 点列 $\{x_n\}$ 没有收敛子列, 这与紧致性矛盾. □

在第 14 章我们还证明了: 实轴 $\mathbb{R}$ 的子集合紧致当且仅当它是有界闭集. 对于 Euclid 空间 $\mathbb{R}^n$, 也有相同的结论.

定理 16.22 $\mathbb{R}^n$ 的子集是紧致的当且仅当它是有界和闭的.

证明 设 A 是 $\mathbb{R}^n$ 的紧致子集, 则 A 有界. 如果 x 是 A 的聚点, 那么存在 A 中的点列收敛到 x, 由 A 的紧致性可知 $x \in A$. 所以 A 是闭集.

反之要证明: 如果 $A \subset \mathbb{R}^n$ 是有界和闭的, 那么它是紧致的. 取 A 中的点列 $x^{(1)}, x^{(2)}, \cdots$, 不妨设它们两两不同. 因为 A 有界, 对每个 k, 坐标分量构成的数列 $x_k^{(1)}, x_k^{(2)}, \cdots$ 也有界, $1 \leqslant k \leqslant n$. 因为每个数列都有一个收敛子列, 因此, 我们可以取点列 $x^{(1)}, x^{(2)}, \cdots$ 的一个子列使得它的第一个坐标构成的数列收敛于 x_1, 再取该子列的子列使得它的第二个坐标构成的数列收敛于 x_2, 同时第一个坐标构成的数列收敛于 $x_1 \cdots \cdots$ 重复 n 次后我们得到点列的子列 $y^{(1)}, y^{(2)}, \cdots$, 它的每个坐标分量数列 $y_k^{(1)}, y_k^{(2)}, \cdots$ 收敛于 x_k, $1 \leqslant k \leqslant n$. 从而子列 $y^{(1)}, y^{(2)}, \cdots$ 在 $\mathbb{R}^n$ 中收敛于一个极限点 $x = (x_1, x_2, \cdots, x_n)$. 因为 A 是闭集, 极限点 x 属于 A. □

对于一般度量空间而言, 类似的结论并不成立. 下面是一个反例.

例 16.2.2 完备度量空间 $(C([a, b]), \sup)$ 里存在有界闭但不紧致的子空间的例子. 比如说, 在 $[-1, 1]$ 上取连续函数 f_n,

$$f_n(x) = \begin{cases} 0, & -1 \leqslant x \leqslant 0, \\ nx, & 0 < x < 1/n, \\ 1, & 1/n \leqslant x \leqslant 1. \end{cases}$$

(参见例 15.2.3). 显然 f_n 逐点收敛于一个不连续函数. 设 A 是 $C([-1, 1])$ 的子集 $\{f_1, f_2, \cdots\}$. 因为 $d(f_n, 0) \leqslant 1$, A 有界. 但是集合 A 在 $(C([-1, 1]), \sup)$ 中没有聚点 (因为若存在聚点, 则存在一致收敛于一个连续函数的子列, 与此子列逐点收敛于不连续函数相矛盾), 所以 A 是闭集. 同样由于 A 没有极限点, A 不紧致.

上述例子说明, "有界" 和 "闭" 不足以保证空间 $(C([a, b]), \sup)$ 的点列有收敛子列. Arzelà-Ascoli 定理 (定理 15.38) 说: $C([a, b])$ 中一列一致有界且一致等度连续的函数有一致收敛的子列. 其中一致有界就是关于度量 sup 有界, 而一致等度连续是 Heine-Borel 性质的推论. 事实上在有界闭的前提下, 一致等度连续与 Heine-Borel 性质等价, 或者说, $(C([a, b]), \sup)$ 的子空间紧致当且仅当它是有界闭集, 且一致等度连续, 证明留作习题.

最后, 我们简要介绍集合边界点的概念.

设 E 是度量空间 (M, d) 的子集, 点 $x \in M$ 称为集合 E 的**边界点**是指: 对任意 $r > 0$, 开球 $B_r(x)$ 中既有集合 E 的点, 也有 E 的余集 E^c 的点. 集合 E 的

边界点全体记为 ∂E, 称为 E 的**边界点集**. 例如, $\mathbb{R}^n$ 中开球 $B_r(x)$ 的边界是球面 $\partial B_r(x) = \{y \in \mathbb{R}^n \mid d(x, y) = r\}$; 如果 E 是 $\mathbb{R}^n$ 的有限子集, 那么 $\partial E = E$; 如果 E 是 $\mathbb{R}^2$ 中由分段光滑曲线围成的有界区域, 直观上 ∂E 与区域的边界吻合.

性质 16.23 设 E 是度量空间 (M, d) 的子集, 则它的闭包
$$\bar{E} = E \cup \partial E = E^\circ \cup \partial E.$$

证明 我们只证明 $\bar{E} = E^\circ \cup \partial E$. 设 $x \in \partial E$, 如果 $x \notin E$, 依边界点的定义, 对任意 $r > 0$, $B_r(x) \cap E \neq \varnothing$, 这说明 x 是 E 的聚点, 所以 $x \in \bar{E}$. 这就证明了 $E^\circ \cup \partial E \subset \bar{E}$.

反之, 我们要证明 $\bar{E} \subset E^\circ \cup \partial E$. 对任意 $x \in M$, 点 x 必是如下三者之一: (1) x 是 E 的内点, (2) x 是 E^c 的内点, (3) $x \in \partial E(= \partial E^c)$. 因此对于 $\bar{E}$ 中的点 x, 它不可能是 E^c 的内点, 所以 $x \in E^\circ \cup \partial E$. □

习题 16.2

1. 证明性质 16.9, 16.12, 16.13.
2. 证明性质 16.15.
3. 证明 $C([a, b])$ 上的下列度量不完备:
   (1) $d_1(f, g) = \int_a^b |f(x) - g(x)| \mathrm{d}x$;
   (2) $d_2(f, g) = \left[\int_a^b |f(x) - g(x)|^2 \mathrm{d}x \right]^{1/2}$.
4. 证明: 如果度量空间里的 Cauchy 列有极限点, 那么它有极限.
5. 设 A 是度量空间 M 的子空间. 证明: A 作为 M 的子空间的 Heine-Borel 性质与 A 作为自身的子空间的 Heine-Borel 性质等价.
6. 证明: 一个完备度量空间 M 的子空间 M' 完备当且仅当 M' 是 M 的闭集.
7. 设 $\|\cdot\|$ 是 $\mathbb{R}^n$ 的范数, $x_0 \in \mathbb{R}^n$, $r > 0$. $B_r(x_0)$ 是范数 $\|\cdot\|$ 诱导的距离所定义的开球. 证明: $B_r(x_0)$ 是一个凸集, 即 $\forall x, y \in B_r(x_0)$, $\forall 0 < t < 1$, $(1 - t)x + ty \in B_r(x_0)$.
8. 证明: 度量空间 $\big(C([a, b]), \sup\big)$ 的紧致子空间作为连续函数族一致等度连续.
   提示: 利用 Heine-Borel 性质.
9. 设 ℓ^∞ 为有界复数列 $\{x_n\}$ 的集合, 定义 $d(\{x_n\}, \{y_n\}) = \sup_n |x_n - y_n|$. 证明:
   (1) (ℓ^∞, d) 是完备度量空间;
   (2) 由收敛于 0 的复数列构成的子空间完备;
   (3) 度量空间 (ℓ^∞, d) 无可数稠密子集.
10. 证明一个度量空间 (M, d) 紧致当且仅当它有界、完备且满足如下性质: 任给 $\varepsilon > 0$, 存在有限点列 $\{x_1, x_2, \cdots, x_N\}$, 满足 $\forall x \in M$, 存在 $x_k \in \{x_1, x_2, \cdots, x_N\}$, $d(x, x_k) < \varepsilon$.

11. 构造 $(C([0,1]), \sup)$ 中的一列函数 $f_1, f_2, \cdots$ 使得 $d(f_k, 0) = 1$ 且 $d(f_j, f_k) = 1$, $\forall j \neq k$.

12. 设 $A_1 \supset A_2 \supset A_3 \supset \cdots$ 是一个度量空间的非空紧致子集列. 证明: $\bigcap_{n=1}^{\infty} A_n$ 非空.

13. 具体构造出 Euclid 空间 $\mathbb{R}^n$ 的一个可数稠密子集, 并证明:
    (1) $\mathbb{R}^n$ 的任意子空间存在至多可数稠密子集;
    (2) $\mathbb{R}^n$ 的任意子集的开覆盖都有至多可数开覆盖.

14. 设 d_1 和 d_2 是集合 M 上两个等价度量. 证明: 度量空间 (M, d_1) 与 (M, d_2) 有相同的开集. 给出 $\mathbb{R}$ 上具有相同开集, 但是不等价的两个度量的例子.

15. 设 A, B 是 $\mathbb{R}^n$ 的任意非空子集, 定义它们的距离为
$$d(A, B) = \inf \left\{ |x - y| \ \Big| \ \forall x \in A, \ \forall y \in B \right\}.$$
    (1) 证明: 如果 E_1, E_2 是两个非空紧集, 那么 $d(E_1, E_2) > 0$ 当且仅当 $E_1 \cap E_2 = \varnothing$;
    (2) 试举例说明, 但 E_1, E_2 是闭集时, 上述结论不成立.

16. 证明: $\mathbb{R}^2$ 的开集与 x 轴的交是实直线的开集.

17. 设 D 为 $\mathbb{R}^2$ 的子集, D^c 为其余集, I 为 $\mathbb{R}^2$ 的闭矩形. 证明:
    (1) $\mathbb{R}^2$ 可以写成无交并: $\mathbb{R}^2 = D^\circ \cup \partial D \cup (D^c)^\circ$;
    (2) 若 I 与 D 有交但是不包含于 D, 则 I 与 ∂D 有交.

18. (1) 求下列 $\mathbb{R}^2$ 的子集的边界: $A = \{(x, 0) \mid x \in \mathbb{R}\}$, $B = \{(x, y) \mid x^2 + y^2 \leqslant 1\}$, $C = \mathbb{Q} \times \mathbb{Q}$;
    (2) 证明: 对任意子集 $A \subset \mathbb{R}^2$, $\partial A = \partial A^c$;
    (3) 证明: ∂A 是闭集.

*19. 设 p 是给定的素数. 任意整数 z 可以表示为 $z = \pm \sum_{j=0}^{N} a_j p^j$, 这里 $0 \leqslant a_j \leqslant p - 1$ 存在唯一. 可以定义 z 的 p 进 (p-adic) 展开为
$$z = \pm a_N a_{N-1} \cdots a_1 a_0.$$
当 $z \neq 0$ 时定义 $|z|_p = p^{-k}$, 这里的 k 是使得 $a_k \neq 0$ 的最小整数; 规定 $|0|_p = 0$.
    (1) 证明: $d(x, y) = |x - y|_p$ 是整数集合 $\mathbb{Z}$ 上的度量. 它称为 p **进度量**;
    (2) 证明: p 进度量满足 $d(x, z) \leqslant \max \{d(x, y), d(y, z)\}$ (满足这种性质的度量称为**超度量**);
    (3) 证明: $\mathbb{R}^3$ 上的 Euclid 度量不是超度量;
    (4) 整数集合在 p 进度量下的完备化记为 $\mathbb{Z}_p$, 证明: 它的元素可以具体实现为无限 p 进整数 $\pm \cdots a_2 a_1 a_0$, 其中 $0 \leqslant a_n \leqslant p - 1$, 并且整数的加减法可以扩充到 $\mathbb{Z}_p$ 上. $\mathbb{Z}_p$ 里的元素称为 p **进整数**.

§16.3 度量空间上的连续函数

这一节我们讨论的连续函数不仅仅局限于 Euclid 空间,我们将讨论定义域与值域都是度量空间的函数. 在抽象度量空间上考虑问题有它的实际意义,并且由于连续性只与定义域和值域的度量有关,相比于只讨论 Euclid 空间上的函数,本质上不会增加难度. 特别是相比上一章讨论的,定义域与值域都是 $\mathbb{R}$ 的子集的函数连续性,我们将会发现对一般度量空间而言许多概念和定义都类似.

16.3.1 连续的定义

设 (M, d_M) 和 (N, d_N) 是两个度量空间,记号

$$f: M \to N$$

表示 f 是一个函数,定义域为 M,值域为 N. 像集

$$f(M) = \{ y \in N \mid \exists x \in M, f(x) = y \}$$

是 N 的子空间. 若 $f(M) = N$,则称 f 是满的.

类似于定义在 $\mathbb{R}$ 的子集上的连续函数那样,度量空间的连续函数也有几个等价的定义.

定义 16.24 设 (M, d_M) 和 (N, d_N) 是两个度量空间,$f: M \to N$,下列条件之一成立时称 f 是**连续函数**:

1° $\forall x_0 \in M$,对任意 $\varepsilon > 0$,存在 $\delta > 0$,当 $d_M(x, x_0) < \delta$ 时,

$$d_N(f(x), f(x_0)) < \varepsilon.$$

2° 对 M 中的任意收敛点列 $\{x_k\}$,N 中的点列 $\{f(x_k)\}$ 收敛.

3° N 的任意开子集 B 的原像 $f^{-1}(B)$ 是 M 的开子集.

这里需要说明的是,定义中的 1° 本质上是说 f 在每一点 $x_0 \in M$ 连续,由此可以给出 f 在特定点连续的定义;在定义的 2° 中我们不需要另外加上条件 $f(\lim\limits_{n\to\infty} x_n) = \lim\limits_{n\to\infty} f(x_n)$,如果 x 是 $\{x_k\}$ 的极限,通过把常数列 $x, x, \cdots$ 混合到原数列中就立即得到它. 定义中的 2° 也简称为 f 保持极限.

在单变量函数情形,之前我们仅对定义域 M 是 $\mathbb{R}$ 的开集的函数讨论了定义中的 3°. 因为当时没有 $\mathbb{R}$ 的子空间 M 的开集这一概念. 当 M 是 $\mathbb{R}$ 的开集时,M 的开集还是 $\mathbb{R}$ 的开集,不会造成任何困难. 但 M 不是 $\mathbb{R}$ 的开集时,"$f^{-1}(B)$ 是 M 的开集"正好是说 $f^{-1}(B)$ 是子空间 M 的开集,并不一定是 $\mathbb{R}$ 的开集. 因此,从这个更一般的角度来看问题,有助于我们理解定义在 $\mathbb{R}$ 的子集上的连续函数.

另外，考虑整个值域 N，抑或把值域当成像集 $f(M)$，这两种做法没有任何区别，只要我们保持 $f(M)$ 和 N 上的度量相同. 理由是 $f^{-1}(B) = f^{-1}(B \cap f(M))$，因为只有像集 $f(M)$ 里的点才对 $f^{-1}(B)$ 有贡献. 当 B 在 N 的所有开集里变动时，$B \cap f(M)$ 取遍 $f(M)$ 的所有开集.

我们可以用上面三个定义中的任何一个作为 f 在 M 上连续的定义，它们等价性的证明与第 15 章类似.

定理 16.25 对于函数 $f: M \to N$，上述三个关于连续的定义等价.

证明 当连续定义的 $1°$ 成立时，我们证明 $2°$ 也成立. 设 $\{x_k\}$ 是 M 的收敛点列，$x_k \to x\ (k \to \infty)$. 依 $1°$，$\forall \varepsilon > 0$，存在 $\delta > 0$，当 $d_M(y, x) < \delta$ 时，$d_N(f(y), f(x)) < \varepsilon$. 因为 k 充分大时 $d_M(x_k, x) < \delta$，这推出 $d_N(f(x_k), f(x)) < \varepsilon$，所以 $\lim_{k \to \infty} f(x_k) = f(x)$.

当 $2°$ 成立时，我们要证明 $3°$. 设 $A \subset N$ 是一个开子集，$x \in f^{-1}(A) (\neq \varnothing)$，我们要证明存在 $r > 0, B_r(x) \subset f^{-1}(A)$. 不然，对任意 $k \in \mathbb{N}$，$B_{1/k}(x)$ 不包含于 $f^{-1}(A)$，取 $x_k \in B_{1/k}(x) \setminus f^{-1}(A)$，$k = 1, 2, \cdots$，就得到 M 的一个点列 $\{x_k\}$，它收敛到 x. 条件 $2°$ 推出 $d_N(f(x_k), f(x)) \to 0$. 但 $f(x) \in A$，A 是开集意味着存在 $\varepsilon > 0, B_\varepsilon(f(x)) \subset A$，因此 k 充分大时 $f(x_k) \in B_\varepsilon(f(x)) \subset A$，这与 x_k 的取法矛盾.

最后我们证明，由 $3°$ 推出 $1°$. 设 $x_0 \in M$，对任意 $\varepsilon > 0$，$f^{-1}(B_\varepsilon(f(x_0)))$ 是 M 的开集，且 $x_0 \in f^{-1}(B_\varepsilon(f(x_0)))$，所以存在 $\delta > 0, B_\delta(x_0) \subset f^{-1}(B_\varepsilon(f(x_0)))$. □

如果没有特别声明，称定义在 $\mathbb{R}^n$ 或它的子集上的函数连续是指函数关于 $\mathbb{R}^n$ 的 Euclid 度量连续；同样，称以 $\mathbb{R}^n$ 为值域的函数连续是指它关于值域的 Euclid 度量连续.

由定义出发，可以得到连续函数的一些简单性质.

性质 16.26 设 M, N, P 是度量空间.

$1°$ 设 $f: M \to N$ 和 $g: N \to P$ 连续，则 $g \circ f: M \to P$ 连续.

$2°$ 设 $f: M \to \mathbb{R}^n$ 和 $g: M \to \mathbb{R}^n$ 连续，则 $f \pm g: M \to \mathbb{R}^n$ 连续.

$3°$ 设 $f: M \to \mathbb{R}^n$ 和 $g: M \to \mathbb{R}$ 连续，则 $g \cdot f: M \to \mathbb{R}^n$ 连续.

$4°$ 设 $f: M \to N$ 连续，$M_1 \subset M$ 是一个子空间，则 f 在 M_1 的限制是连续函数.

$5°$ 设 $f: M \to \mathbb{R}^n$，定义 f 的坐标函数为 $f_k: M \to \mathbb{R}\ (1 \leqslant k \leqslant n)$，即

$$f(x) = (f_1(x), f_2(x), \cdots, f_n(x)),$$

则 f 连续当且仅当每个 f_k 连续.

作为特例我们考虑函数 f 的定义域与值域均为 Euclid 空间或它的子集的情

形. 由于 $f = (f_1, f_2, \cdots, f_m)$ 连续当且仅当每个分量函数 f_j 连续, 所以只需考虑多变量函数 $f: \mathbb{R}^n \to \mathbb{R}$ 的情形.

例 16.3.1 最简单的非平凡例子是坐标函数 $f_k(x) = f_k(x_1, x_2, \cdots, x_n) = x_k$. 由连续的等价条件 2° 知道 f_k 连续. 利用复合与代数运算可以得到许多"初等"函数的"连续性", 这里"初等"是指它可以用一个有限的公式表示, "连续"是指在它有定义的区域里连续.

$\mathbb{R}^n$ 上的多项式是一类由坐标函数通过加法和乘法得到的函数. **多重指标**可以用来方便地描述多项式. 设 $\alpha = (\alpha_1, \alpha_2, \cdots, \alpha_n)$ 是非负整数的 n 元组, 记

$$x^\alpha = x_1^{\alpha_1} x_2^{\alpha_2} \cdots x_n^{\alpha_n}.$$

那么 $\mathbb{R}^n$ 上的多项式可以用

$$p(x) = \sum c_\alpha x^\alpha,$$

来描述, 上面的和为有限和, c_α 是常数. 通常我们记 $|\alpha| = \alpha_1 + \alpha_2 + \cdots + \alpha_n$, 称 x^α 是次数为 $|\alpha|$ 的单项式. 把多项式中具有非零系数的单项式的最高次数称为该多项式的**次数**.

16.3.2 压缩映射原理

作为度量空间连续函数概念的一个应用, 我们讨论压缩映射原理, 它将用于后文中隐映射定理的证明.

设 (M, d) 为度量空间. 称映射

$$\varphi: M \to M$$

为 M 上的**压缩映射**, 是指存在常数 $0 < r < 1$ 使得

$$d\big(\varphi(x), \varphi(y)\big) \leqslant r\, d(x, y)$$

对任意 $x, y \in M$ 成立.

定理 16.27 设 M 是完备度量空间, $f: M \to M$ 是一个压缩映射, 则存在唯一 $x_0 \in M$ 满足 $f(x_0) = x_0$.

满足 $f(x_0) = x_0$ 的 x_0 称为 f 的不动点. 因此本定理可以描述为: 完备度量空间上的压缩映射有唯一的不动点.

证明 任意取点 $x \in M$. 考虑点列 $f(x), f^2(x), f^3(x), \cdots$, 其中 $f^n = f \circ f^{n-1}$. 我们证明它是 Cauchy 列, 从而由完备性它有极限.

由压缩映射性质,

$$d\big(f^{n+1}(x), f^n(x)\big) \leqslant r\, d\big(f^n(x), f^{n-1}(x)\big).$$

由数学归纳法得到
$$d(f^{n+1}(x), f^n(x)) \leqslant r^n\, d(f(x), x).$$
于是, 若 $m > n$, 由三角不等式我们有

$$\begin{aligned}
&d(f^m(x), f^n(x)) \\
&\leqslant d(f^m(x), f^{m-1}(x)) + d(f^{m-1}(x), f^{m-2}(x)) + \cdots + d(f^{n+1}(x), f^n(x)) \\
&\leqslant (r^{m-1} + r^{m-2} + \cdots + r^n)\, d(f(x), x) \\
&\leqslant \frac{r^n}{1-r}\, d(f(x), x) \to 0 \quad (n \to \infty).
\end{aligned}$$

所以 $\{f^n(x)\}$ 是 Cauchy 列, 由 M 完备, 存在 $x_0 = \lim\limits_{n \to \infty} f^n(x)$.

由于 f 连续,
$$f(x_0) = f\left(\lim_{n \to \infty} f^n(x)\right) = \lim_{n \to \infty} f^{n+1}(x) = x_0.$$

并且上面的估计给出收敛速度,
$$\begin{aligned}
d(f^n(x), x_0) &= \lim_{m \to \infty} d(f^n(x), f^m(x)) \\
&\leqslant \sum_{k=n}^{\infty} r^k\, d(f(x), x) = \frac{r^n}{1-r}\, d(f(x), x).
\end{aligned}$$

最后证明不动点是唯一的. 因为若 x_1 也是不动点, 则
$$d(x_0, x_1) = d(f(x_0), f(x_1)) \leqslant r\, d(x_0, x_1).$$

由于 $r < 1$, 只能是 $d(x_0, x_1) = 0$. □

有时一个完备度量上的映射 $f : M \to M$ 不一定是压缩映射. 可是如果存在 M 的闭子空间 M_1 使得 $f(M_1) \subset M_1$ 且
$$f|_{M_1} : M_1 \to M_1$$
为压缩映射, 那么 f 在 M_1 上有唯一的不动点.

需要注意的是, 上述定理的条件不能减弱为 $r = 1$.

例 16.3.2 设 f 为 $\mathbb{R}$ 上的平移: $f(x) = x + 1$, 它满足
$$|f(x) - f(y)| = |x - y|,$$
但是它没有不动点.

甚至条件
$$d(f(x), f(y)) < d(x, y),\ \forall x \neq y \in M,$$

也不能保证有不动点, 例如, 满足这个条件的下列映射 $f:[0,+\infty)\to[0,+\infty)$,

$$f(x) = x + \frac{1}{1+x}$$

也没有不动点.

16.3.3 紧致空间上的连续函数

一般度量空间上同样有一致连续的概念. 函数 $f: M \to N$ 称为**一致连续**的是指: 对任意 $\varepsilon > 0$ 存在 $\delta = \delta(\varepsilon) > 0$, 对任意 $x, y \in M$, 当 $d_M(x, y) < \delta$ 时就有

$$d_N\big(f(x), f(y)\big) < \varepsilon.$$

定理 16.28 设 M 是紧致度量空间, $f: M \to N$ 是连续函数, 则 f 一致连续, 即紧致度量空间上的连续函数一定是一致连续的.

证明 这是 Heine-Borel 性质的一个典型应用. 因 f 连续, 则对任意 $\varepsilon > 0$, 任意 $x_0 \in M$, 存在 $\delta(x_0)$, 使得当 $d(x, x_0) < 2\delta(x_0)$ 时就有 $d(f(x), f(x_0)) < \varepsilon/2$. 由三角不等式, 对于在开球 $B_{2\delta(x_0)}(x_0)$ 里的任意两点 x, y 有

$$d\big(f(x), f(y)\big) \leqslant d\big(f(x), f(x_0)\big) + d\big(f(x_0), f(y)\big) < \frac{\varepsilon}{2} + \frac{\varepsilon}{2} = \varepsilon.$$

让 x_0 取遍 M 中所有点, 我们得到一个由较小开球构成的开集族

$$\{B_{\delta(x_0)}(x_0) \mid x_0 \in M\},$$

它构成 M 的开覆盖. 由于 M 是紧致的, 它存在有限子覆盖. 即存在有限个点 $x_1, x_2, \cdots, x_N$ 和相应的正数 $\delta_1, \delta_2, \cdots, \delta_N$, 使得 M 中每个点都落在某个开球 $B_{\delta_j}(x_j)$ 里. 记

$$\delta = \min\{\delta_j \mid j = 1, 2, \cdots, N\}.$$

任取 M 中相距不超过 δ 的两点 x, y, 设 x 属于某个 $B_{\delta_j}(x_j)$, 则由三角不等式知 x, y 都属于开球 $B_{2\delta_j}(x_j)$, 所以

$$d\big(f(x), f(y)\big) < \varepsilon. \qquad \square$$

定理 16.29 设 M 是紧致度量空间, $f: M \to \mathbb{R}$ 连续, 则 f 的最大值、最小值有限, 且存在 $x_1, x_2 \in M$ 满足

$$f(x_1) = \sup f(x), \ f(x_2) = \inf f(x).$$

更一般地, 若 $f: M \to N$ 连续且 M 紧致, 则 $f(M)$ 的像紧致, 这蕴含上述定理.

定理 16.30　一个紧致集合在连续函数下的像是紧致集合.

证明　设 A 是紧致度量空间或者度量空间的紧致子集. 要证 $f(A)$ 紧致, 须证 $f(A)$ 中的每个点列都有一个收敛于 $f(A)$ 中的点的子列. $f(A)$ 中点列一定具有形式 $f(x_1), f(x_2), \cdots$, 这里 $x_1, x_2, \cdots$ 是 A 中的点列 (x_k 未必是唯一确定的, 但是至少存在一个). 由 A 紧致, 存在收敛子列 $x'_k \to x_0 \in A$. 由 f 的连续性, 像的子列 $f(x'_k) \to f(x_0) \in f(A)$. □

关于度量空间上的函数列, 我们同样可以定义收敛和一致收敛等概念, 证明类似于一致收敛的连续函数列, 极限也是连续函数等结论; 也可以讨论一致有界、一致等度连续等概念, 建立相应的 Arzelà-Ascoli 定理, 这些都留作练习.

16.3.4　连通性

由介值定理, 连续函数 $f: \mathbb{R} \to \mathbb{R}$ 把区间映为区间. 我们要把介值定理推广到一般度量空间, 首先需要找出区间的内蕴性质在度量空间里的对应物. 这种性质的直观是整个集合连成一片, 简称为连通性. 事实上, 存在两种不同的连通性. 第一种意味着不可能把空间分割成"互不关联"两部分, 称为连通. 第二种表示空间中任意两点可以用一条连续曲线相连, 称为弧连通或道路连通.

定义 16.31　设 M 是度量空间. 称 M **连通**是指: 不存在两个不交的非空开集 A 和 B 满足
$$M = A \cup B.$$

因为开集的余集为闭集, 所以另一种 M 连通的等价说法是, M 连通当且仅当 M 的既开又闭的非空子集只有 M 自身; 或者说, M 连通当且仅当 M 的既开又闭的子集只能是 M 或者空集. M 的子集 A 称为 M 的**连通子集**, 是指 A 作为度量子空间连通.

对于实直线的子集而言, 连通意味着它是一个区间.

性质 16.32　$\mathbb{R}$ 的子集连通当且仅当它是一个区间.

证明　首先证明充分性. 设 I 是 $\mathbb{R}$ 上的区间, 不管 I 是否包含其端点或者是否有限, 用反证法证明 I 连通.

假设 $I = A \cup B$, A, B 为 I 的非空不交开集. 设 $a \in A, b \in B$, 不妨设 $a < b$. 这样紧致区间 $J = [a, b]$ 包含于 I. 记 $A_1 = J \cap A$, $B_1 = J \cap B$, 则它们都是非空集合, 并且由定理 16.10 知 A_1 与 B_1 为 J 的开集, 且 $J = A_1 \cup B_1$. 令 $r = \sup A_1$, 则 $r \leqslant b$. 由于 A_1 是紧致区间 J 的闭子集, 它也是紧致的, 所以 $r \in A_1$, 这说明 $r < b$. 另一方面, A_1 又是 J 的开子集, 这说明存在 r 的另一个邻域 $I_\delta = J \cap (r - \delta, r + \delta) \subset A_1$, 这与 $r = \sup A_1$ 矛盾.

下面证明区间是 $\mathbb{R}$ 仅有的连通子集 (独点集合视为特殊的区间 $[a, a]$). 设 A

是 $\mathbb{R}$ 的连通子集，且包含至少两个点. 在 A 中任取两个点 $c < d$，我们先证明 $[c, d] \subset A$. 如果存在 $e \in (c, d)$，它不属于 A，那么可以由

$$A = (A \cap (-\infty, e)) \cup (A \cap (e, +\infty)),$$

就得到了一个 A 的分解，这与 A 是连通子集矛盾. 更进一步，设 $a = \inf A$, $b = \sup A$ (a, b 可能是无穷)，存在 A 中的严格单调减数列 $a_n \to a$，严格单调增数列 $b_n \to b$，则由

$$(a, b) = \bigcup_{n=1}^{\infty} [a_n, b_n] \subset A$$

可知 A 是以 a, b 为端点的区间. □

我们需要曲线 (又称为弧或路径) 的概念来定义弧连通 (或称道路连通). 度量空间 M 里的**曲线**是指一个连续映射

$$\lambda : I \to M,$$

这里 I 是 $\mathbb{R}$ 上的区间. 像集 $\lambda(I)$ 可以看成当时间 t 在 I 中变化时，映射 λ 在 M 中画出的轨迹. 这里并不假设 λ 为单射，从而像集 $\lambda(I)$ 可以有自交. 严格地说，我们指的曲线是映射 $\lambda : I \to M$，不单是像集 $\lambda(I)$. 在没有混淆的情形下则把 $\lambda(I)$ 称为曲线. 当 M 为 $\mathbb{R}^n$ 的子空间时，曲线的形式为 $(\lambda_1(t), \lambda_2(t), \cdots, \lambda_n(t))$，这里 $\lambda_k(t)$ 为连续函数，给出轨迹在时刻 t 的坐标.

定义 16.33 度量空间 M 称为**弧连通**或者**道路连通**的是指: 存在连接其中任意两点的曲线. 准确地说，$\forall x, y \in M$，存在曲线

$$\lambda : [0, 1] \to M,$$

满足 $\lambda(0) = x$, $\lambda(1) = y$.

弧连通的概念很直观，易判断. 例如 $\mathbb{R}^n$ 的直线、折线都是曲线的特例，若 $\mathbb{R}^n$ 的子空间里任意两点都可以用折线相连，则它是弧连通的. 涉及弧连通空间连续性的一些问题，可以约化到区间上去，例如下面的介值定理.

定理 16.34 设 $f : M \to \mathbb{R}$ 是弧连通空间 M 上的连续函数，$a, b \in f(M)$，则 f 可以取到 a, b 之间的任意值.

证明 设 $x, y \in M$ 使得 $f(x) = a, f(y) = b$，$\lambda : [0, 1] \to M$ 是连接 x, y 的曲线，那么

$$f \circ \lambda : [0, 1] \to \mathbb{R}$$

是连续函数，由介值定理它取到区间 a, b 之间的所有值，于是 f 也如此. □

更一般地有如下结论，证明留作习题.

性质 16.35 设 $f: M \to N$ 是连续的满射. 若 M 连通, 则 N 连通; 若 M 弧连通, 则 N 弧连通.

连通性也是空间的基本概念之一, 下面我们简要讨论它的基本性质.

定理 16.36 弧连通空间是连通空间.

证明 设 M 弧连通但不连通. 于是 $M = A \cup B$, 其中 A, B 是不交的非空开集. 取点 $x \in A$, 点 $y \in B$, 设 $\lambda: [0,1] \to M$ 为 M 中的连接 x, y 的曲线. 则 $\lambda^{-1}(A), \lambda^{-1}(B)$ 都是连通区间 $[0, 1]$ 的非空子集. 由于 λ 连续, A, B 的原像 $\lambda^{-1}(A), \lambda^{-1}(B)$ 为非空开集. 并且, $[0,1] = \lambda^{-1}(A) \cup \lambda^{-1}(B)$, $\lambda^{-1}(A)$ 与 $\lambda^{-1}(B)$ 不交, 这与区间 $[0, 1]$ 连通矛盾. □

对于 $\mathbb{R}$ 的子集, 连通和弧连通等价. 但是一般而言上述定理的逆命题不成立.

例 16.3.3 设

$$A = \{(x, \sin 1/x) \mid x \in (0, 1/\pi)\}, \ B = \{(0, y) \mid -1 \leqslant y \leqslant 1\},$$

都是 Euclid 平面 $\mathbb{R}^2$ 的子集, 则 $M = A \cup B$ 是连通集合但不是弧连通集合. M 不是弧连通集合是因为, 没有 M 中的弧可以连接 A 中的点和 B 中的点.

A 和 B 都是弧连通集合, 因而是连通集合. 集合 B 的点都是集合 A 的聚点, 且 $M = \bar{A}$. 任意一个 M 的开集 O 如果与 B 有交, 它与 A 必定也有交. 这是因为它是 $\mathbb{R}^2$ 的某个开集 $\tilde{O}$ 与 M 的交, $O = \tilde{O} \cap M$; $\tilde{O}$ 与 B 有交, 由 $B \subset \bar{A}$ 说明 $\tilde{O}$ 与 A 也有交, 所以 O 与 A 有交. 所以不存在 M 的两个无交非空开集可以分解 M, 因此 M 是连通空间.

对于 $\mathbb{R}^n$ 的开子集, 我们有:

定理 16.37 设 A 是 $\mathbb{R}^n$ 的开子集, 若它是连通集合, 则它是弧连通集合.

证明 固定 $x_0 \in A$, 定义

$$A_1 = \{x \in A \mid \text{存在 } A \text{ 中曲线连接 } x_0 \text{ 和 } x\}.$$

因为 A 是开集, 存在 $r > 0$, $B_r(x_0) \subset A$, 所以 $B_r(x_0) \subset A_1$. 另一方面, 如果 $x_1 \in A_1$, 有 $r_1 > 0$ 使得 $B_{r_1}(x_1) \subset A$. 对任意 $x \in B_{r_1}(x_1)$, 有曲线连接 x 与 x_1, 又有曲线连接 x_1 与 x_0, 将这两条曲线首尾相接, 就得到连接 x 与 x_0 的 A 中曲线. 所以 $B_{r_1}(x_1) \subset A_1$, 这说明 A_1 是开集.

下面我们证明 $A_1 = A$, 这样对任意 $x, y \in A_1$, 连接 x 与 x_0 的曲线和连接 x_0 与 y 的曲线, 可以拼接成连接 x 与 y 的曲线, 所以 A 是弧连通集合. 记 $B_1 = A \backslash A_1$, 如果 B_1 非空, 设 $x_2 \in B_1$, 由 A 是开集可知, 存在开球 $B_{r_2}(x_2) \subset A$, 则开球 $B_{r_2}(x_2)$ 中的任一点都不属于 A_1, 不然同样可以构造出连接 x_2 与 x_0 的曲线, 与 B_1 的定义矛盾. 所以 $B_{r_2}(x_2) \subset B_1$, 这说明 B_1 也是非空开集. B_1 与 A_1 无交, 这与 A 是连通集矛盾. 所以 $B_1 = \varnothing$. □

例 16.3.4 设 A 是 $\mathbb{R}^n$ 的非空开集, 并且 $A \neq \mathbb{R}^n$, 证明: A 的边界点集 ∂A 是非空闭集.

证明 由边界点的定义易知, $\partial A = \partial A^c$. 如果 $\partial A = \varnothing$, 那么对任意点 $x \in A^c$, 点 x 不是 A^c 的边界点说明, 存在 $r > 0$ 满足 $B_r(x) \subset A^c$. 因此 A^c 也是开集, 这意味着 $\mathbb{R}^n$ 可以分解为两个非空无交开集 A 与 A^c 的并, 与它的连通性矛盾.

如果 ∂A 是有限集合, 它是闭集; 如果 ∂A 是无限集合, 为证明它是闭集, 只需证明: 如果收敛点列 $\{x_n\} \subset \partial A$, 则它的极限 $x \in \partial A$. 为方便起见可以设 $x_n \neq x\ (\forall n)$, 则对任意 $r > 0$, n 充分大时 $|x_n - x| < r/2$, 所以 $B_{r/2}(x_n) \subset B_r(x)$. 开球 $B_{r/2}(x_n)$ 中既有 A 的点, 也有 A^c 的点, 这说明 $B_r(x)$ 中既有 A 的点, 也有 A^c 的点, 所以 $x \in \partial A$. □

习题 16.3

1. 证明定理 16.29, 要求不用更一般的定理 16.30.
2. 设 M 是度量空间, x_0 是 M 内的一点. 证明: 函数 $d(x, x_0): M \to \mathbb{R}$ 连续.
3. 设 $f: M \to N$ 和 $g: N \to P$ 都是连续函数, 证明 $g \circ f: M \to P$ 连续, 并构造实例满足 $g \circ f$ 连续但 g 和 f 都不连续.
4. 设 $f: M \to N$ 连续, M_1 是 M 的子空间, 证明: f 在 M_1 的限制 $f|_{M_1}$ 也是连续函数.
5. 给出度量空间上的函数列 $f_n: M \to N$ 一致收敛的定义, 并证明连续函数列的一致极限是连续函数.
6. 给出一个 $(0, 1)$ 到 $(0, 1)$ 的连续满射, 且它没有不动点.
7. 设映射 $T: C([0, 1]) \to C([0, 1])$ 定义为
$$T(f(x)) = x + \int_0^x t\,f(t)\,\mathrm{d}t.$$
证明: T 是压缩映射, 且不动点是微分方程 $f'(x) = xf(x) + 1$ 的解.
8. 设 E 是 Euclid 空间 $\mathbb{R}^n$ 的有界闭集, 映射 $f: E \to E$ 满足
$$|f(x) - f(y)| < |x - y|, \forall x \neq y \in E.$$
证明: f 有唯一的不动点.
9. 设 M 是紧致度量空间, N 是完备度量空间且具有 Bolzano-Weierstrass 性质, 即 N 中的任意有界点列必有收敛子列. 对于一列映射 $f_n: M \to N$, 给出包括一致有界和一致等度连续的定义, 陈述相应的 Arzelà-Ascoli 定理并证明之.
10. 证明性质 16.35.
11. 举例说明存在连续满射 $f: M \to N$, 其中 N 连通, 但是 M 不连通.
12. 证明: $\mathbb{R}^3$ 里的单位球面 $\{x = (x_1, x_2, x_3)\ |\ x_1^2 + x_2^2 + x_3^2 = 1\}$ 是连通子集.
13. 给出一个从非紧致度量空间到紧致度量空间的连续满射的例子.

14. 设 $f: M \to N$ 是连续满射, 且 M 紧致. 证明:
    (1) A 为 N 的闭集当且仅当 $f^{-1}(A)$ 为 M 中的闭集;
    (2) 若 f 还是单射, 则 $f^{-1}: N \to M$ 连续.

15. 证明: 映射 $f: [0, 2\pi) \to S = \{(x, y) \in \mathbb{R}^2 \mid x^2 + y^2 = 1\}$, $f(t) = (\cos t, \sin t)$ 是连续映射, 且既单又满, 但是 f^{-1} 不连续.

16. 举例说明存在完备但是不连通的度量空间, 也存在连通但不完备的度量空间.

17. 举例说明存在连续映射 $f: M \to N$, 它不把 M 中的 Cauchy 列映成 N 中的 Cauchy 列.

18. 举例说明存在连续满射 $f: M \to N$, 其中 M 完备但 N 不完备, 抑或 M 不完备但 N 完备.

19. 设 I 为区间. 证明: 连续函数 $f: I \to \mathbb{R}$ 的图像是 $\mathbb{R}^2$ 的连通子集.

20. 设 A 是 $\mathbb{R}^n$ 的非空开集且 $\partial A \neq \emptyset$, $E \subset A$ 是一个非空紧致子集. 证明:
    (1) $d(E, \partial A) = \inf\{|x - y| \mid x \in E, y \in \partial A\} > 0$;
    (2) 存在 $\delta > 0$ 使得集合 $E_\delta = \{x \in \mathbb{R}^n \mid 存在 y \in E, |x - y| < \delta\}$ 仍然包含于 A.

21. 设 $A_1 \supset A_2 \supset \cdots$ 是一列非空紧致连通集合.
    (1) 证明: $\bigcap_{n=1}^{\infty} A_n$ 连通;
    (2) 假设每个集合 A_n 弧连通, 问交集是否弧连通?
    (3) 如果去掉紧致性条件, 以上命题是否成立?

*22. 设 $\mathcal{K}$ 是完备度量空间 M 的紧致子集的全体. $d_H(A, B)$ 为满足如下条件的正数 ε 的下确界: $\forall a \in A$, 存在一点 $b \in B$ 使得 $d(a, b) \leqslant \varepsilon$, 且 $\forall b \in B$ 存在一点 $a \in A$ 使得 $d(a, b) \leqslant \varepsilon$. 证明:
    (1) d_H 是 $\mathcal{K}$ 上的距离, 它称为 $\mathcal{K}$ 上的 **Hausdorff (豪斯多夫) 距离**;
    (2) 在距离 d_H 之下 $\mathcal{K}$ 为完备度量空间.

*23. 设 $n > 1$, F 是 $\mathbb{R}^n$ 的闭子集且 $F^\circ \neq \emptyset$. 证明: ∂F 为无限闭子集, 除非 $F = \mathbb{R}^n$.

第 17 章 映射的微分

本章研究 Euclid 空间之间的可微映射. 虽然可以在一般线性空间上定义映射的微分, 为简便起见我们只讨论 Euclid 空间之间映射的微分. 我们将讨论可微映射的主要结论, 包括逆映射定理、隐映射定理和秩定理等. 最后我们还将介绍条件极值的一般形式.

§17.1 线 性 映 射

正如第二册所讨论的, 函数的微分是一个线性函数. 同样, 映射的微分是一个线性映射, 为此我们首先研究线性映射的一些性质.

记 $L(\mathbb{R}^n, \mathbb{R}^m)$ 为 Euclid 空间 $\mathbb{R}^n$ 到 $\mathbb{R}^m$ 的线性映射的集合, 它在自然的加法和数乘之下成为一个线性空间. 在给定 $\mathbb{R}^n$ 和 $\mathbb{R}^m$ 的基之下, 每个线性映射都由一个 $m \times n$ 矩阵表示, 反之一个矩阵也决定一个线性映射, 从而 $L(\mathbb{R}^n, \mathbb{R}^m)$ 与 $m \times n$ 的实值矩阵的集合 $\mathrm{M}(m, n)$ 一一对应. 因此 $L(\mathbb{R}^n, \mathbb{R}^m)$ 是 $m \times n$ 维实线性空间. 特别地, 我们记 $L(\mathbb{R}^n) = L(\mathbb{R}^n, \mathbb{R}^n)$ 为 $\mathbb{R}^n$ 上的线性变换构成的空间.

给定 $\mathcal{A} \in L(\mathbb{R}^n, \mathbb{R}^m)$, 定义 $\mathcal{A}$ 的范数 $\|\mathcal{A}\|$ 为

$$\|\mathcal{A}\| = \sup\left\{ \frac{|\mathcal{A}(x)|}{|x|} \,\bigg|\, x \in \mathbb{R}^n, x \neq 0 \right\}.$$

由定义有 $|\mathcal{A}(x)| \leqslant \|\mathcal{A}\| \cdot |x|, \forall x \in \mathbb{R}^n$, 并且

$$\|\mathcal{A}\| = \sup_{x \neq 0} \left|\mathcal{A}\left(\frac{x}{|x|}\right)\right| = \sup_{|x|=1} |\mathcal{A}(x)|.$$

因此若存在 λ 使得 $|\mathcal{A}(x)| \leqslant \lambda|x|, \forall x \in \mathbb{R}^n$, 则 $\|\mathcal{A}\| \leqslant \lambda$. 下面我们证明 $\|\cdot\|$ 定义了 $L(\mathbb{R}^n, \mathbb{R}^m)$ 的一个范数.

性质 17.1

$1°$ 设 $\mathcal{A} \in L(\mathbb{R}^n, \mathbb{R}^m)$, 则 $\|\mathcal{A}\| < +\infty$, 且 $\mathcal{A}$ 是 $\mathbb{R}^n \to \mathbb{R}^m$ 的一致连续映射.

$2°$ 设 $\mathcal{A}, \mathcal{B} \in L(\mathbb{R}^n, \mathbb{R}^m), c \in \mathbb{R}$, 则

$$\|\mathcal{A} + \mathcal{B}\| \leqslant \|\mathcal{A}\| + \|\mathcal{B}\|, \quad \|c\mathcal{A}\| = |c|\,\|\mathcal{A}\|.$$

因此 $\|\cdot\|$ 是 $L(\mathbb{R}^n, \mathbb{R}^m)$ 的一个范数.

$3°$ 设 $\mathcal{A} \in L(\mathbb{R}^n, \mathbb{R}^m), \mathcal{B} \in L(\mathbb{R}^m, \mathbb{R}^k)$, 则 $\|\mathcal{B} \circ \mathcal{A}\| \leqslant \|\mathcal{B}\| \, \|\mathcal{A}\|$.

证明 $1°$ 设 $e_1, e_2, \cdots, e_n$ 为 $\mathbb{R}^n$ 的标准基. 任取 $x = (x_1, x_2, \cdots, x_n) = \sum x_j e_j$, 且 $|x| = 1$. 那么 $|x_j| \leqslant 1, \forall j$. 于是由

$$|\mathcal{A}(x)| = \left|\sum_{j=1}^n x_j \mathcal{A}(e_j)\right| \leqslant \sum_{j=1}^n |x_j| \, |\mathcal{A}(e_j)| \leqslant \sum_{j=1}^n |\mathcal{A}(e_j)|,$$

可得 $\|\mathcal{A}\| \leqslant \sum_{j=1}^n |\mathcal{A}(e_j)| < +\infty$. 因为 $|\mathcal{A}(x) - \mathcal{A}(y)| \leqslant \|\mathcal{A}\| \, |x - y|$, 所以 $\mathcal{A}$ 一致连续.

$2°$ 由定义, 第二个等式显然成立. 而第一个不等式可以由如下不等式得到:

$$|(\mathcal{A} + \mathcal{B})(x)| = |\mathcal{A}(x) + \mathcal{B}(x)| \leqslant |\mathcal{A}(x)| + |\mathcal{B}(x)| \leqslant (\|\mathcal{A}\| + \|\mathcal{B}\|)|x|.$$

另外, 如果 $\|\mathcal{A}\| = 0$, 那么对任意 x, $\mathcal{A}(x) = 0$, 因此 $\mathcal{A}$ 是 0 映射, 这就证明了 $\|\cdot\|$ 是 $L(\mathbb{R}^n, \mathbb{R}^m)$ 的一个范数.

$3°$ 结论可有从如下不等式得出:

$$|(\mathcal{B} \circ \mathcal{A})(x)| = |\mathcal{B}(\mathcal{A}(x))| \leqslant \|\mathcal{B}\| \, |\mathcal{A}(x)| \leqslant \|\mathcal{B}\| \, \|\mathcal{A}\| \, |x|. \qquad \square$$

设 $\mathcal{A}, \mathcal{B} \in L(\mathbb{R}^n, \mathbb{R}^m)$, 定义 $\mathcal{A}$ 和 $\mathcal{B}$ 的距离为 $\|\mathcal{A} - \mathcal{B}\|$, 则 $L(\mathbb{R}^n, \mathbb{R}^m)$ 成为一个度量空间, 下文涉及线性映射的开集、邻域和极限等概念, 都是关于这个度量的.

设 $\mathcal{A} \in L(\mathbb{R}^n, \mathbb{R}^m)$, 它的像集 $\mathrm{Im}(\mathcal{A}) = \{\mathcal{A}(x), x \in \mathbb{R}^n\}$ 是 $\mathbb{R}^m$ 的 (线性) 子空间, 它的核 $\mathrm{Ker}(\mathcal{A}) = \{x \in \mathbb{R}^n \mid \mathcal{A}(x) = 0\}$ 是 $\mathbb{R}^n$ 的子空间. $\mathcal{A}$ 是单射当且仅当 $\mathrm{Ker}(\mathcal{A}) = 0$, $\mathcal{A}$ 是满射当且仅当 $\mathrm{Im}(\mathcal{A}) = \mathbb{R}^m$. 由线性代数知识,

$$\dim \mathrm{Im}(\mathcal{A}) + \dim \mathrm{Ker}(\mathcal{A}) = n.$$

特别, $\mathcal{A} \in L(\mathbb{R}^n)$ 是可逆映射等价于 $\mathrm{Ker}(\mathcal{A}) = 0$, 它的逆映射 $\mathcal{A}^{-1}$ 满足 $\mathcal{A}^{-1} \circ \mathcal{A} = \mathcal{A} \circ \mathcal{A}^{-1} = \mathrm{Id}_n(\mathbb{R}^n$ 的恒同映射$)$.

定理 17.2 设 Ω 是 $L(\mathbb{R}^n)$ 中可逆映射的集合.

$1°$ 设 $\mathcal{A} \in \Omega, \mathcal{B} \in L(\mathbb{R}^n)$, 且 $\|\mathcal{B} - \mathcal{A}\| \cdot \|\mathcal{A}^{-1}\| < 1$, 则 $\mathcal{B} \in \Omega$.

$2°$ Ω 是 $L(\mathbb{R}^n)$ 的开子集, 且映射 $\mathcal{A} \mapsto \mathcal{A}^{-1}$ 是 Ω 到自身的连续映射.

证明 设 $\alpha = 1/\|\mathcal{A}^{-1}\|, \|\mathcal{B} - \mathcal{A}\| = \beta$, 那么 $\beta < \alpha$. 对任意 $x \in \mathbb{R}^n$,

$$\alpha|x| = \alpha|\mathcal{A}^{-1} \circ \mathcal{A}(x)| \leqslant \alpha\|\mathcal{A}^{-1}\| \cdot |\mathcal{A}(x)|$$
$$= |\mathcal{A}(x)| \leqslant |(\mathcal{A} - \mathcal{B})(x)| + |\mathcal{B}(x)| \leqslant \beta|x| + |\mathcal{B}(x)|,$$

于是 $|\mathcal{B}(x)| \geqslant (\alpha - \beta)|x|$, 这表明 $x \neq 0$ 时 $\mathcal{B}(x) \neq 0$, 所以 $\mathcal{B}$ 可逆. 因为所有满足 $\|\mathcal{B} - \mathcal{A}\| < \alpha$ 的 $\mathcal{B}$ 都可逆, 或者说以 $\mathcal{A}$ 为中心、α 为半径的开球包含于 Ω, 所以 Ω 是开集.

为证明映射 $\mathcal{A} \mapsto \mathcal{A}^{-1}$ 连续, 我们将证明 $\|\mathcal{B} - \mathcal{A}\| \to 0$ 时 $\|\mathcal{B}^{-1} - \mathcal{A}^{-1}\| \to 0$. 在不等式 $(\alpha - \beta)|x| \leqslant |\mathcal{B}(x)|$ 中令 $x = \mathcal{B}^{-1}(y)$, 就得到
$$(\alpha - \beta)|\mathcal{B}^{-1}(y)| \leqslant |\mathcal{B} \circ \mathcal{B}^{-1}(y)| = |y|, \quad \forall y \in \mathbb{R}^n,$$
这表明 $\|\mathcal{B}^{-1}\| \leqslant 1/(\alpha - \beta)$. 利用等式
$$\mathcal{B}^{-1} - \mathcal{A}^{-1} = \mathcal{B}^{-1} \circ (\mathcal{A} - \mathcal{B}) \circ \mathcal{A}^{-1}$$
和性质 17.1 的 3°, 我们有
$$\|\mathcal{B}^{-1} - \mathcal{A}^{-1}\| \leqslant \|\mathcal{B}^{-1}\| \|\mathcal{A} - \mathcal{B}\| \|\mathcal{A}^{-1}\| \leqslant \frac{\beta}{\alpha(\alpha - \beta)}.$$
因为 $\mathcal{B} \to \mathcal{A}$ 当且仅当 $\beta \to 0$, 由上式就得到映射 $\mathcal{A} \to \mathcal{A}^{-1}$ 的连续性. □

如果在 $\mathbb{R}^n$ 和 $\mathbb{R}^m$ 取定标准基, 那么 $\mathcal{A} \in L(\mathbb{R}^n, \mathbb{R}^m)$ 有矩阵表示 $A \in \mathbb{M}(m, n)$, 满足 $\mathcal{A}(x) = Ax, x \in \mathbb{R}^n$. 由定义容易看出 $\|\mathcal{A}\| = \|A\|$, 其中矩阵的范数由例 16.1.10 定义. 利用线性映射的矩阵表示我们还可以证明以下结论, 它的证明留作练习.

定理 17.3 设 $\mathcal{A}^{(k)}$ 为度量空间 $L(\mathbb{R}^n, \mathbb{R}^m)$ 中的点列, 它收敛于线性映射 $\mathcal{A}$ 当且仅当 $\mathcal{A}^{(k)}$ 在 $\mathbb{R}^n$ 和 $\mathbb{R}^m$ 标准基下的矩阵 $\left(a_{ij}^{(k)}\right)$ 的各个元素构成的数列 $\{a_{ij}^{(k)}\}$ 收敛于 $a_{ij}, 1 \leqslant i \leqslant m, 1 \leqslant j \leqslant n$, 这里 (a_{ij}) 为 $\mathcal{A}$ 在标准基下的矩阵.

注记 因为 $L(\mathbb{R}, \mathbb{R}) = \mathbb{R}$, 所以 $L(\mathbb{R}^n)$ 中的范数 $\|\cdot\|$ 可视为 $\mathbb{R}$ 中绝对值 $|\cdot|$ 的推广. 但是当 $n \geqslant 2$ 时, $\mathbb{R}^n$ 上的线性变换 $\mathcal{A}$ 即使有非零范数, 也不一定可逆.

本节最后我们讨论线性映射的对偶基表示. 用 $\mathbb{R}^{n*}$ 表示定义在 $\mathbb{R}^n$ 上线性函数的全体, 即 $\mathbb{R}^{n*} = L(\mathbb{R}^n, \mathbb{R})$. 由线性代数知识可知 $\mathbb{R}^{n*}$ 是一个 n 维实线性空间.

设 $e_1, e_2, \cdots, e_n$ 是 $\mathbb{R}^n$ 的标准基, $l \in \mathbb{R}^{n*}$, 则线性函数 l 由它在基的取值 $l(e_i) = a_i (i = 1, 2, \cdots, n)$ 唯一决定, 这是因为对任意 $h = h_1 e_1 + h_2 e_2 + \cdots + h_n e_n \in \mathbb{R}^n$,
$$l(h) = h_1 a_1 + h_2 a_2 + \cdots + h_n a_n.$$
上式同时说明, 线性函数 l 唯一对应一个向量 $v_l = a_1 e_1 + a_2 e_2 + \cdots + a_n e_n$, 满足
$$l(h) = \langle v_l, h \rangle.$$

另一方面, 满足
$$e_j^*(e_k) = \delta_{jk} \quad (j, k = 1, 2, \cdots, n)$$

的线性函数 $e_1^*, e_2^*, \cdots, e_n^*$ 是 $\mathbb{R}^{n*}$ 的一组基, 称为 $e_1, e_2, \cdots, e_n$ 的对偶基. $\mathbb{R}^{n*}$ 的任意元素 l 都是 $e_1^*, e_2^*, \cdots, e_n^*$ 的线性组合. 事实上, 如果 $l(e_i) = a_i, i = 1, 2, \cdots, n$, 则

$$l = \sum_{k=1}^{n} a_k e_k^*.$$

如果 $\mathcal{A} \in L(\mathbb{R}^n, \mathbb{R}^m)$, 设 $\tilde{e}_1, \tilde{e}_2 \cdots, \tilde{e}_m$ 是 $\mathbb{R}^m$ 的一组基, 那么线性映射 $\mathcal{A}$ 可以表示为分量函数的组合, $\mathcal{A} = \sum_{j=1}^{m} l_j \tilde{e}_j$, 或者简记为 $\mathcal{A} = (l_1, l_2, \cdots, l_m)$, 其中每个分量 l_j 都是线性函数. 将分量函数表示为对偶基的线性组合, 设

$$l_j = \sum_{k=1}^{n} a_{jk} e_k^*, \quad 1 \leqslant j \leqslant m,$$

所得到的矩阵 (a_{jk}) 就是线性映射 $\mathcal{A}$ 在标准基下的矩阵.

习题 17.1

1. 设 $A \in \mathbb{M}(n)$ 是一个 n 阶实矩阵, 定义映射 $\mathcal{A}: \mathbb{M}(n) \to \mathbb{M}(n)$ 为 $\mathcal{A}(H) = AH$, 则它是一个线性映射, 求它在 $\mathbb{M}(n)$ 的标准基 $\{E_{ij}\}$ 下的矩阵. 这里 E_{ij} 表示第 i 行、第 j 列元素是 1, 其他元素是 0 的矩阵.

2. 设 $f: \mathbb{R}^n \to \mathbb{R}$ 是线性函数, $f(e_j) = a_j, j = 1, 2, \cdots, n$. 证明:

$$\|f\| = \left(\sum_{j=1}^{n} a_j^2 \right)^{\frac{1}{2}}.$$

3. 设 Euclid 空间 $\mathbb{R}^n$ 上的线性变换 $\mathcal{A}$ 在标准基下的矩阵表示为 $\mathcal{A}(e_j) = \sum_{k=1}^{n} a_{jk} e_k$. 证明:

(1) $\|\mathcal{A}\| = \|A\|$, 其中矩阵 $A = (a_{jk})$;

(2) $\|\mathcal{A}\| \leqslant \sqrt{\sum_{j,k} |a_{jk}|^2}$;

(3) 若 $\mathcal{A}$ 是对称变换,

$$\|\mathcal{A}\| = \max \{|\lambda_1|, |\lambda_2|, \cdots, |\lambda_n|\},$$

其中 $\lambda_1, \lambda_2, \cdots, \lambda_n$ 为 $\mathcal{A}$ 的特征值.

4. 证明: 设 $\mathcal{A}^{(k)}$ 为度量空间 $L(\mathbb{R}^n, \mathbb{R}^n)$ 中的点列, 它收敛于线性变换 $\mathcal{A}$ 当且仅当 $\mathcal{A}^{(k)}$ 在 $\mathbb{R}^n$ 的标准基 $e_1, e_2, \cdots, e_n$ 下的矩阵 $\left(a_{ij}^{(k)} \right)_{1 \leqslant i,j \leqslant n}$ 的各个元素构成的数列 $\{a_{ij}^{(k)}\}$ 收敛于 a_{ij}, 其中 (a_{ij}) 为 $\mathcal{A}$ 在标准基下的矩阵.

5. 设 $\mathcal{A}(t), t \in (a, b)$ 是从区间 (a, b) 到 $L(\mathbb{R}^n, \mathbb{R}^m)$ 的一个映射, $(a_{ij}(t))$ 是映射 $\mathcal{A}(t)$ 在标准基下的矩阵表示. 证明: $\mathcal{A}(t)$ 是连续映射当且仅当对任意的 $i, j, a_{ij}(t)$ 是连续函数.

§17.2 映射的微分

17.2.1 可微映射

类似于函数微分的定义, 我们先定义映射的微分.

定义 17.4 设 M 是 $\mathbb{R}^n$ 的一个开子集, 映射 $f: M \to \mathbb{R}^m$ 称为在点 $x \in M$ **可微**是指: 存在线性映射 $\mathcal{L}_x \in L(\mathbb{R}^n, \mathbb{R}^m)$, 使得对任意 $y \in M$,

$$f(y) - f(x) = \mathcal{L}_x(y-x) + R(x,y), \text{ 且 } \lim_{|y-x|\to 0} \frac{|R(x,y)|}{|y-x|} = 0.$$

映射 $\mathcal{L}_x$ 称为 f 在点 x 的**微分**, 通常记为 $\mathrm{d}f_x$ 或 $\mathrm{d}f(x)$.

微分定义的核心是, 有一个线性映射是映射 f 在一点附近的一阶近似. 设 f 在点 x^0 可微, 依照定义, 对任意 $h \in \mathbb{R}^n$, 记 $R(h) = R(x^0+h, x^0)$, 当 $|t|$ 充分小时,

$$f(x^0 + th) - f(x^0) = \mathrm{d}f_{x^0}(th) + R(th) = t\mathrm{d}f_{x^0}(h) + R(th),$$

所以线性映射 $\mathrm{d}f_{x^0} \in L(\mathbb{R}^n, \mathbb{R}^m)$ 在向量 $h \in \mathbb{R}^n$ 的取值为

$$\mathrm{d}f_{x^0}(h) = \lim_{t\to 0} \frac{f(x^0+th) - f(x^0)}{t}.$$

当 $m = 1$ 时, 设 $f: M \subset \mathbb{R}^n \to \mathbb{R}$, 取 $\mathbb{R}^n$ 的标准基 $e_1, e_2, \cdots, e_n$, 有 $x = (x_1, x_2, \cdots, x_n) = \sum_{j=1}^n x_j e_j$. 因此映射 f 即为多变量函数 $f = f(x_1, x_2, \cdots, x_n)$. 如果 f 在一点 x^0 可微, 那么

$$\mathrm{d}f_{x^0} \in L(\mathbb{R}^n, \mathbb{R}) = \mathbb{R}^{n*},$$

它在 $\mathbb{R}^n$ 的基向量 e_i 上的取值为

$$\mathrm{d}f_{x^0}(e_i) = \lim_{t\to 0} \frac{f(x^0+te_i)-f(x^0)}{t} = \frac{\partial f}{\partial x_i}(x^0) \quad (1 \leqslant i \leqslant n).$$

所以 f 在一点 x^0 可微, 那么在这点的 n 个偏导数均存在. 并且对任意

$$h = \sum_{i=1}^n h_i e_i \in \mathbb{R}^n,$$

有

$$\mathrm{d}f_{x^0}(h) = \sum_{i=1}^n h_i \mathrm{d}f_{x^0}(e_i) = \sum_{i=1}^n h_i \frac{\partial f}{\partial x_i}(x^0).$$

所以线性函数 $\mathrm{d}f_{x^0}$ 在标准基下的矩阵是

$$\mathrm{d}f_{x^0}(e_1, e_2, \cdots, e_n) = \Big(\frac{\partial f}{\partial x_1}(x^0), \frac{\partial f}{\partial x_2}(x^0), \cdots, \frac{\partial f}{\partial x_n}(x^0)\Big).$$

特别, 当 $f = x_k$ 是 $\mathbb{R}^n$ 的第 k 个坐标函数时, 有

$$\mathrm{d}x_k(e_j) = \frac{\partial x_k}{\partial x_j} = \delta_{jk},$$

这推出 $\mathrm{d}x_i(x^0) = e_i^*$, $\forall x^0 \in \mathbb{R}^n$, $1 \leqslant i \leqslant n$.

对任意可微函数 f, 设 $h = \sum_{j=1}^{n} h_j e_j \in \mathbb{R}^n$, 由

$$\mathrm{d}f_{x^0}(h) = \sum_{i=1}^{n} h_i \frac{\partial f}{\partial x_i}(x^0) = \sum_{i=1}^{n} \frac{\partial f}{\partial x_i}(x^0) e_i^*(h),$$

由 h 的任意性推出

$$\mathrm{d}f_{x^0} = \sum_{i=1}^{n} \frac{\partial f}{\partial x_i}(x^0) e_i^* = \sum_{i=1}^{n} \frac{\partial f}{\partial x_i}(x^0) \mathrm{d}x_i(x^0).$$

所以通常将函数 f 的微分表示为

$$\mathrm{d}f = \sum_{i=1}^{n} \frac{\partial f}{\partial x_i} \mathrm{d}x_i.$$

若 $m > 1$, 设 $\tilde{e}_1, \tilde{e}_2, \cdots, \tilde{e}_m$ 是 $\mathbb{R}^m$ 的标准基, 则

$$f = \sum_{j=1}^{m} f_j \tilde{e}_j,$$

其中 $f_j = f_j(x_1, x_2, \cdots, x_n)$ 是映射 f 的分量函数, $j = 1, 2, \cdots, m$. 通常也记为

$$f = (f_1, f_2, \cdots, f_m).$$

由等式

$$f(x+h) - f(x) = \sum_{j=1}^{m} \Big[f_j(x+h) - f_j(x)\Big] \tilde{e}_j, \quad \forall h \in \mathbb{R}^n,$$

容易推出下述命题:

性质 17.5 映射 f 在一点可微当且仅当它的每个分量函数在该点可微, 且

$$\mathrm{d}f = \sum_{j=1}^{m} \mathrm{d}f_j \, \tilde{e}_j = (\mathrm{d}f_1, \, \mathrm{d}f_2, \cdots, \mathrm{d}f_m).$$

依上一节最后的讨论, 线性映射 $\mathrm{d}f_{x^0}$ 在 $\mathbb{R}^n$ 和 $\mathbb{R}^m$ 的标准基下可以记为

$$\mathrm{d}f_{x^0}(e_1, e_2, \cdots, e_n) = (\tilde{e}_1, \tilde{e}_2, \cdots, \tilde{e}_m) \begin{pmatrix} \dfrac{\partial f_1}{\partial x_1} & \dfrac{\partial f_1}{\partial x_2} & \cdots & \dfrac{\partial f_1}{\partial x_n} \\ \dfrac{\partial f_2}{\partial x_1} & \dfrac{\partial f_2}{\partial x_2} & \cdots & \dfrac{\partial f_2}{\partial x_n} \\ \vdots & \vdots & & \vdots \\ \dfrac{\partial f_m}{\partial x_1} & \dfrac{\partial f_m}{\partial x_2} & \cdots & \dfrac{\partial f_m}{\partial x_n} \end{pmatrix}(x^0),$$

或者简记为

$$\mathrm{d}f_{x^0}(e_i) = \sum_{j=1}^{m} \frac{\partial f_j}{\partial x_i}(x^0)\tilde{e}_j, \quad i = 1, 2, \cdots, n.$$

上式右边的 $m \times n$ 矩阵记为

$$Jf(x^0) = \left(\frac{\partial f_j}{\partial x_i}(x^0)\right)_{m \times n},$$

并称为映射 f 在标准基之下于点 x^0 处的 Jacobi (雅可比) 矩阵.

下述命题是定义的直接推论, 证明留作习题.

性质 17.6

1° 如果映射 f 在一点可微, 那么它在该点连续.

2° 如果映射 f 在一点可微, 那么它在该点的微分唯一.

映射在一点可微推出在该点每个分量函数的偏导数存在, 但存在偏导数不能推出可微. 若 f 在定义域 M 的每一点都可微, 则它的微分定义了一个 M 到 $L(\mathbb{R}^n, \mathbb{R}^m)$ 的映射

$$\mathrm{d}f : M \longrightarrow L(\mathbb{R}^n, \mathbb{R}^m),$$
$$x \longmapsto \mathrm{d}f_x.$$

如果映射 $\mathrm{d}f$ 是连续的, 那么称 f 是**连续可微映射**或 C^1 **映射**.

定理 17.7 设 M 是 $\mathbb{R}^n$ 的开集, $f = (f_1, f_2, \cdots, f_m) : M \to \mathbb{R}^m$, 如果 f 的每个分量函数的偏导数连续, 那么 f 在 M 上可微, 且微分映射 $\mathrm{d}f : M \to L(\mathbb{R}^n, \mathbb{R}^m)$ 连续.

证明 在第二册中, 我们证明了若多变量函数的偏导数连续, 则该函数可微. 对于映射 $f : M \subset \mathbb{R}^n \to \mathbb{R}^m$ 来说, 若其分量函数的偏导数连续, 则一定可微, 所以 f 可微. 又因为在 $\mathbb{R}^n$ 和 $\mathbb{R}^m$ 的标准基下, $\mathrm{d}f \in L(\mathbb{R}^n, \mathbb{R}^m)$ 的矩阵表示就是它的 Jacobi 矩阵, 因此 $\mathrm{d}f$ 连续等价于它的每个分量函数的微分连续. □

例 17.2.1 设 $\mathcal{L}: \mathbb{R}^n \to \mathbb{R}^m$ 是线性映射，对任意 $h \in \mathbb{R}^n$，由

$$\mathcal{L}(x+h) - \mathcal{L}(x) = \mathcal{L}(h)$$

可得，$\mathrm{d}\mathcal{L}_x = \mathcal{L}$，$\forall x \in \mathbb{R}^n$. 或者说，线性映射在任意一点的微分就是自身.

例 17.2.2 设 $\gamma = \gamma(t): (a,b) \to \mathbb{R}^m$ 是可微映射，则对任意 $t \in (a,b)$，$\mathrm{d}\gamma_t: \mathbb{R} \to \mathbb{R}^m$ 是线性映射. 依定义

$$\mathrm{d}\gamma_t(1) = \lim_{\delta \to 0} \frac{1}{\delta}[\gamma(t+\delta) - \gamma(t)] = \gamma'(t).$$

映射 γ 是空间 $\mathbb{R}^m$ 的一条曲线，它的切向量 $\gamma'(t)$ 等于映射微分 $\mathrm{d}\gamma_t$ 在 $\mathbb{R}$ 的标准基 1 的取值. 所以微分 $\mathrm{d}\gamma_t = \mathrm{d}\gamma(t)$ 的模

$$\|\mathrm{d}\gamma(t)\| = |\gamma'(t)|.$$

例 17.2.3 设可微函数 $f = f(x_1, x_2, \cdots, x_n): M(\subset \mathbb{R}^n) \to \mathbb{R}$，它的微分是线性映射 $\mathrm{d}f_x \in \mathbb{R}^{n*}$，根据上一节最后的讨论，$\mathrm{d}f_x$ 对应唯一的向量 ∇f_x 满足

$$\mathrm{d}f_x(h) = \sum_{k=1}^n h_k \frac{\partial f}{\partial x_k}(x) = \langle \nabla f_x, h \rangle,$$

对任意的 $h = \sum\limits_{k=1}^n h_k e_k \in \mathbb{R}^n$ 成立.

向量 ∇f_x 称为函数 f 在点 x 的**梯度**（这也是梯度的一个定义）. 在标准基 $e_1, e_2, \cdots, e_n$ 下，容易验证

$$\nabla f_x = \frac{\partial f}{\partial x_1}(x) e_1 + \frac{\partial f}{\partial x_2}(x) e_2 + \cdots + \frac{\partial f}{\partial x_n}(x) e_n.$$

利用 Cauchy-Schwarz 不等式，

$$|\mathrm{d}f_x(h)| \leqslant |\nabla f_x| \cdot |h|.$$

由 h 的任意性可得 $\|\mathrm{d}f_x\| \leqslant |\nabla f_x|$. 取 $h = \nabla f_x$，则 $\mathrm{d}_x(\nabla f_x) = |\nabla f_x|^2$. 如果 $\nabla f_x \neq 0$，由

$$\|\mathrm{d}f_x\| \geqslant \left|\mathrm{d}f_x\left(\frac{\nabla f_x}{|\nabla f_x|}\right)\right|$$

可得

$$\|\mathrm{d}f_x\| = |\nabla f_x|.$$

如果用 Jacobi 矩阵表示上述这些例子讨论的映射微分，有

1° 曲线
$$\gamma(t) = \Big(x_1(t), x_2(t), \cdots, x_m(t)\Big),$$
它的 Jacobi 矩阵为
$$J\gamma(t) = \Big(x_1'(t), x_2'(t), \cdots, x_m'(t)\Big)^{\mathrm{T}},$$
这里上标"T"表示转置，所以
$$\|\mathrm{d}\gamma\| = \|J\gamma\|.$$

2° 对于函数 $f = f(x_1, x_2, \cdots, x_n)$，它的 Jacobi 矩阵为
$$Jf = \Big(\frac{\partial f}{\partial x_1}, \frac{\partial f}{\partial x_2}, \cdots, \frac{\partial f}{\partial x_n}\Big),$$
同样有
$$\|\mathrm{d}f\| = \|Jf\| = |\nabla f|.$$

3° 如果
$$f = (f_1, f_2, \cdots, f_m) = \sum_{j=1}^{m} f_j \tilde{e}_j$$
是 $\mathbb{R}^n$ 的一个开子集 M 到 $\mathbb{R}^m$ 的可微映射，设
$$h = \sum_{i=1}^{n} h_i e_i \in \mathbb{R}^n,$$
那么
$$\mathrm{d}f_x(h) = \sum_{j=1}^{m} \mathrm{d}f_j(x)(h)\tilde{e}_j = \sum_{j=1}^{m}\sum_{i=1}^{n} h_i \frac{\partial f_j}{\partial x_i}(x)\tilde{e}_j$$
$$= (\tilde{e}_1, \tilde{e}_2, \cdots, \tilde{e}_m)\big(Jf(x)\big)h.$$
所以 $|\mathrm{d}f_x(h)| = |(Jf(x))h|$。依线性映射范数的定义有
$$\|\mathrm{d}f_x\| = \|Jf(x)\|.$$
特别，对 $x, y \in M$，$h \in \mathbb{R}^n$，有
$$|(\mathrm{d}f_x - \mathrm{d}f_y)(h)| = \big|(Jf(x) - Jf(y))h\big|,$$
这推出
$$\|\mathrm{d}f_x - \mathrm{d}f_y\| = \|Jf(x) - Jf(y)\|.$$
由此也可以得到，f 是连续可微映射等价于 Jacobi 矩阵 Jf 的每个分量函数连续。

17.2.2 复合映射的微分

设 M 是 $\mathbb{R}^n$ 的开子集，映射 $f: M \to \mathbb{R}^m$；N 是 $\mathbb{R}^m$ 的开子集，映射 $g: N \to \mathbb{R}^\ell$. 如果 $f(M) \subset N$，我们可以定义映射 f 与 g 的复合

$$g \circ f: M \to \mathbb{R}^\ell, \quad (g \circ f)(x) = g(f(x)).$$

定理 17.8 如果 f 在一点 $x \in M$ 可微，g 在点 $f(x) \in N$ 可微，那么复合映射 $g \circ f$ 在点 x 可微，且它们的微分映射满足

$$d(g \circ f)_x = dg_{f(x)} \circ df_x,$$

上式称为复合映射微分的链式法则. 复合映射 $g \circ f$ 的 Jacobi 矩阵与 g 和 f 的 Jacobi 矩阵满足：

$$J(g \circ f)(x) = Jg(f(x)) Jf(x).$$

证明 为方便证明，我们也可以将映射可微性中的余项 $R(h) = R(x, x+h)$ 改写为 $R(h) = |h|\tilde{R}(h)$，即 f 在 x 可微等价于

$$f(x+h) - f(x) = df_x(h) + |h|\tilde{R}(h), \quad \text{且} \quad \lim_{h \to 0} \tilde{R}(h) = 0.$$

设 $h \in \mathbb{R}^n$，$x + h \in M$，我们需要证明存在线性映射 $\mathcal{L}: \mathbb{R}^n \to \mathbb{R}^\ell$ 使得

$$(g \circ f)(x+h) - (g \circ f)(x) = \mathcal{L}(h) + R_{g \circ f}(h),$$

且

$$\lim_{h \to 0} \frac{|R_{g \circ f}(h)|}{|h|} = 0.$$

由 f 在 x 可微，设

$$f(x+h) - f(x) = df_x(h) + |h|\tilde{R}_f(h),$$

并记

$$k = df_x(h) + |h|\tilde{R}_f(h).$$

利用 g 在点 $f(x)$ 的可微性有

$$(g \circ f)(x+h) = g(f(x+h)) = g(f(x) + k)$$
$$= g(f(x)) + dg_{f(x)}(k) + |k|\tilde{R}_g(k).$$

令 $\mathcal{L} = dg_{f(x)} \circ df_x$，将 k 的表达式代入上式，就得到

$$(g \circ f)(x+h) - (g \circ f)(x) = \mathcal{L}(h) + R_{g \circ f}(h),$$

其中余项
$$R_{g\circ f}(h) = \mathrm{d}g_{f(x)}\bigl(|h|\tilde{R}_f(h)\bigr) + |k|\tilde{R}_g(k).$$

因为
$$|k| \leqslant |h|\bigl[\|\mathrm{d}f_x\| + |\tilde{R}_f(h)|\bigr],$$

当 $h \to 0$ 时, $k \to 0$, 所以
$$\frac{|R_{g\circ f}(h)|}{|h|} \leqslant \Bigl|\mathrm{d}g_{f(x)}\bigl(\tilde{R}_f(h)\bigr)\Bigr| + \Bigl[\|\mathrm{d}f_x\| + |\tilde{R}_f(h)|\Bigr]|\tilde{R}_g(k)| \to 0. \qquad \Box$$

例 17.2.4 设 $f: U \subset \mathbb{R}^n \to \mathbb{R}^m$ 是 C^1 映射, $\gamma = \gamma(t)$ 是 U 中的光滑曲线, 则 $f \circ \gamma$ 是 $\mathbb{R}^m$ 的曲线, 利用例 17.2.2 的结论, 它的切向量
$$\frac{\mathrm{d}}{\mathrm{d}t}(f\circ\gamma)(t) = \mathrm{d}(f\circ\gamma)_t(1) = \mathrm{d}f_{\gamma(t)}\bigl(\mathrm{d}\gamma_t(1)\bigr) = \mathrm{d}f_{\gamma(t)}(\gamma'(t)).$$

若 $m = 1$, f 是函数, 利用例 17.2.3 的结果,
$$\frac{\mathrm{d}}{\mathrm{d}t}(f\circ\gamma)(t) = \langle \nabla f, \gamma'(t)\rangle.$$

当 $m > 1$ 时, 设 $f = (f_1, f_2, \cdots, f_m)$ 是 f 的分量函数表示, 则 $\mathrm{d}f(\gamma') \in \mathbb{R}^m$ 可以表示为
$$\begin{aligned}\mathrm{d}f(\gamma'(t)) &= \bigl(\mathrm{d}f_1(\gamma'(t)), \mathrm{d}f_2(\gamma'(t)), \cdots, \mathrm{d}f_m(\gamma'(t))\bigr) \\ &= \bigl(\langle \nabla f_1, \gamma'(t)\rangle, \langle \nabla f_2, \gamma'(t)\rangle, \cdots, \langle \nabla f_m, \gamma'(t)\rangle\bigr).\end{aligned}$$

17.2.3 拟微分中值定理

Lagrange 微分中值定理是单变量可微函数一个十分重要的性质. 然而, 我们在第二册中讨论了一个从 $[0, \pi] \subset \mathbb{R}$ 到 $\mathbb{R}^2$ 的映射 (又称向量值函数)
$$\boldsymbol{r}(t) = \cos t\boldsymbol{i} + \sin t\boldsymbol{j},\ t \in [0, \pi],$$

我们发现并不存在 $\theta \in [0, \pi]$ 使得
$$\boldsymbol{r}(\pi) - \boldsymbol{r}(0) = \boldsymbol{r}'(\theta)(\pi - 0),\ \text{或}\ |\boldsymbol{r}(\pi) - \boldsymbol{r}(0)| = |\boldsymbol{r}'(\theta)|(\pi - 0)$$

成立. 也就是说将微分中值定理做简单推广行不通.

这里, 我们利用映射的微分, 给出微分中值定理对可微映射的两个推广.

定理 17.9 设 f 是区间 $[a, b]$ 到 $\mathbb{R}^m$ 的连续映射, 且 f 在 (a, b) 内可微. 那么存在 $t_0 \in (a, b)$ 使得
$$|f(b) - f(a)| \leqslant (b-a)|f'(t_0)|.$$

证明 不妨设 $z = f(b) - f(a) \neq 0$, 定义
$$\varphi(t) = \langle z, f(t) \rangle, \ t \in [a, b].$$
那么 φ 是在 $[a, b]$ 上连续, 在 (a, b) 内可微的实值函数. 由中值定理知存在 $t_0 \in (a, b)$,
$$\varphi(b) - \varphi(a) = (b-a)\varphi'(t_0) = (b-a)\langle z, f'(t_0) \rangle.$$
另一方面,
$$\varphi(b) - \varphi(a) = \langle z, f(b) \rangle - \langle z, f(a) \rangle = \langle z, z \rangle = |z|^2.$$
由 Cauchy-Schwarz 不等式
$$|\langle u, v \rangle| \leqslant |u||v|,$$
其中 u, v 是 $\mathbb{R}^n$ 中任意两个向量, 我们得到
$$|z|^2 = (b-a)|\langle z, f'(t_0) \rangle| \leqslant (b-a)|z| \ |f'(t_0)|.$$
于是 $|z| \leqslant (b-a)|f'(t_0)|$. $\square$

为了得到关于一般映射的拟微分中值定理, 我们回顾有关"凸集"的概念. Euclid 空间 $\mathbb{R}^n$ 里的集合 E 称为**凸集**, 是指对任意点 $x, y \in E$, 连接 x 与 y 的直线段属于 E, 即 $tx + (1-t)y \in E, \forall t \in [0, 1]$.

定理 17.10 (拟微分中值定理) 设 E 是 $\mathbb{R}^n$ 的凸开集, $f: E \to \mathbb{R}^m$ 是可微映射, 那么 $\forall x, y \in E$, 存在 $\xi \in E$, 使得
$$|f(y) - f(x)| \leqslant \|\mathrm{d}f(\xi)\||y - x| = \|Jf(\xi)\||y - x|.$$
特别, 若存在实数 M 满足 $\|\mathrm{d}f(x)\| \leqslant M, \forall x \in E$, 则
$$|f(x) - f(y)| \leqslant M|x - y|, \forall x, y \in E.$$

证明 固定 $x, y \in E$, 定义 $\gamma(t) = (1-t)x + ty$. 因为 E 是凸集, 当 $0 \leqslant t \leqslant 1$ 时 $\gamma(t) \in E$, 因此
$$g(t) = f(\gamma(t)): [0, 1] \to \mathbb{R}^m$$
在 $[0, 1]$ 上连续, 在 $(0, 1)$ 内可微, 由复合映射微分的链式法则可推出
$$\mathrm{d}g_t = \mathrm{d}f_{\gamma(t)} \circ \mathrm{d}\gamma_t.$$
根据定理 17.9 可知, 存在 $\tau \in (0, 1)$, 使得
$$|g(1) - g(0)| \leqslant (1-0)|g'(\tau)| = |g'(\tau)|.$$

利用例 17.2.2 的结果, 针对 $\gamma(t) = (1-t)x + ty$ 有

$$d\gamma = \gamma' = y - x, \ \|d\gamma_t\| = |\gamma'(t)| = |y - x|,$$

且

$$g(0) = f(x), \ g(1) = f(y),$$

记 $\xi = (1-\tau)x + \tau y \in E$, 因此

$$|f(y) - f(x)| \leqslant |g'(\tau)| = \|dg_\tau\| \leqslant \|df_\xi\|\|d\gamma_\tau\| = \|Jf(\xi)\||y - x|$$

特别, 当 $\|df(x)\| = \|Jf(x)\| \leqslant M, \forall x \in E$ 时, 显然有 $|f(x) - f(y)| \leqslant M|y - x|$.
$\square$

推论 17.11 设 D 是 $\mathbb{R}^n$ 的连通开子集, $f: D \to \mathbb{R}^m$ 是可微映射, 如果 $df \equiv 0$, 那么 f 是常值映射.

证明 任意给定 $x \in D$, 存在 $r > 0$ 使得开球 $B_r(x) \subset D$. 注意到 $B_r(x)$ 一个凸开集, 由定理 17.10 可知 f 在 $B_r(x)$ 上为常值. 或者说 f 是一个局部常值函数. 固定一个 $x_0 \in D$, 那么由上述论证知集合

$$E \overset{\text{def}}{=} \{x \in D \mid f(x) = f(x_0)\}$$

为 $\mathbb{R}^n$ 的开集, 从而为 D 的开集. 而由 f 连续, E 又为 D 的闭子集, 再由 D 的连通性知 $E = D$.
$\square$

习题 17.2

1. 证明性质 17.5.
2. 证明性质 17.6.
3. 求下列函数在指定点的微分:
   (1) $f(x, y) = x^2 - xy + y^3$, 点 $(1, 1)$;
   (2) $f(x_1, x_2, \cdots, x_n) = \sqrt{x_1^2 + x_2^2 + \cdots + x_n^2}$, 点 $(a_1, a_2, \cdots, a_n) \neq 0$.
4. 求下列映射的微分和 Jacobi 矩阵:
   (1) $f(x, y) = (x^2 - y^2, 2xy)$;
   (2) $f(x, y, z) = (z - y, x - z, y - x)$.
5. 设开集 $D \subset \mathbb{R}^n$, $f, g : D \to \mathbb{R}^m$ 是可微映射, 证明 $\langle f, g \rangle : D \to \mathbb{R}$ 亦是可微映射, 并求 $d\langle f, g \rangle$.
6. 设 D 是 $\mathbb{R}^n$ 的开集, $f, g : D \to \mathbb{R}^3$ 是可微映射, $x \in D$, 证明:

$$d(f \times g)(x) = df(x) \times g(x) + f(x) \times dg(x).$$

7. 设 D 是 $\mathbb{R}^n$ 的开集，线段 $\{tx+(1-t)y \mid t\in [0,1]\}$ 包含于 D，$f: D\to \mathbb{R}$ 是 C^1 映射，证明：线段上存在一点 z 满足
$$f(y) = f(x) + \langle \nabla f(z),\, y-x\rangle.$$

8. 设 M 是 $\mathbb{R}^n$ 的连通开集，$f: M\to \mathbb{R}^m$ 是可微映射，如果存在一个线性映射 $\mathcal{L}\in L(\mathbb{R}^n,\mathbb{R}^m)$ 使得 $\mathrm{d}f(x)=\mathcal{L}$，$\forall x\in M$，证明：$f(x)=\mathcal{L}(x)+c$，这里 $c\in \mathbb{R}^m$ 是常向量.

9. 设 $f: \mathbb{R}^n\to \mathbb{R}$ 是可微函数，$\tilde{e}_1,\tilde{e}_2,\cdots,\tilde{e}_n$ 是 $\mathbb{R}^n$ 的一组单位正交基，用 $\dfrac{\partial f}{\partial \tilde{e}_j}$ 表示 f 沿 $\tilde{e}_j$ 方向的方向导数. 证明：
$$\sum_{j=1}^n \left(\frac{\partial f}{\partial \tilde{e}_j}\right)^2 = \sum_{j=1}^n \left(\frac{\partial f}{\partial x_j}\right)^2.$$

10. 在 $\mathbb{R}^n$ 的一个凸区域 M 上的函数 $f: M\to \mathbb{R}$ 称为凸函数是指：$\forall x,y\in M$，$\forall t\in (0,1)$，
$$f(tx+(1-t)y) \leqslant tf(x)+(1-t)f(y).$$
设 f 是可微函数，证明：f 是凸函数当且仅当对任意 $x,y\in M$，
$$f(y)-f(x) \geqslant \mathrm{d}f_x(y-x).$$

11. 设 $\Omega\subset \mathrm{M}(n)$ 是可逆矩阵的全体. 定义映射 $\varphi: \Omega\to \Omega$，$\varphi(A)=A^{-1}$，证明 φ 是可微映射，并且求它的微分.

§17.3 逆映射定理

本节的主要目的是阐述并证明逆映射定理.

首先观察一种最简单的映射. 如果 $f: \mathbb{R}^n\to \mathbb{R}^n$ 是线性映射，它在任意一点的微分就是它自身，如果 f 是单射，它就存在唯一逆映射 $f^{-1}: \mathbb{R}^n\to \mathbb{R}^n$.

当 f 是一般的映射，如果 f 在一点的微分可逆，逆映射定理是说 f 在该点附近有唯一的逆映射.

定理 17.12 (逆映射定理) 设 f 是从 $\mathbb{R}^n$ 的开集 A 到 $\mathbb{R}^n$ 的 C^1 映射，对 $x^0\in A$，记 $y^0=f(x^0)$. 如果 $\mathrm{d}f_{x^0}$ 可逆 (因此在 $\mathbb{R}^n$ 的标准基下 f 的 Jacobi 矩阵 $Jf(x^0)$ 可逆)，那么

$1°$ 存在 $\mathbb{R}^n$ 的开集 U, V 满足 $x^0\in U$，$y^0\in V$，使得 f 限制在 U 上的映射是 U 与 V 之间的一一对应，因此存在定义在 V 上的逆映射 $g=f^{-1}$，且逆映射连续.

$2°$ f 定义在 V 上的逆映射 g 是 C^1 映射，且
$$\mathrm{d}g_y = \left(\mathrm{d}f_{g(y)}\right)^{-1}, \quad \forall y\in V,$$

因此在 $\mathbb{R}^n$ 的标准基下的 Jacobi 矩阵满足

$$Jg(y) = \big(Jf(g(y))\big)^{-1}, \quad \forall y \in V.$$

因为微分是映射在一点附近的一阶近似，因此微分可逆推出映射局部可逆是合理的. 如果用 $(x_1, x_2, \cdots, x_n)$ 表示定义域的坐标，$(y_1, y_2, \cdots, y_n)$ 表示值域的坐标，那么映射 $y = f(x)$ 可以表示为分量函数的形式

$$y_i = f_i(x_1, x_2, \cdots, x_n), \quad i = 1, 2, \cdots, n.$$

它们的微分 $(\mathrm{d}y_1, \mathrm{d}y_2, \cdots, \mathrm{d}y_n)$ 与 $(\mathrm{d}x_1, \mathrm{d}x_2, \cdots, \mathrm{d}x_n)$ 之间的关系为

$$\mathrm{d}y_i = \mathrm{d}f_i = \sum_{j=1}^{n} \frac{\partial f_i}{\partial x_j} \mathrm{d}x_j, \quad i = 1, 2, \cdots, n,$$

这是一个以 f 的 Jacobi 矩阵 Jf 为系数的齐次线性方程组. 如果 $Jf(x^0)$ 可逆，$y^0 = f(x^0)$，那么

$$(\mathrm{d}x_1, \mathrm{d}x_2, \cdots, \mathrm{d}x_n)\big|_{x^0} = (\mathrm{d}y_1, \mathrm{d}y_2, \cdots, \mathrm{d}y_n)\big|_{y^0} \big(Jf(x^0)\big)^{-1}.$$

逆映射定理表明，上式在 x^0 的一个邻域里仍然成立.

在第二册中 (9.3.3 小节)，我们对 $n = 2$ 给出了一个结论，即当映射的 Jacobi 矩阵可逆时，存在局部的逆映射，推而广之，对一般的 n 这个结论也是对的. 然而，第二册给出的有关逆映射的结果，是利用隐函数定理证明的. 这里，我们将采用压缩映射原理给出直接证明. 下一节，我们还将利用逆映射定理去证明隐映射定理.

在证明定理之前，我们先讨论与逆映射定理有关的一些内容. 称一个连续映射 $g : M \to N$ 为**开映射**是指 g 把开集映为开集；设 $g : M \to N$ 是一一对应，g 称为 C^0 同胚 (或同胚) 是指映射 g 和 g^{-1} 都连续，g 称为 C^1 同胚是指 g 和 g^{-1} 都是 C^1 映射.

利用同胚的概念，逆映射定理也可以表述为：设 f 是从 $\mathbb{R}^n$ 的开集 A 到 $\mathbb{R}^n$ 的 C^1 映射，如果 $x^0 \in A$, $\mathrm{d}f_{x^0}$ 可逆，$y^0 = f(x^0)$，那么存在 x^0 的邻域 U 和 y^0 的邻域 V, $f : U \to V$ 是 C^1 同胚.

逆映射定理的证明 设 f 是从 $\mathbb{R}^n$ 的开集 A 到 $\mathbb{R}^n$ 的 C^1 映射，$x^0 \in A$, $\mathrm{d}f_{x^0}$ 可逆，$y^0 = f(x^0)$. 记 $\mathcal{L} = \mathrm{d}f_{x^0} = \mathrm{d}f(x^0)$，取 $\lambda = 1/(2\|\mathcal{L}^{-1}\|)$. 因为微分映射 $\mathrm{d}f$ 在 x^0 点连续，存在以 x^0 为中心的开球 $B_r(x_0) \subset A$，使得 $\|\mathrm{d}f(x) - \mathcal{L}\| < \lambda, \forall x \in B_r(x_0)$.

我们先将逆映射定理的第一部分分解为两个引理.

引理 17.13 f 限制在 $B_r(x^0)$ 上是单射.

证明 给定 $y \in \mathbb{R}^n$，我们如下定义 $B_r(x_0)$ 到 $\mathbb{R}^n$ 的映射：

$$\varphi_y(x) = x + \mathcal{L}^{-1}(y - f(x)), \quad x \in B_r(x_0).$$

它是 C^1 映射，且 $f(x) = y$ 当且仅当 x 是 φ_y 的不动点. 直接计算可得

$$\mathrm{d}\varphi_y(x) = \mathrm{Id} - \mathcal{L}^{-1}(\mathrm{d}f(x)) = \mathcal{L}^{-1}(\mathcal{L} - \mathrm{d}f(x)),$$

这里 Id 是 $\mathbb{R}^n$ 的恒同映射. 由于 $\lambda = 1/(2\|\mathcal{L}^{-1}\|)$，在 $B_r(x_0)$ 中 $\|\mathrm{d}f(x) - \mathcal{L}\| < \lambda$，我们得到

$$\|\mathrm{d}\varphi_y(x)\| < \frac{1}{2}, \ \forall x \in B_r(x_0).$$

由拟微分中值定理 17.10，

$$|\varphi_y(x^1) - \varphi_y(x^2)| \leqslant \frac{1}{2}|x^1 - x^2|, \quad \forall x^1, x^2 \in B_r(x_0),$$

从而 φ_y 是压缩映射，由压缩映射原理 $\varphi_y(x)$ 在 $B_r(x_0)$ 中至多有一个不动点，也就是说，至多有一个 $x \in B_r(x_0)$ 使得 $f(x) = y$. □

注记 由定理 17.2 的第一个结论，对任意 $x \in B_r(x_0)$，$\mathrm{d}f_x$ 都可逆.

以下我们将映射 f 限制在开集 $B_r(x_0)$ 上讨论，方便起见将 $f\big|_{B_r(x_0)}$ 仍记为 f. 当 $y \in B_{\frac{\lambda r}{2}}(y_0)$ 时，对任意 $x \in \overline{B_{\frac{r}{2}}(x_0)}$，我们有

$$|\varphi_y(x) - x_0| \leqslant |\varphi_y(x) - \varphi_y(x_0)| + |\varphi_y(x_0) - x_0|$$
$$\leqslant \frac{1}{2}|x - x_0| + |\mathcal{L}^{-1}(y - f(x_0))|$$
$$= \frac{1}{2}|x - x_0| + |\mathcal{L}^{-1}(y - y_0)|$$
$$\leqslant \frac{1}{2}|x - x_0| + \|\mathcal{L}^{-1}\| \cdot |y - y_0|$$
$$\leqslant \frac{1}{2} \cdot \frac{r}{2} + \|\mathcal{L}^{-1}\| \cdot \frac{\lambda r}{2} = \frac{r}{2}.$$

这说明当 $y \in B_{\frac{\lambda r}{2}}(y_0)$ 时，

$$\varphi_y : \overline{B_{\frac{r}{2}}(x_0)} \to \overline{B_{\frac{r}{2}}(x_0)}$$

是完备空间 $\overline{B_{\frac{r}{2}}(x_0)}$ 到自身的压缩映射，所以存在唯一 $x \in \overline{B_{\frac{r}{2}}(x_0)}$ 满足 $\varphi_y(x) = x$，这等价于说，对任意 $y \in B_{\frac{\lambda r}{2}}(y_0)$，存在唯一 $x \in \overline{B_{\frac{r}{2}}(x_0)}$，$f(x) = y$.

令

$$V = B_{\frac{\lambda r}{2}}(y_0), \quad U = f^{-1}(V).$$

由 f 的连续性可知 $U(\subset B_r(x_0))$ 是 $\mathbb{R}^n$ 的开集，并且由 f 是单射知，$f : U \to V$ 是一一映射. 因此 f 限制在 U 上可逆. 为方便起见，把 f 在 U 上的限制仍然记为 f，并记 $g = f^{-1}$.

引理 17.14 映射 $g = f^{-1}: V \to U$ 连续.

证明 记 $x = g(y)$, $y \in V$. 设 $y_1, y_2 \in V$, $x_1 = g(y_1)$, $x_2 = g(y_2)$. 还是利用映射 φ_y, 可以得到

$$x_1 - x_2 = \varphi_y(x_1) - \varphi_y(x_2) + \mathcal{L}^{-1}(f(x_1) - f(x_2))$$
$$= \varphi_y(x_1) - \varphi_y(x_2) + \mathcal{L}^{-1}(y_1 - y_2).$$

因此

$$|x_1 - x_2| \leqslant \frac{1}{2}|x_1 - x_2| + \|\mathcal{L}^{-1}\| \cdot |y_1 - y_2|,$$

这推出

$$|x_1 - x_2| = |g(y_1) - g(y_2)| \leqslant 2\|\mathcal{L}^{-1}\| \cdot |y_1 - y_2|,$$

所以映射 g 连续. □

注记 如果映射 $f: U \to V$ 可逆, 依照连续的拓扑定义 (定义 16.24) 可知, f^{-1} 连续等价于 f 是开映射.

下面我们证明逆映射定理的第二部分. 设 $y \in V$, $y + k \in V$, 我们先证明: 存在线性映射 $\mathcal{A} = \mathrm{d}g_y$ 使得

$$g(y+k) - g(y) = \mathcal{A}(k) + R_g(y+k, y),$$

且

$$\lim_{|k| \to 0} \frac{|R_g(y+k, y)|}{|k|} = 0.$$

存在 $x \in U$, $x + h \in U$, 使得 $y = f(x)$, $y + k = f(x+h)$, 或者 $g(y) = x$, $g(y+k) = x + h$. 利用 f 的可微性,

$$k = f(x+h) - f(x) = \mathrm{d}f_x(h) + R_f(x+h, x),$$

所以

$$R_g(y+k, y) = h - \mathcal{A}(k) = (\mathrm{d}f_x)^{-1}(k - R_f(x+h, x)) - \mathcal{A}(k).$$

令 $\mathcal{A} = (\mathrm{d}f_x)^{-1}$, 则

$$R_g(y+k, y) = -(\mathrm{d}f_x)^{-1}(R_f(x+h, x)).$$

以下证明 $|R_g(y+k, y)|$ 是比 $|k|$ 更高阶的无穷小. 令 $m = \inf_{|h|=1} |\mathrm{d}f_x(h)|$, 由 $\mathrm{d}f_x$ 可逆知 $m > 0$. 因为 $g = f^{-1}$ 连续, $k \to 0$ 时, $h = g(y+k) - g(y) \to 0$, 所以当 $|k|$ 充分小时

$$|R_f(x+h, x)| = o(|h|) \leqslant \frac{m}{2}|h|,$$

这推得

$$|k| = |\mathrm{d}f_x(h) + R_f(x+h, x)| \geqslant |\mathrm{d}f_x(h)| - |R_f(x+h, x)| \geqslant \frac{m}{2}|h|.$$

因此当 $k \to 0$ 时，可以得到如下估计：

$$\frac{|R_g(y+k, y)|}{|k|} \leqslant \|(\mathrm{d}f_x)^{-1}\| \frac{|R_f(x+h, x)|}{|k|}$$

$$\leqslant \frac{2\|(\mathrm{d}f_x)^{-1}\|}{m} \frac{|R_f(x+h, x)|}{|h|} \to 0.$$

至此我们已经证明了对任意 $y \in V$，映射 $g = f^{-1}$ 在 y 点可微，并且 $\mathrm{d}g_y = (\mathrm{d}f_x)^{-1}$ $(x = g(y))$. 由于 f 是 C^1 映射，从而 $\mathrm{d}f$ 是 U 到 $L(\mathbb{R}^n)$ 的可逆变换集合 Ω 的连续映射，那么定理 17.2 的第二个结论就推出 $\mathrm{d}g$ 连续，从而 g 是 C^1 映射. $\square$

推论 17.15 设 f 是从 $\mathbb{R}^n$ 的开集 A 到 $\mathbb{R}^n$ 的 C^1 映射. 如果对任意 $x \in A$，微分 $\mathrm{d}f_x$ 可逆，那么 f 是开映射. 特别地，如果 f 还是单射，那么 f 是 A 到开集 $B = f(A)$ 的 C^1 同胚.

证明 由于 A 是 $\mathbb{R}^n$ 的开集，所以 A 的开集也是 $\mathbb{R}^n$ 的开集. 取 A 的非空开集 U. 任取 $x \in U$，由于微分 $\mathrm{d}f_x$ 可逆，由逆映射定理，存在 x 的充分小的邻域 $U_x \subset U$，使得 $f|_{U_x}$ 为同胚，从而 $f(U_x)$ 为开集. 于是

$$f(U) = \bigcup_{x \in U} f(U_x)$$

为开集. $\square$

需要注意的是，即使微分处处可逆，$f: A \to \mathbb{R}^n$ 本身也不一定是 A 与 $f(A)$ 之间的一一对应.

例 17.3.1 设 $\mathbb{C}$ 是复平面，考虑映射 $f: \mathbb{C}\backslash\{0\} \to \mathbb{C}, z \mapsto z^2$. 翻译成 Euclid 空间 $\mathbb{R}^2$ 上的语言，这个映射是 $f: \mathbb{R}^2\backslash\{0\} \to \mathbb{R}^2$，

$$f(x, y) = (x^2 - y^2, 2xy).$$

容易验证

$$Jf = \begin{pmatrix} \frac{\partial f_1}{\partial x} & \frac{\partial f_1}{\partial y} \\ \frac{\partial f_2}{\partial x} & \frac{\partial f_2}{\partial y} \end{pmatrix} = \begin{pmatrix} 2x & -2y \\ 2y & 2x \end{pmatrix}, \quad \det(Jf) = 4(x^2 + y^2).$$

从而微分在 $\mathbb{R}^2\backslash\{0\}$ 上可逆. 于是由逆映射定理知存在局部的复平方根. 但是我们无法定义一个整体的平方根，因为整体上 f 不是单射.

设 f 是 $\mathbb{R}^n$ 的两个开集 V 和 U 之间的 C^1 同胚. 通常也称 $f: V \to U$ 是 U 与 V 之间的**坐标变换**或**参数变换**. 这是因为, 如果将 U 的坐标记为 $(u_1, u_2, \cdots, u_n)$, V 的坐标记为 $(v_1, v_2, \cdots, v_n)$, 通过映射

$$(u_1, u_2, \cdots, u_n) = f(v_1, v_2, \cdots, v_n),$$

建立了 U 中的点 $P(u_1, u_2, \cdots, u_n)$ 与数组 $(v_1, v_2, \cdots, v_n)$ $(\in V)$ 的一一对应, 因此可以将数组 $(v_1, v_2, \cdots, v_n)$ 作为 U 中点的坐标, 需要注意的是此时 $(v_1, v_2, \cdots, v_n)$ 一般不再是 U 的 Euclid 坐标.

简单的参数变换如可逆线性变换 $x \mapsto y = \mathcal{A}(x)$, 以及仿射变换 $x \mapsto y = x^0 + \mathcal{A}(x)$, 这里 x^0 是 $\mathbb{R}^n$ 的一个定点. 当 $\mathcal{A}$ 是正交变换时, y 仍然是 Euclid 坐标.

例 17.3.2 定义映射

$$\varphi: \mathbb{R}_+^2 = \{(r, \theta) \mid r > 0\} \to \mathbb{R}^2,$$

$$(r, \theta) \mapsto (x, y),\ x = r\cos\theta,\ y = r\sin\theta.$$

它的 Jacobi 矩阵

$$J\varphi = \begin{pmatrix} \cos\theta & -r\sin\theta \\ \sin\theta & r\cos\theta \end{pmatrix}$$

可逆, 所以在平面一点的附近 (r, θ) 可以作为新的坐标, 称为平面的**极坐标**, 其中 r 称为**极距**, θ 称为**极角**.

(r, θ) 不能定义为全平面 $\mathbb{R}^2$ 的坐标系, 因为在原点以外它不是单射, 在原点 $x = y = 0$ 处它的 Jacobi 矩阵不可逆. 保持 φ 是单射的一个定义域是

$$V = \{(r, \theta) \in \mathbb{R}_+^2 \mid r > 0,\ 0 < \theta < 2\pi\}$$

相应的值域是

$$U = \{(x, y) \in \mathbb{R}_+^2 \mid \text{当 } y = 0 \text{ 时},\ x < 0\} = \mathbb{R}^2 \backslash \{(x, 0) \in \mathbb{R}^2 \mid x \geqslant 0\},$$

平面的极坐标可以定义在 U 上. 事实上, 平面去掉从原点出发的任意一条射线后, 余下的区域上都可以定义极坐标.

设

$$f: (v_1, v_2, \cdots, v_n) \to (u_1, u_2, \cdots, u_n)$$

是坐标变换, f 的 Jacobi 矩阵为 $Jf = \left(\dfrac{\partial u_i}{\partial v_j}\right)$, 它的行列式 $\det(Jf) = \det\left(\dfrac{\partial u_i}{\partial v_j}\right)$ 称为坐标变换的 **Jacobi 行列式**, 通常也记为

$$\det(Jf) = \frac{\partial(u_1, u_2, \cdots, u_n)}{\partial(v_1, v_2, \cdots, v_n)}.$$

Jacobi 行列式在重积分换元公式中起根本性作用.

例 17.3.3 讨论 $\mathbb{R}^n$ 中极坐标的定义与 Jacobi 行列式的计算.

当 $n = 2$ 时, 映射
$$\varphi: \ (r, \theta_1) \to (x_1, x_2) = (r\cos\theta_1, \ r\sin\theta_1)$$
给出了平面的极坐标, 它的 Jacobi 行列式为
$$J_2(r, \theta_1) = \det(J\varphi) = \frac{\partial(x_1, x_2)}{\partial(r, \theta_1)} = r.$$

当 $n = 3$ 时, 设 $P(x_1, x_2, x_3)$ 是 $\mathbb{R}^3$ 中任意一点, $r = |\overrightarrow{OP}|$, 并设 $\overrightarrow{OP}$ 在 Ox_2x_3 平面上的投影为 $\overrightarrow{OP'}$. 记 θ_1 是从 x_1 轴到向量 $\overrightarrow{OP}$ 的极角 (或称方向角), 因此
$$x_1 = r\cos\theta_1,$$
$$r' = \left|\overrightarrow{OP'}\right| = r\sin\theta_1.$$
这是一个 $(r, \theta_1) \mapsto (x_1, r')$ 的 2 维极坐标变换, 其中 r' 是 Ox_2x_3 平面上点 $P'(x_2, x_3)$ 的极距. 将 Ox_2x_3 平面上点 $P'(x_2, x_3)$ 的坐标用 2 维极坐标表示:
$$x_2 = r'\cos\theta_2,$$
$$x_3 = r'\sin\theta_2,$$
其中 θ_2 是 x_2 轴到 $\overrightarrow{OP'}$ 的极角. 这样, 我们就得到 3 维的球面坐标变换
$$x_1 = r\cos\theta_1,$$
$$x_2 = r\sin\theta_1\cos\theta_2,$$
$$x_3 = r\sin\theta_1\sin\theta_2.$$

这里, 为了便于向高维推广, 我们采用的记号与第二册 §8.4 稍有不同, 在那里我们首先把向量 $\overrightarrow{OP}$ 向 Oxy 平面上投影, 再将投影向量在 Oxy 平面上用极坐标表示.

不难看出 $\mathbb{R}^3$ 的球面坐标是下列两个映射 φ_1 和 φ_2 的复合:
$$\begin{pmatrix} r \\ \theta_1 \\ \theta_2 \end{pmatrix} \xrightarrow{\varphi_1} \begin{pmatrix} x_1 = r\cos\theta_1 \\ r' = r\sin\theta_1 \\ \theta_2 = \theta_2 \end{pmatrix} \xrightarrow{\varphi_2} \begin{pmatrix} x_1 = x_1 \\ x_2 = r'\cos\theta_2 \\ x_3 = r'\sin\theta_2 \end{pmatrix}.$$

利用复合映射微分的链式法则, 极坐标的 Jacobi 矩阵 $J(\varphi_2 \circ \varphi_1) = J(\varphi_2)J(\varphi_1)$, 由此可得它的 Jacobi 行列式
$$J_3(r, \theta_1, \theta_2) = \det\bigl(J(\varphi_2)J(\varphi_1)\bigr) = \det(J(\varphi_2)) \cdot \det(J(\varphi_1))$$
$$= J_2(r', \theta_2) \cdot J_2(r, \theta_1)$$
$$= r'r = r^2\sin\theta_1,$$

或
$$\frac{\partial(x_1,x_2,x_3)}{\partial(r,\theta_1,\theta_2)} = \frac{\partial(x_1,x_2,x_3)}{\partial(x_1,r',\theta_2)}\frac{\partial(x_1,r',\theta_2)}{\partial(r,\theta_1,\theta_2)} = r^2\sin\theta_1.$$

我们也称 $\mathbb{R}^3$ 的球面坐标为 3 维极坐标. 类似地, 我们可以依次将极坐标推广到 $\mathbb{R}^n$.

当 $n=4$ 时, 设 $P(x_1,x_2,x_3,x_4)$ 是 $\mathbb{R}^4$ 中任意一点, $r=\left|\overrightarrow{OP}\right|$, 则 $\overrightarrow{OP}$ 在 $Ox_2x_3x_4$ 上的投影为 $\overrightarrow{OP'}$. 记 θ_1 是从 x_1 轴到向量 $\overrightarrow{OP}$ 的极角, 因此
$$x_1 = r\cos\theta_1,$$
$$r' = \left|\overrightarrow{OP'}\right| = r\sin\theta_1,$$

其中 r' 是 $Ox_2x_3x_4$ 空间中点 $P'(x_2,x_3,x_4)$ 的极距. 将 $Ox_2x_3x_4$ 空间中点 $P'(x_2,x_3,x_4)$ 用 3 维极坐标表示:
$$x_2 = r'\cos\theta_2,$$
$$x_3 = r'\sin\theta_2\cos\theta_3,$$
$$x_4 = r'\sin\theta_2\sin\theta_3.$$

将上述一个 2 维极坐标变换和一个 3 维极坐标变换进行复合
$$(r,\theta_1,\theta_2,\theta_3) \mapsto (x_1,r',\theta_2,\theta_3) \mapsto (x_1,x_2,x_3,x_4)$$

就得到 4 维极坐标变换:
$$x_1 = r\cos\theta_1,$$
$$x_2 = r\sin\theta_1\cos\theta_2,$$
$$x_3 = r\sin\theta_1\sin\theta_2\cos\theta_3,$$
$$x_4 = r\sin\theta_1\sin\theta_2\sin\theta_3.$$

它是一个 2 维极坐标变换和一个 3 维极坐标变换的复合, 因此它的 Jacobi 行列式等于
$$J_4(r,\theta_1,\theta_2,\theta_3) = J_3(r',\theta_2,\theta_3)\cdot J_2(r,\theta_1)$$
$$= r(r')^2\sin\theta_2 = r^3\sin^2\theta_1\sin\theta_2.$$

对于一般的 n, 考虑 $\mathbb{R}^n$ 的 n 维极坐标, 可将 $\mathbb{R}^n$ 中的向量 $\overrightarrow{OP}$ 向 $\mathbb{R}^{n-1}$ 进行投影,
$$x_1 = r\cos\theta_1,$$
$$r' = \left|\overrightarrow{OP'}\right| = r\sin\theta_1,$$

其中 θ_1 是 x_1 轴与向量 $\overrightarrow{OP}$ 的极角，投影向量 $\overrightarrow{OP'}$ 是 $\mathbb{R}^{n-1}$ 中的向量，并以 r' 为极距. 然后归纳地利用 $\mathbb{R}^{n-1}$ 中的 $n-1$ 维极坐标变换，最终得到下列 n 维极坐标变换：

$$x_1 = r\cos\theta_1,$$
$$x_2 = r\sin\theta_1 \cos\theta_2,$$
$$x_3 = r\sin\theta_1 \sin\theta_2 \cos\theta_3,$$
$$\cdots\cdots\cdots\cdots$$
$$x_{n-1} = r\sin\theta_1 \sin\theta_2 \cdots \sin\theta_{n-2} \cos\theta_{n-1},$$
$$x_n = r\sin\theta_1 \sin\theta_2 \cdots \sin\theta_{n-2} \sin\theta_{n-1}.$$

它是 2 维极坐标变换与 $n-1$ 维极坐标变换的复合：

$$(r, \theta_1, \theta_2, \cdots, \theta_{n-1}) \mapsto (x_1, r', \theta_2, \cdots, \theta_{n-1}) \mapsto (x_1, x_2, \cdots, x_n)$$

利用数学归纳法，容易推出 n 维极坐标变换的 Jacobi 行列式

$$\begin{aligned}
J_n(r, \theta_1, \theta_2, \cdots, \theta_{n-1}) &= \frac{\partial(x_1, x_2, x_3, \cdots, x_n)}{\partial(r, \theta_1, \theta_2, \cdots, \theta_{n-1})} \\
&= \frac{\partial(x_1, x_2, x_3, \cdots, x_n)}{\partial(x_1, r', \theta_2, \cdots, \theta_{n-1})} \frac{\partial(x_1, r', \theta_2, \cdots, \theta_{n-1})}{\partial(r, \theta_1, \theta_2, \cdots, \theta_{n-1})} \\
&= r\frac{\partial(x_1, x_2, x_3, \cdots, x_n)}{\partial(x_1, r', \theta_2, \cdots, \theta_{n-1})} \\
&= r^{n-1} \sin^{n-2}\theta_1 \sin^{n-3}\theta_2 \cdots \sin\theta_{n-2}.
\end{aligned}$$

上述 n 维极坐标变换的逆变换公式如下：

$$r = \sqrt{x_1^2 + x_2^2 + \cdots + x_n^2},$$
$$\theta_1 = \arccos \frac{x_1}{\sqrt{x_1^2 + x_2^2 + \cdots + x_n^2}},$$
$$\theta_2 = \arccos \frac{x_2}{\sqrt{x_2^2 + x_3^2 + \cdots + x_n^2}},$$
$$\theta_3 = \arccos \frac{x_3}{\sqrt{x_3^2 + x_4^2 + \cdots + x_n^2}},$$
$$\cdots\cdots\cdots\cdots$$
$$\theta_{n-2} = \arccos \frac{x_{n-2}}{\sqrt{x_{n-2}^2 + x_{n-1}^2 + x_n^2}},$$
$$\theta_{n-1} = \arctan \frac{x_n}{x_{n-1}}.$$

如果令
$$U' = \{(r, \theta_1, \theta_2, \cdots, \theta_{n-1})\},$$
其中
$$0 < r < +\infty,\ 0 < \theta_1 < \pi,\ \cdots,\ 0 < \theta_{n-2} < \pi,\ -\pi < \theta_{n-1} < \pi,$$
那么极坐标变换 $\varphi: U' \to \mathbb{R}^n$ 是一一映射, 且 $\varphi: U' \to \varphi(U')$ 是 C^1 同胚.

注记 例 17.3.3 中通过数学归纳法构造 n 维极坐标变换的优点一是几何上十分直观, 二是便于计算变换的 Jacobi 行列式.

习题 17.3

1. 设映射 $f: \mathbb{R}^2 \to \mathbb{R}^2$ 定义为 $f(x,y) = (e^x \cos y,\ e^x \sin y)$.
   (1) 问 f 是否为开映射?
   (2) 求集合 $f^{-1}(1, 0)$.
2. 举例说明存在映射 $f: \mathbb{R} \to \mathbb{R}$ 是同胚, 且 f 是 C^1 映射, 但是 f^{-1} 不是 C^1 的.
3. 设 $f: \mathbb{R}^2 \to \mathbb{R}^2$, $(u, v) = f(x, y) = (x^2 + y^2,\ x^2 - y^2)$.
   (1) 求 f 的值域 $V = \mathrm{Im}(f)$;
   (2) 求 f 的临界点集合 $W = \{P \in \mathbb{R}^2 \mid \det(Jf(P)) = 0\}$;
   (3) 设 $U = \{(x, y) \in \mathbb{R}^2 \mid x > 0,\ y > 0\}$, 证明 $f|_U$ 是单射且 $f(U) = V^\circ$, 并求 f^{-1}.
4. 证明:
   (1) 同胚保持 (弧) 连通性与紧致性;
   (2) $\mathbb{R}^n$ 与 $D^n = \{x \in \mathbb{R}^n \mid |x| < 1\}$ 同胚.
5. 设 $f: \mathbb{R}^2 \to \mathbb{R}^2$, $(u, v) = f(x, y)$ 是 C^1 映射, 满足 Cauchy-Riemann 方程:
$$\frac{\partial u}{\partial x} = \frac{\partial v}{\partial y},\quad \frac{\partial u}{\partial y} = -\frac{\partial v}{\partial x}.$$

   证明: 如果 $\mathrm{d}f$ 在一点可逆, 那么在该点附近的逆映射 f^{-1} 也满足 Cauchy-Riemann 方程.
6. 证明: 对每个与单位矩阵 I_n 很靠近的 n 阶方阵 M 都存在平方根 (方程 $A^2 = M$ 的解), 并且若 A 与 I_n 很靠近, 则方程 $A^2 = M$ 的解是唯一的.
   提示: 考虑 $\mathbb{R}^{n^2} \to \mathbb{R}^{n^2}$ 的映射 $A \mapsto A^2$ 在 $A = I_n$ 处的微分.

§17.4　隐映射定理与秩定理

这一节我们考虑与逆映射定理相关的两个结论: 隐映射定理和秩定理.

17.4.1 隐映射定理

我们已经在第二册中证明了二维的隐函数定理：设 f 是定义在一个平面区域内的 C^1 函数，$P(x,y)$ 是定义域内一点，如果 $f(P) = 0$ 且 $\nabla f(P) \neq 0$，那么方程 $f = 0$ 在点 P 附近有唯一解 $y = y(x)$ 或者 $x = x(y)$，并且解是 C^1 函数. 解函数也称作方程 $f = 0$ 确定的**隐函数**.

我们要针对映射 $f : \mathbb{R}^{n+m} \to \mathbb{R}^m$，讨论方程组 $f = 0$ 的解，研究在什么条件下方程 $f = 0$ 有唯一解，以及解映射的性质. 称之为**隐映射定理**.

为更好表述隐映射定理，我们先引进一些记号. 设 $x = (x_1, x_2, \cdots, x_n) \in \mathbb{R}^n$，$y = (y_1, y_2, \cdots, y_m) \in \mathbb{R}^m$，把 $\mathbb{R}^{n+m}$ 的点记为 $(x, y) = (x_1, x_2, \cdots, x_n, y_1, y_2, \cdots, y_m)$. 以下 (x, y) 或者类似记号中的第一项为 $\mathbb{R}^n$ 的向量，第二项为 $\mathbb{R}^m$ 的向量.

首先考虑线性映射的情形. 设线性映射

$$\mathcal{A} \in L(\mathbb{R}^{n+m}, \mathbb{R}^m),$$

对于 $h \in \mathbb{R}^n$, $k \in \mathbb{R}^m$，因为 $(h, k) = (h, 0) + (0, k)$，所以

$$\mathcal{A}(h, k) = \mathcal{A}(h, 0) + \mathcal{A}(0, k).$$

也就是说 $\mathcal{A}$ 可以分解成线性映射 $\mathcal{A}_x \in L(\mathbb{R}^n, \mathbb{R}^m)$ 与线性映射 $\mathcal{A}_y \in L(\mathbb{R}^m)$ 之和：

$$\mathcal{A}(h, k) = \mathcal{A}_x(h) + \mathcal{A}_y(k).$$

这里 $\mathcal{A}_x$ 和 $\mathcal{A}_y$ 的具体定义为

$$\mathcal{A}_x(h) = \mathcal{A}(h, 0), \quad h \in \mathbb{R}^n; \quad \mathcal{A}_y(k) = \mathcal{A}(0, k), \quad k \in \mathbb{R}^m.$$

如果线性变换 $\mathcal{A}_y$ 可逆，那么对任意 $h \in \mathbb{R}^n$，方程

$$\mathcal{A}(h, k) = \mathcal{A}_x(h) + \mathcal{A}_y(k) = 0$$

有唯一解

$$k = -(\mathcal{A}_y)^{-1}(\mathcal{A}_x(h)).$$

或者说方程 $\mathcal{A} = 0$ 的解是一个线性映射

$$-(\mathcal{A}_y)^{-1} \circ \mathcal{A}_x : \mathbb{R}^n \to \mathbb{R}^m.$$

对于一般的映射 f，为在一点 $P_0 = (x^0, y^0) \in \mathbb{R}^{n+m}$ 附近求解 $f(x, y) = 0$，我们考察映射的一阶近似 $\mathrm{d}f$. 可以将线性映射 $\mathrm{d}f(P_0)$ 分解为

$$\mathrm{d}f(P_0)(h, k) = \mathrm{d}f_x(P_0)(h) + \mathrm{d}f_y(P_0)(k).$$

当 $\mathrm{d}f_y(P_0)$ 可逆时,对每个 $h \in \mathbb{R}^n$,方程 $\mathrm{d}f(P_0)(h,k) = 0$ 有唯一解. 如果用 f 的分量函数 $f = (f_1, f_2, \cdots, f_m)$ 来表示,$(\mathrm{d}f)_x$ 在标准基下的矩阵为 $\left(\dfrac{\partial f_i}{\partial x_j}\right)$ ($1 \leqslant i \leqslant m, 1 \leqslant j \leqslant n$),$(\mathrm{d}f)_y$ 在标准基下的矩阵表示为 $\left(\dfrac{\partial f_i}{\partial y_k}\right)$ ($1 \leqslant i, k \leqslant m$),方程 $\mathrm{d}f(P_0) = 0$ 就是 m 阶线性方程组

$$\sum_{j=1}^n \frac{\partial f_i}{\partial x_j}(P_0)\mathrm{d}x_j + \sum_{k=1}^m \frac{\partial f_i}{\partial y_k}(P_0)\mathrm{d}y_k = 0, \quad i = 1, 2, \cdots, m.$$

因此当矩阵 $\left(\dfrac{\partial f_i}{\partial y_k}\right)(P_0)$ 可逆时,上述方程组有唯一解.

与逆映射定理类似,如果 $f(P_0) = f(x^0, y^0) = 0$,当 $\mathrm{d}f_y$ 在点 P_0 可逆时,方程 $f(x,y) = 0$ 在 P_0 附近也有唯一的解映射 $y = \varphi(x)$,这就是下述隐映射定理,它可以用逆映射定理来证明.

定理 17.16(隐映射定理) 设 f 是从 $\mathbb{R}^{n+m}$ 的开集 M 到 $\mathbb{R}^m$ 的 C^1 映射,且 $(x^0, y^0) \in M$ 满足 $f(x^0, y^0) = 0$. 记 $\mathcal{A} = \mathrm{d}f(x^0, y^0)$,如果 $\mathcal{A}_y \in L(\mathbb{R}^n)$ 可逆,那么存在 (x^0, y^0) 的一个邻域 $U \subset M$,x^0 的邻域 $W \subset \mathbb{R}^n$,满足如下性质:

$1°$ 对任意 $x \in W$,存在唯一 y,使得 $(x,y) \in U$ 且 $f(x,y) = 0$.

$2°$ 若把这个 y 定义为 $\varphi(x)$,则映射 $\varphi: W \to \mathbb{R}^m$ 是 C^1 映射,满足 $\varphi(x^0) = y^0$,

$$f(x, \varphi(x)) = 0, \quad \forall x \in W,$$

并且

$$\mathrm{d}\varphi(x) = -\left[\mathrm{d}f_y(x, \varphi(x))\right]^{-1} \circ \mathrm{d}f_x(x, \varphi(x)).$$

证明 首先我们把问题转化为逆映射定理适用的情形. 定义

$$F(x, y) = (x, f(x, y)), \quad (x, y) \in M,$$

那么 $F: M \to \mathbb{R}^{n+m}$ 为 C^1 映射,且 $F(x^0, y^0) = (x^0, 0)$. 由微分的定义我们有

$$f(x^0 + h, y^0 + k) = \mathcal{A}(h, k) + R(h, k),$$

其中 $R(h, k)$ 为余项,于是,

$$\begin{aligned} F(x^0 + h, y^0 + k) - F(x^0, y^0) &= (h, f(x^0 + h, y^0 + k)) \\ &= (h, \mathcal{A}(h, k)) + (0, R(h, k)). \end{aligned}$$

由此可得,$\mathrm{d}F(x^0, y^0)$ 是 $\mathbb{R}^{m+n}$ 上把 (h, k) 映为 $(h, \mathcal{A}(h, k))$ 的线性变换. 如果它的像为 0,那么有 $\mathcal{A}(h, k) = 0$ 和 $h = 0$,从而 $\mathcal{A}(0, k) = 0$. 由 $\mathcal{A}_y$ 可逆可得 $k = 0$,从而 $\mathrm{d}F(x^0, y^0)$ 是单射,所以它可逆.

对映射 $F(x,y)$ 在点 (x^0, y^0) 应用逆映射定理,存在 (x^0, y^0) 的邻域 U, $(x^0, 0)$ 的邻域 V, $F: U \to V$ 是 C^1 同胚. 设

$$W = \{x \in \mathbb{R}^n \mid (x, 0) \in V\},$$

那么 W 是 V 与 $\mathbb{R}^n (\subset \mathbb{R}^{n+m})$ 的交集,它是 $\mathbb{R}^n$ 的开集.

任给 $x \in W$, 由于 F 是一一对应,存在唯一 $(x, y) \in U$ 使得 $(x, 0) = F(x, y)$, 这等价于 $f(x, y) = 0$. 显然这样的 y 是唯一的,至此我们证明了定理的第一部分.

将上述 x 到 y 的对应关系记为 $y = \varphi(x)$, 则 $f(x, \varphi(x)) = 0$, 或者 $F^{-1}(x, 0) = (x, \varphi(x))$. 因此 $\varphi(x) = (\pi_y \circ F^{-1})(x, 0)$ 是 C^1 映射,这里 $\pi_y : \mathbb{R}^{n+m} \to \mathbb{R}^m$, $(x, y) \mapsto y$ 是投影映射.

最后我们求映射 φ 的微分. 记 $g(x) = (x, \varphi(x))$ 是从 W 到 U 的 C^1 映射,则 $f \circ g = 0$, 由此可得

$$0 = \mathrm{d}f(x, \varphi(x)) \circ \mathrm{d}g(x).$$

因为 $\mathrm{d}g = (\mathrm{Id}_n, \mathrm{d}\varphi) = (\mathrm{Id}_n, 0) + (0, \mathrm{d}\varphi)$, 代入上式可得

$$0 = \mathrm{d}f_x + \mathrm{d}f_y \circ \mathrm{d}\varphi,$$

这推出

$$\mathrm{d}\varphi(x) = -\big[\mathrm{d}f_y(x, \varphi(x))\big]^{-1} \circ \mathrm{d}f_x(x, \varphi(x)). \qquad \square$$

也可以把定理表述为坐标分量的语言. 方程 $f(x, y) = 0$ 可以写成 $n + m$ 个变量的方程组:

$$f_1(x_1, x_2, \cdots, x_n, y_1, y_2, \cdots, y_m) = 0,$$
$$\cdots \cdots \cdots \cdots$$
$$f_m(x_1, x_2, \cdots, x_n, y_1, y_2, \cdots, y_m) = 0.$$

$\mathcal{A}_y = \mathrm{d}f_y(x^0, y^0)$ 可逆意味着 $m \times m$ 矩阵

$$\left(\frac{\partial f_k}{\partial y_j}\right) = \begin{pmatrix} \frac{\partial f_1}{\partial y_1} & \cdots & \frac{\partial f_1}{\partial y_m} \\ \vdots & & \vdots \\ \frac{\partial f_m}{\partial y_1} & \cdots & \frac{\partial f_m}{\partial y_m} \end{pmatrix}$$

在点 (x^0, y^0) 的取值可逆, 它定义了 $\mathbb{R}^m$ 上的一个可逆线性变换. 如果进一步假设 $x = x^0$, $y = y^0$ 是上面的方程组的解, 那么定理的结论说, 对 x^0 附近的每个 x, 我们

都可以用 $x_1, x_2, \cdots, x_n$ 解出 $y_1, y_2, \cdots, y_m$. 解 y 是关于 x 的 C^1 映射 $y = \varphi(x)$, 并且映射 φ 的微分满足

$$\mathrm{d}\varphi(x) = -\left[\mathrm{d}f_y(x, \varphi(x))\right]^{-1} \circ \mathrm{d}f_x(x, \varphi(x)).$$

如果将解函数 $y = \varphi(x)$ 用坐标表示:

$$y_j = y_j \circ \varphi(x_1, x_2, \cdots, x_n) = \varphi_j(x_1, x_2, \cdots, x_n), \quad j = 1, 2, \cdots, m,$$

代入原方程 $f(x, y) = 0$ 可得

$$f_k(x_1, x_2, \cdots, x_n, \varphi_1(x_1, x_2, \cdots, x_n), \cdots, \varphi_m(x_1, x_2, \cdots, x_n)) = 0, \quad k = 1, 2, \cdots, m.$$

通过对上式 $x_i (i = 1, 2, \cdots, n)$ 求偏导可以发现, 解函数 $y = \varphi(x)$ 的 Jacobi 矩阵 $\left(\dfrac{\partial \varphi_j}{\partial x_i}\right)$ 由如下关系给出:

$$\left.\frac{\partial f_k}{\partial x_i}\right|_{(x,\varphi(x))} + \sum_{j=1}^{m} \left.\frac{\partial f_k}{\partial y_j}\right|_{(x,\varphi(x))} \left.\frac{\partial \varphi_j}{\partial x_i}\right|_x = 0,$$

其中 $1 \leqslant k \leqslant m$, $1 \leqslant i \leqslant n$, φ_j 是映射 φ 的第 j 个分量函数.

例 17.4.1 设 f, g 是定义在 $\mathbb{R}^4$ 上的两个 C^1 函数, 考虑方程

$$\begin{cases} f(x, y, u, v) = 0, \\ g(x, y, u, v) = 0. \end{cases}$$

如果在一点处

$$\det \begin{pmatrix} \dfrac{\partial f}{\partial u} & \dfrac{\partial f}{\partial v} \\ \dfrac{\partial g}{\partial u} & \dfrac{\partial g}{\partial v} \end{pmatrix} = \frac{\partial(f, g)}{\partial(u, v)} \neq 0,$$

依隐映射定理, 在该点附近方程有 C^1 解 $u = u(x, y)$, $v = v(x, y)$. 对等式

$$f(x, y, u(x, y), v(x, y)) \equiv 0,$$
$$g(x, y, u(x, y), v(x, y)) \equiv 0$$

求微分, 得到

$$\mathrm{d}f = \frac{\partial f}{\partial x}\mathrm{d}x + \frac{\partial f}{\partial y}\mathrm{d}y + \frac{\partial f}{\partial u}\mathrm{d}u + \frac{\partial f}{\partial v}\mathrm{d}v = 0,$$
$$\mathrm{d}g = \frac{\partial g}{\partial x}\mathrm{d}x + \frac{\partial g}{\partial y}\mathrm{d}y + \frac{\partial g}{\partial u}\mathrm{d}u + \frac{\partial g}{\partial v}\mathrm{d}v = 0.$$

上式可以解出 $(\mathrm{d}u, \mathrm{d}v)$ 与 $(\mathrm{d}x, \mathrm{d}y)$ 的关系:

$$\begin{pmatrix} \mathrm{d}u \\ \mathrm{d}v \end{pmatrix} = - \begin{pmatrix} \frac{\partial f}{\partial u} & \frac{\partial f}{\partial v} \\ \frac{\partial g}{\partial u} & \frac{\partial g}{\partial v} \end{pmatrix}^{-1} \begin{pmatrix} \frac{\partial f}{\partial x} & \frac{\partial f}{\partial y} \\ \frac{\partial g}{\partial x} & \frac{\partial g}{\partial y} \end{pmatrix} \begin{pmatrix} \mathrm{d}x \\ \mathrm{d}y \end{pmatrix}.$$

由此利用 $\mathrm{d}u = \frac{\partial u}{\partial x}\mathrm{d}x + \frac{\partial u}{\partial y}\mathrm{d}y$, $\mathrm{d}v = \frac{\partial v}{\partial x}\mathrm{d}x + \frac{\partial v}{\partial y}\mathrm{d}y$, 可以求出

$$\frac{\partial u}{\partial x} = -\frac{\partial(f,g)}{\partial(x,v)} \Big/ \frac{\partial(f,g)}{\partial(u,v)}, \quad \frac{\partial u}{\partial y} = -\frac{\partial(f,g)}{\partial(y,v)} \Big/ \frac{\partial(f,g)}{\partial(u,v)},$$

$$\frac{\partial v}{\partial x} = -\frac{\partial(f,g)}{\partial(u,x)} \Big/ \frac{\partial(f,g)}{\partial(u,v)}, \quad \frac{\partial v}{\partial y} = -\frac{\partial(f,g)}{\partial(u,y)} \Big/ \frac{\partial(f,g)}{\partial(u,v)}.$$

这个例子在第二册 §9.3 中已经讨论过.

17.4.2 秩定理

设 f 是 $\mathbb{R}^n$ 的一个开集 M 到 $\mathbb{R}^m$ 的 C^1 映射, $\forall x \in M$, 将映射微分 $\mathrm{d}f$ 在点 x 的秩 $\mathrm{rank}\,\mathrm{d}f(x)$ 定义为 f 在点 x 的**秩**, 也记为 $\mathrm{rank}\,f(x)$.

映射的秩定义了一个非负整数值函数 $\mathrm{rank}\,f : M \to \mathbb{Z}$. 显然 $\mathrm{rank}\,f \leqslant \min\{m, n\}$, 并且 f 是 C^1 同胚时, $\mathrm{rank}\,f = m(= n)$. 一般而言, $\mathrm{rank}\,f$ 不是常值函数, 例如映射 $f : \mathbb{R}^2 \to \mathbb{R}^2$, $(x_1, x_2) \to (x_1^2, x_2^2)$, 它的秩在点 $(0,0)$, $(1,0)$ 或 $(0,1)$, $(1,1)$ 的值分别为 $0, 1, 2$.

如果限制在一个开集 U 上映射 f 的秩 $\mathrm{rank}\,f$ 是常数 r, 就称 f **在 U 上的秩为** r.

例 17.4.2 对于线性映射 $\mathcal{A} \in L(\mathbb{R}^m, \mathbb{R}^n)$, 它的秩是常数, 设 $\mathrm{rank}\,\mathcal{A} = r$. 由线性代数知识, 存在 $\mathbb{R}^m$ 的线性自同构 $\mathcal{L}_m$ 和 $\mathbb{R}^n$ 的线性自同构 $\mathcal{L}_n$, 使得

$$\mathcal{L}_n \circ \mathcal{A} \circ \mathcal{L}_m^{-1} = (\mathrm{Id}_r, 0).$$

这里 Id_r 表示 $\mathbb{R}^r$ 上的恒同映射.

如果将标准基对应的坐标分别记为 $(x_1, x_2, \cdots, x_m)$ 和 $(y_1, y_2, \cdots, y_n)$, 并设

$$\mathcal{L}_m(x_1, x_2, \cdots, x_m) = (u_1, u_2, \cdots, u_m),$$
$$\mathcal{L}_n(y_1, y_2, \cdots, y_n) = (v_1, v_2, \cdots, v_n),$$

那么在新的坐标 $(u_1, u_2, \cdots, u_m)$ 和 $(v_1, v_2, \cdots, v_n)$ 下, 映射 $\mathcal{L}_n \circ \mathcal{A} \circ \mathcal{L}_m^{-1}$ 的坐标表示为

$$(v_1, v_2, \cdots, v_n) = \mathcal{L}_n \circ \mathcal{A} \circ \mathcal{L}_m^{-1}(u_1, u_2, \cdots, u_m)$$
$$= (u_1, u_2, \cdots, u_r, 0, \cdots, 0).$$

如果 A 是线性映射 $\mathcal{A}$ 在标准基下的矩阵, $\operatorname{rank}\mathcal{A} = \operatorname{rank} A = r$ 等价于存在 m 阶可逆矩阵 P, n 阶可逆矩阵 Q 使得

$$QAP^{-1} = \begin{pmatrix} I_r & 0 \\ 0 & 0 \end{pmatrix}.$$

事实上, 将矩阵作如下分块:

$$A = \begin{pmatrix} A_1 & B_1 \\ A_2 & B_2 \end{pmatrix},$$

其中 A_1 是 r 阶方阵, B_1 是 $r \times (m-r)$ 矩阵, A_2 是 $(n-r) \times r$ 矩阵, B_2 是 $(n-r) \times (m-r)$ 矩阵. 当 A_1 可逆时, 可以取

$$P = \begin{pmatrix} A_1 & B_1 \\ 0 & I_{m-r} \end{pmatrix}, \quad Q = \begin{pmatrix} I_r & 0 \\ -A_2 A_1^{-1} & I_{n-r} \end{pmatrix}.$$

当一个 C^1 映射的秩为常数时, 在一点的邻域内也有类似的结果.

定理 17.17(秩定理) 设 f 是 $\mathbb{R}^m$ 的开集 M 到 $\mathbb{R}^n$ 的 C^1 映射, f 在 M 上的秩为 r. 设 $x^0 \in M$, $y^0 = f(x^0)$, 则存在 x^0 的邻域 U_1, y^0 的邻域 V_1, 以及 C^1 同胚 $\varphi : U_1 \to U \subset \mathbb{R}^m$, C^1 同胚 $\psi : V_1 \to V \subset \mathbb{R}^n$, 使得复合映射 $\psi \circ f \circ \varphi^{-1} : U \to V$ 满足

$$\psi \circ f \circ \varphi^{-1} = (\operatorname{Id}_r, 0).$$

在证明定理之前需要说明的是, 如果 $(u_1, u_2, \cdots, u_m)$ 是开集 U 的坐标系, 那么通过 C^1 同胚 φ, $(x_1, x_2, \cdots, x_m) = \varphi^{-1}(u_1, u_2, \cdots, u_m)$, $(u_1, u_2, \cdots, u_m)$ 是 U_1 的新坐标系; 同理, 通过 ψ, V 的坐标 $(v_1, v_2, \cdots, v_n)$ 也给出了 V_1 的新坐标系. 在这两个新坐标系下, 映射 $\psi \circ f \circ \varphi^{-1}$ 可以表示为

$$(v_1, v_2, \cdots, v_n) = \psi \circ f \circ \varphi^{-1}(u_1, u_2, \cdots, u_m) = (u_1, u_2, \cdots, u_r, 0, \cdots, 0).$$

由于 φ 和 ψ 定义在点 x^0 和 y^0 附近, 上式只在局部成立, 这和线性映射不同.

秩定理的证明 我们用映射的坐标表示来证明定理. 设 $x = (x_1, x_2, \cdots, x_m)$ 和 $y = (y_1, y_2, \cdots, y_n)$ 分别是 $\mathbb{R}^m$ 和 $\mathbb{R}^n$ 的坐标系, $f = (f_1, f_2, \cdots, f_n) = (y_1, y_2, \cdots, y_n)$. 适当改变坐标 $(x_1, x_2, \cdots, x_m)$ 和 $(y_1, y_2, \cdots, y_n)$ 的排列顺序, 可以设 Jacobi 矩阵 $Jf(x^0)$ 的前 r 行、前 r 列构成的子矩阵可逆, 即矩阵

$$A = \left(\frac{\partial f_i}{\partial x_j}\right)_{1 \leqslant i,j \leqslant r}(x^0) = \begin{pmatrix} \dfrac{\partial f_1}{\partial x_1} & \cdots & \dfrac{\partial f_1}{\partial x_r} \\ \vdots & & \vdots \\ \dfrac{\partial f_r}{\partial x_1} & \cdots & \dfrac{\partial f_r}{\partial x_r} \end{pmatrix}(x^0)$$

可逆. 以下的证明思想和线性映射的情形类似.

定义映射 $\varphi: M \to \mathbb{R}^m$, $(u_1, u_2, \cdots, u_m) = \varphi(x_1, x_2, \cdots, x_m)$ 为
$$\begin{cases} u_i = f_i(x_1, x_2, \cdots, x_m), & i = 1, 2, \cdots, r, \\ u_k = x_k, & k = r+1, r+2, \cdots, m. \end{cases}$$

则 $\mathrm{d}\varphi$ 在 x^0 点可逆, 这是因为映射 φ 的 Jacobi 矩阵
$$J\varphi = \begin{pmatrix} \left(\dfrac{\partial f_i}{\partial x_j}\right) & \left(\dfrac{\partial f_i}{\partial x_k}\right) \\ 0 & I_{m-r} \end{pmatrix}$$

在点 x^0 可逆. 所以存在 x^0 的邻域 U_1, $\varphi: U_1 \to U = \varphi(U_1) \subset \mathbb{R}^m$ 是 C^1 同胚.

现考察经过定义域参数变换 φ 后, 映射 f 在新坐标 $(u_1, u_2, \cdots, u_m)$ 下的坐标表示. 映射 $f \circ \varphi^{-1}: U \to \mathbb{R}^n$ 的坐标表示为
$$\begin{cases} y_i = u_i, & i = 1, 2, \cdots, r, \\ y_k = f_k \circ \varphi^{-1}(u_1, u_2, \cdots, u_m), & k = r+1, r+2, \cdots, n. \end{cases}$$

注意到 $\operatorname{rank}\varphi = m$, 即 $\mathrm{d}\varphi$ 是 $\mathbb{R}^m$ 的自同构, 所以由 $\mathrm{d}(f \circ \varphi^{-1}) = \mathrm{d}f \circ (\mathrm{d}\varphi)^{-1}$ 知, $\operatorname{rank}(f \circ \varphi^{-1}) = r$. 如果直接用 $f \circ \varphi^{-1}$ 的坐标表示计算它关于变量 $(u_1, u_2, \cdots, u_m)$ 的 Jacobi 矩阵, 可得
$$J(f \circ \varphi^{-1}) = \begin{pmatrix} I_r & 0 \\ \left(\dfrac{\partial (f_k \circ \varphi^{-1})}{\partial u_j}\right) & \left(\dfrac{\partial (f_k \circ \varphi^{-1})}{\partial u_l}\right) \end{pmatrix}.$$

所以从 $\operatorname{rank}(f \circ \varphi^{-1}) = r$ 推得
$$\dfrac{\partial (f_k \circ \varphi^{-1})}{\partial u_l} = 0, \ r+1 \leqslant k \leqslant n, \ r+1 \leqslant l \leqslant m,$$

这说明当 $k \geqslant r+1$ 时,
$$f_k \circ \varphi^{-1}(u) = (f_k \circ \varphi^{-1})(u_1, u_2, \cdots, u_r)$$

只是变量 $u_1, u_2, \cdots, u_r$ 的函数.

下面我们构造值域空间 $\mathbb{R}^n$ 的坐标变换. 经过 $\mathbb{R}^m$ 和 $\mathbb{R}^n$ 适当的平移, 可以设 $x^0 = 0 \in \mathbb{R}^m$, $y^0 = f(x^0) = 0 \in \mathbb{R}^n$. 则 $\varphi(x^0) = \varphi(0) = 0 \in \mathbb{R}^m$. 在 $y^0 = 0$ 的一个邻域 $B_r(0) \subset \mathbb{R}^n$ 可以定义映射 $\psi: B_r(0) \to \mathbb{R}^n$, $(v_1, v_2, \cdots, v_n) = \psi(y_1, y_2, \cdots, y_n)$ 为
$$\begin{cases} v_i = y_i, & i = 1, 2, \cdots, r, \\ v_k = y_k - (f_k \circ \varphi^{-1})(y_1, y_2, \cdots, y_r), & k = r+1, r+2, \cdots, n. \end{cases}$$

则 ψ 的 Jacobi 矩阵

$$J\psi = \begin{pmatrix} I_r & 0 \\ -\left(\dfrac{\partial(f_k \circ \varphi^{-1})}{\partial y_i}\right) & I_{n-r} \end{pmatrix}$$

可逆. 因此存在 y^0 的邻域 V_1, $\psi: V_1 \to V = \psi(V_1) \subset \mathbb{R}^n$ 是 C^1 同胚. 记

$$(v_1, v_2, \cdots, v_n) = \psi(y_1, y_2, \cdots, y_n).$$

由映射 $f \circ \varphi^{-1}$ 和映射 ψ 的坐标表示, 容易推出

$$(v_1, v_2, \cdots, v_n) = \psi \circ f \circ \varphi^{-1}(u_1, u_2, \cdots, u_m)$$

满足:

$$\begin{cases} v_i = y_i = u_i, & i = 1, 2, \cdots, r, \\ v_k = y_k - (f_k \circ \varphi^{-1})(y_1, y_2, \cdots, y_r)\Big|_{y = f \circ \varphi^{-1}(u)} = 0, & k = r+1, r+2, \cdots, n. \end{cases}$$

$\square$

习题 17.4

1. 引用隐映射定理的记号. 取 $n = 2$, $m = 3$. 考虑如下映射 $f = (f_1, f_2): \mathbb{R}^5 \to \mathbb{R}^2$,

$$f_1(x_1, x_2, y_1, y_2, y_3) = 2\mathrm{e}^{x_1} + x_2 y_1 - 4y_2 + 3,$$

$$f_2(x_1, x_2, y_1, y_2, y_3) = x_2 \cos x_1 - 6x_1 + 2y_1 - y_3.$$

若 $a = (0, 1)$, $b = (3, 2, 7)$, 则 $f(a, b) = 0$.
(1) 计算线性映射 $\mathcal{A} = \mathrm{d}f(a, b)$, $\mathcal{A}_x$, $\mathcal{A}_y$ 在标准基下的矩阵表示;
(2) 验证 $\mathcal{A}_x$ 可逆, 从而由隐映射定理可以得到定义在 $(3, 2, 7)$ 的一个邻域里的 C^1 映射 $g(y)$, 使得 $g(3, 2, 7) = (0, 1)$ 且 $f(g(y), y) = 0$. 计算 $\mathrm{d}g(3, 2, 7)$ 在标准基下的矩阵表示.

2. 设 $a = (a_1, a_2, \cdots, a_n) \in \mathbb{R}^n$ 是一个非零向量, 定义多项式

$$f_a(x) = x^n + a_1 x^{n-1} + \cdots + a_{n-1} x + a_n.$$

证明: 如果 $a^* \in \mathbb{R}^n$ 满足: 方程 $f_{a^*}(x) = 0$ 有 n 个互不相同的实根, 那么存在 a^* 的邻域 U 使得方程 $f_a(x) = 0$ ($\forall a \in U$) 也有 n 个互不相同的实根, 且它的根是系数的光滑函数.

提示: 设 $b_1, b_2, \cdots, b_n$ 是方程 $f_{a^*}(x) = 0$ 的 n 个根, 考虑映射

$$F(a, x) = (f_a(x_1), f_a(x_2), \cdots, f_a(x_n)): \mathbb{R}^n \oplus \mathbb{R}^n \to \mathbb{R}^n,$$

在 $x = (b_1, b_2, \cdots, b_n)$ 附近应用隐映射定理.

3. 设 $f: \mathbb{R}^3 \to \mathbb{R}$ 是 C^1 函数, 命题 $f(x,y,z) = 0$ 推出
$$\frac{\partial z}{\partial y}\frac{\partial y}{\partial x}\frac{\partial x}{\partial z} = -1$$
需要什么条件?

4. 设 f 是定义在 $\mathbb{R}^3$ 上的光滑函数, $a \in \mathbb{R}^3$, $f(a) = 0$, $\nabla f(a) \neq 0$, 则 $f = f(x_1, x_2, x_3) = 0$ 在点 a 附近定义了一张曲面. 证明: 存在点 a 附近的新坐标系, 在新坐标系下曲面 $f = 0$ 表示为平面.

5. 设 $f: \mathbb{R}^n \to \mathbb{R}^m$ 是 C^1 映射, 证明: 对任意 $x^0 \in \mathbb{R}^n$, 在 x^0 的一个邻域内
$$\operatorname{rank} f(x) \geqslant \operatorname{rank} f(x^0)$$
成立.

6. 设 $f = f(x_1, x_2): \mathbb{R}^2 \to \mathbb{R}$ 是 C^3 函数.
   (1) 证明: 若 $f(0,0) = 0$, 则存在 C^2 函数 g_1, g_2 满足
   $$f(x_1, x_2) = x_1 g_1(x_1, x_2) + x_2 g_2(x_1, x_2),$$
   且 $g_i(0,0) = \dfrac{\partial f}{\partial x_i}(0,0)$, $i = 1, 2$.
   提示: 考虑 $\int_0^1 \dfrac{\mathrm{d}}{\mathrm{d}t} f(tx_1, tx_2) \,\mathrm{d}t$.
   (2) 设 $P(x_1^0, x_2^0)$ 是 f 的驻点, 并且 f 的二阶导数矩阵在点 P 非退化, 证明: 存在 P 的一个邻域 U 上的参数变换 $\varphi: U \to V$, $\varphi(P) = (0,0)$, 使得对任意 $(u_1, u_2) \in V$,
   $$f \circ \varphi^{-1}(u_1, u_2) = f(P) + \varepsilon_1 u_1^2 + \varepsilon_2 u_2^2,$$
   其中 $\varepsilon_1, \varepsilon_2 \in \{\pm 1\}$.

§17.5 条件极值

本章最后, 我们将应用映射微分的性质, 讨论函数在约束下的条件极值问题. 第二册已经介绍了 Lagrange 乘数法用于求条件极值的驻点, 这里我们将讨论更一般的约束条件, 并介绍条件极值的充分条件.

17.5.1 m 维曲面

所谓约束条件, 通常表述为定义在空间 $\mathbb{R}^n$ (或它的一个开集) 的一个方程组的解. 为更具体描述约束条件, 需要引入 $\mathbb{R}^n$ 中 m 维曲面的概念.

最直观的曲面是函数的图. 例如 f 是定义在 $\mathbb{R}^n$ 的一个开集 U 上的光滑函数,
$$\Gamma(f) = \{(x, f(x)) \mid x \in U\} \subset \mathbb{R}^{n+1}$$

称为函数 f 的图, 它是 $\mathbb{R}^{n+1}$ 的一张 n 维曲面. 为描述更一般的曲面, 我们先讨论几个例子.

例 17.5.1 $\mathbb{R}^n$ 的正则曲线定义为 C^1 映射
$$\gamma : (a, b) \to \mathbb{R}^n,$$
满足 $|\gamma'(t)| \neq 0$. 例如平面上的单位圆周 $S: x^2 + y^2 - 1 = 0$. 我们也可以用参数 θ 来描述它: $g(\theta) = (\cos\theta, \sin\theta)$. 但不存在关于 θ 的一个开区间, 使得 g 限制在它上面是与单位圆周的一一对应. 虽然取定义域为 $[0, 2\pi)$ 可以做到一一对应, 但它不是开集.

一个方法是把 S 分成两部分, 它们分别有参数表示 $g : (0, 2\pi) \to \mathbb{R}^2$ 和 $g : (-\pi/2, \pi/2) \to \mathbb{R}^2$. 另一个办法是把圆表示为函数图像: $x = \pm\sqrt{1-y^2}$, $y \in (-1, 1)$ (左、右半圆) 或 $y = \pm\sqrt{1-x^2}$, $x \in (-1, 1)$ (上、下半圆).

例 17.5.2 考虑 $\mathbb{R}^3$ 中的单位球面
$$x^2 + y^2 + z^2 - 1 = 0.$$
我们可以把六个半球分别用函数图像表示:
$$x = \pm\sqrt{1-y^2-z^2}, \quad y = \pm\sqrt{1-x^2-z^2}, \quad z = \pm\sqrt{1-x^2-y^2}.$$
另一个常用的参数表示是球面坐标表示:
$$(x, y, z) = (\cos\theta \sin\varphi, \sin\theta \sin\varphi, \cos\varphi).$$
单位球面与 Oxy 平面相交得到单位圆周, 它是 $\mathbb{R}^3$ 的子集, 可以用方程组
$$\begin{cases} x^2 + y^2 + z^2 - 1 = 0, \\ z = 0 \end{cases}$$
表示; 也可以视为映射 $x \to (x, y, z) = (x, \pm\sqrt{1-x^2}, 0)$, 或者映射 $y \to (x, y, z) = (\pm\sqrt{1-y^2}, y, 0)$, 但是它不能表示为 z 的函数.

例 17.5.3 考虑平面上方程
$$y^3 - x^2 = 0$$
定义的曲线. 它有参数表示
$$\gamma(t) = (t^3, t^2),$$
或者视为函数 $y = x^{2/3}$ 的图像. 虽然参数表示中出现的函数都光滑, 但是因为 $\gamma'(0) = 0$, $t = 0$ 不是曲线的正则点, 所以曲线在原点处是一个尖点 (图 17.1). 如果它作为函数 $f(x) = x^{2/3}$ 的图像, 那么 $f'(0)$ 不存在.

图 17.1

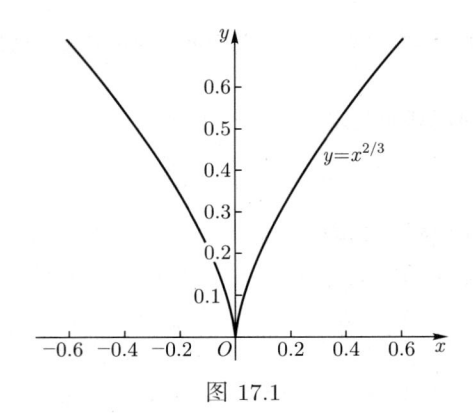

例 17.5.4 设 $m < n$，考虑定义在开集 $U \subset \mathbb{R}^m$ 上的 $n-m$ 个 C^1 函数 $\varphi_1, \varphi_2, \cdots, \varphi_{n-m}$，或者映射

$$\Phi = (\varphi_1, \varphi_2, \cdots, \varphi_{n-m}) : U \to \mathbb{R}^{n-m}.$$

映射 Φ 定义了一个 $\mathbb{R}^n$ 的子集合

$$\begin{aligned}\Gamma(\Phi) &= \{(x, \Phi(x)) \mid x \in U\} \\ &= \Big\{ \big(x_1, x_2, \cdots, x_m, \varphi_1(x_1, x_2, \cdots, x_m), \cdots, \varphi_{n-m}(x_1, x_2, \cdots, x_m)\big) \,\Big|\, \\ &\qquad (x_1, x_2, \cdots, x_m) \in U \Big\},\end{aligned}$$

称为映射 Φ 的**图**。实际上它是映射 $(\mathrm{Id}_m, \Phi) : U \to \mathbb{R}^n$ 的像 $(U, \Phi(U))$。

更一般地，如果 $\{j_1, j_2, \cdots, j_m\}$ 是 $\{1, 2, \cdots, n\}$ 的一个子集，$j_1 < j_2 < \cdots < j_m$，而 $\{k_1, k_2, \cdots, k_{n-m}\}$，$k_1 < k_2 < \cdots < k_{n-m}$ 是 $\{j_1, j_2, \cdots, j_m\}$ 在 $\{1, 2, \cdots, n\}$ 中的余集。一个 C^1 映射

$$\Phi : U \to \mathbb{R}^{n-m}, \quad \Phi = \big(\varphi_{k_1}(x_{j_1}, x_{j_2}, \cdots, x_{j_m}), \cdots, \varphi_{k_{n-m}}(x_{j_1}, x_{j_2}, \cdots, x_{j_m})\big)$$

的图 $\Gamma(\Phi)$ 为

$$\Gamma(\Phi) = \{(\cdots, x_{k_1-1}, \varphi_{k_1}, x_{k_1+1}, \cdots)\}.$$

$\mathbb{R}^n$ 的一个 m 维曲面一般定义为局部是从 $\mathbb{R}^m$ 的一个开集到 $\mathbb{R}^n$ 的满秩映射。这里我们不采用一般的曲面定义，而用一个简单的定义，它足以描述条件极值中的约束条件。

定义 17.18 一个 $\mathbb{R}^n$ 的子集 M 称为 m 维 C^1 ($1 \leqslant m \leqslant n-1$) **曲面**是指：对任意 $x \in M$，存在 x 在 $\mathbb{R}^n$ 中的邻域 V，使得 $M \cap V$ 可以表示成一个定义在 m 维开球 $U \subset \mathbb{R}^m$ 上的 C^1 映射的图。

依定义, 结合前面讨论的例子可以看出, 球面 $x^2+y^2+z^2-a^2=0$ 是 $\mathbb{R}^3$ 的 2 维曲面; 圆

$$\begin{cases} x^2+y^2+z^2-a^2=0, \\ z=0 \end{cases}$$

是 $\mathbb{R}^3$ 的 (1 维) 曲线, 它也是方程

$$\Phi(x,\ y,\ z)=(x^2+y^2+z^2-a^2,\ z)=0$$

的解集合.

利用隐映射定理可以证明, 我们通常所用的约束条件——$(n-m)$ 个独立方程联立的解是 m 维曲面. 这也是隐映射定理的几何解释.

性质 17.19 设 W 是 $\mathbb{R}^n$ 的开集,

$$F=(f_1, f_2, \cdots, f_{n-m}): W \to \mathbb{R}^{n-m}$$

是 C^1 映射, 并且 $\operatorname{rank} F \equiv n-m$, 即映射 F 满秩. 则当

$$M=\{x \in W \mid F(x)=0\}$$

非空时, 它是 m 维 C^1 曲面.

证明 设 $x^0 \in W$, $F(x^0)=0$. 由 $\operatorname{rank} F(x^0)=n-m$. 适当重排自变量 $(x_1, x_2, \cdots, x_n)$ 的顺序, 我们可以设矩阵

$$\left(\frac{\partial f_i}{\partial x_j}\right)(x_0), \quad 1 \leqslant i \leqslant n-m, \quad m+1 \leqslant j \leqslant n$$

可逆. 利用隐映射定理, 定义在 $\mathbb{R}^n=\mathbb{R}^m \oplus \mathbb{R}^{n-m}$ 上的方程组

$$\begin{cases} f_1(x_1, x_2, \cdots, x_m, x_{m+1}, x_{m+2}, \cdots, x_n)=0, \\ f_2(x_1, x_2, \cdots, x_m, x_{m+1}, x_{m+2}, \cdots, x_n)=0, \\ \cdots\cdots\cdots\cdots \\ f_{n-m}(x_1, x_2, \cdots, x_m, x_{m+1}, x_{m+2}, \cdots, x_n)=0. \end{cases}$$

在 x^0 附近有唯一解, 即存在以 $x^0=(x_1^0, x_2^0, \cdots, x_n^0)$ 为中心的开球 $V=B_r(x^0)$, $U=V$ 在 $\mathbb{R}^m$ 的投影, 以及 C^1 映射 $\Phi: U \to \mathbb{R}^{n-m}$, 满足

$$(x_{m+1}^0, x_{m+2}^0, \cdots, x_n^0)=\Phi(x_1^0, x_2^0, \cdots, x_m^0)$$

和

$$F(x_1, x_2, \cdots, x_m, x_{m+1} \circ \Phi(x_1, x_2, \cdots, x_m), \cdots, x_n \circ \Phi(x_1, x_2, \cdots, x_m))=0,$$
$$\forall (x_1, x_2, \cdots, x_m) \in U.$$

则 $M \cap V$ 就是映射 Φ 的图. $\square$

17.5.2 切空间

下面我们讨论 m 维曲面的切空间. 依照微分的观点, 切空间是曲面的一阶近似, 是一个 m 维子空间.

一个曲面 $M(\subset \mathbb{R}^n)$ 上的 C^1 曲线 γ 是指 C^1 映射 $\gamma: (a, b) \to \mathbb{R}^n$, 且 $\gamma((a, b)) \subset M$.

定义 17.20 设 $M \subset \mathbb{R}^n$ 是一个 m 维曲面, $x^0 \in M$. 曲面在点 x^0 的**切平面**(**切空间**)定义为

$$T_{x^0}M = \{M \text{ 上过点 } x^0 \text{ 的 } C^1 \text{ 曲线在点 } x^0 \text{ 的切向量}\}.$$

首先我们分析映射的图的切空间. 一个简单例子是, 函数 $y = f(x)$ 在一点 $y_0 = f(x_0)$ 的切线方程是 $y - y_0 = f'(x_0)(x - x_0)$, 因此它在点 (x_0, y_0) 的切向量有如下形式:

$$v = (x - x_0, \ f'(x_0)(x - x_0)).$$

一般地, 设 $M = \Gamma(\Phi)$ 是 C^1 映射

$$\Phi = (\varphi_{m+1}, \varphi_{m+2}, \cdots, \varphi_n): U \subset \mathbb{R}^m \to \mathbb{R}^{n-m}$$

的图, $\tilde{x}^0 \in U$, $x^0 = (\tilde{x}^0, \Phi(\tilde{x}^0)) \in M$, 如果 $\gamma(t) = (x_1(t), x_2(t), \cdots, x_m(t))$ 是定义域 U 内的曲线, $\gamma(0) = \tilde{x}^0$, 那么 $(\gamma(t), \Phi \circ \gamma(t))$ 是 M 上过点 x^0 的曲线, 它的切向量为

$$\frac{\mathrm{d}}{\mathrm{d}t}\big(\gamma(t), \Phi \circ \gamma(t)\big) = \big(\gamma'(t), \mathrm{d}\Phi_{\gamma(t)}(\gamma'(t))\big),$$

$$\left.\frac{\mathrm{d}}{\mathrm{d}t}\right|_{t=0}\big(\gamma(t), \Phi \circ \gamma(t)\big) = \big(\gamma'(0), \mathrm{d}\Phi_{\gamma(0)}(\gamma'(0))\big).$$

由 $\gamma(t)$ 的任意性, 切向量 $\gamma'(0)$ 可以取遍 $\mathbb{R}^m$ 的向量, 由此可得

$$T_{x^0}M = \{(v, \mathrm{d}\Phi_{\tilde{x}^0}(v)) \mid v \in \mathbb{R}^m\}.$$

这说明, 当曲面 M 是一个映射的图时, 它在点 x 的切空间 T_xM 是 $\mathbb{R}^n$ 的 m 维子空间.

注记 因为切空间 $T_{x^0}M$ 是曲面 M 在点 x^0 的切向量集合, 它的所有向量都可以视为以点 x^0 为起点的向量. 因此可以将曲面的切空间进一步描述为

$$T_{x^0}M = \{x^0\} \oplus \{(v, \mathrm{d}\Phi_{\tilde{x}^0}(v)) \mid v \in \mathbb{R}^m\},$$

但因为它的代数运算只对向量部分定义, 所以 $T_{x^0}M$ 依然是一个线性空间.

依定义, 曲面在任一点附近都是一个映射的图, 我们有:

性质 17.21 设 M 是 $\mathbb{R}^n$ 的 m 维 C^1 曲面, 则 $\forall x \in M$, T_xM 是一个 m 维子空间.

下面我们讨论当曲面由一个方程组定义时, 如何描述它的切空间.

例 17.5.5 设 $f: U(\subset \mathbb{R}^n) \to \mathbb{R}$ 是一个 C^1 函数, $|\mathrm{d}f| = |\nabla f| \neq 0$. 设 $x^0 \in U$, 依性质 17.19,
$$S(f) = \{x \in U \mid f(x) = f(x^0)\}$$
是一个 $n-1$ 维 C^1 曲面, 称作函数 f 的*等值面*.

设 $\gamma(t) = (x_1(t), x_2(t), \cdots, x_n(t))$ 是 $S(f)$ 内的一条光滑曲线, 则 $f \circ \gamma(t) \equiv f(x_0)$, 对 t 求导可得
$$0 = \frac{\mathrm{d}}{\mathrm{d}t} f \circ \gamma(t) = \frac{\mathrm{d}}{\mathrm{d}t} f(x_1(t), x_2(t), \cdots, x_n(t))$$
$$= \sum_{j=1}^n \frac{\partial f}{\partial x_j} \frac{\mathrm{d}x_j(t)}{\mathrm{d}t} = \left\langle \nabla f\big|_{\gamma(t)}, \gamma'(t) \right\rangle,$$

由此可以得出曲面 $S(f)$ 在一点的切向量与函数 f 在该点的梯度垂直. 因为 $\dim T_x S(f) = n-1$, 所以
$$T_x S(f) = \{v \in \mathbb{R}^n \mid \langle v, \nabla f(x) \rangle = 0\}.$$

即, 函数 f 的等值面 $S(f)$ 在一点 x 的切空间是以梯度 $\nabla f(x)$ 为法向的 $n-1$ 维子空间.

更一般地我们有:

性质 17.22 设 $F = (f_1, f_2, \cdots, f_{n-m}): W \subset \mathbb{R}^n \to \mathbb{R}^{n-m}$ 是一个 C^1 映射, $\operatorname{rank} F = n - m$. 设存在 $x^0 \in W$ 使得 $F(x^0) = 0$, 则 m 维曲面
$$M = \{x \in W \mid F(x) = 0\}$$
的切空间为
$$T_x M = \{v \in \mathbb{R}^n \mid \mathrm{d}F_x(v) = 0\}.$$

证明 设 $\gamma(t)$ 是 M 上的一条曲线, 则 $F \circ \gamma(t) = 0$. 对 t 求导可得
$$\frac{\mathrm{d}}{\mathrm{d}t} F \circ \gamma(t) = \mathrm{d}F_{\gamma(t)}(\gamma'(t)) = 0.$$

从切空间的定义可以看出, 如果 $v \in T_x M$, 那么 $\mathrm{d}F_x(v) = 0$. 又因为 $\dim T_x M = m$, $\mathbb{R}^n$ 的子空间 $\{v \in \mathbb{R}^n \mid \mathrm{d}F_x(v) = 0\}$ 的维数 $= n - \operatorname{rank} \mathrm{d}F_x = m$, 所以
$$T_x M = \{v \in \mathbb{R}^n \mid \mathrm{d}F_x(v) = 0\}. \qquad \square$$

如果 $F = (f_1, f_2, \cdots, f_{n-m})$，那么利用例 17.2.4 的结果，

$$\mathrm{d}F_x(v) = (\langle \nabla f_1(x), v\rangle, \langle \nabla f_2(x), v\rangle, \cdots, \langle \nabla f_{n-m}(x), v\rangle),$$

$\mathrm{d}F_x(v) = 0$ 等价于

$$\langle \nabla f_i(x), v\rangle = 0, \quad 1 \leqslant i \leqslant n-m.$$

曲面 $M = \{x \mid F(x) = 0\}$ 是分量函数 f_i 的等值面

$$S(f_i) = \{x \mid f_i(x) = 0\}, \quad i = 1, 2, \cdots, n-m$$

的交集，它的切空间也是这些等值面切空间的交. $\nabla f_i(x)$ $(i = 1, 2, \cdots, n-m)$ 是 T_xM 的 (线性无关的) 法向量组，它们生成的线性子空间与 T_xM 垂直，称为 M 在点 x 的**法空间**，记为 N_xM.

17.5.3 条件极值

设 M 是 $\mathbb{R}^n$ 的 m 维曲面，我们讨论定义在 $\mathbb{R}^n$ 的开集上的函数 f 限制在 M 上时的极值问题. 设 $x_0 \in M$，若存在 $r > 0$，使得 $f(x_0) \geqslant (\leqslant) f(x)$ 对 $\forall x \in M \cap B_r(x_0)$ 成立，称 x_0 是函数 $f|_M$ 的极大 (小) 值点.

性质 17.23 设 f 是定义在 $\mathbb{R}^n$ 的一个开集 W 内的一阶连续可微函数，M 是 W 内的 m 维曲面. 设 $x^0 \in M$ 是函数 $f|_M$ 的极值点，且 $\nabla f(x^0) \neq 0$，则

$$T_{x^0}M \subset T_{x^0}S(f),$$

这里

$$S(f) = \{x \in W \mid f(x) = f(x^0)\}$$

是函数 f 的等值面.

注记 条件 $\nabla f(x^0) \neq 0$ 并不是本质的. 如果 $\nabla f(x^0) = 0$，那么 x^0 已经是函数 f 的驻点. 我们真正需要寻找的是函数 $f|_M$ 的极值点，并且它不是 f 的驻点.

证明 设 $v \in T_{x^0}M$，$\gamma(t)$ 是 M 上的曲线，满足 $\gamma(0) = x^0$，$\gamma'(0) = v$. 单变量函数

$$f|_M \circ \gamma(t) = f \circ \gamma(t)$$

在 $t = 0$ 取极值，所以

$$0 = \frac{\mathrm{d}}{\mathrm{d}t} f \circ \gamma(t) \Big|_{t=0} = \mathrm{d}f_{x^0}(v) = \langle \nabla f(x^0), v\rangle.$$

所以 $v \in T_{x^0}S(f)$. □

如果曲面 M 由方程组定义，我们有:

定理 17.24 (Lagrange 乘数法)　设 W 是 $\mathbb{R}^n$ 的开集，f 是定义在 W 上的 C^1 函数，$G = (g_1, g_2, \cdots, g_m) : W \to \mathbb{R}^m$ 是 C^1 映射，$x^0 \in W$，$G(x^0) = 0$ 且 $\operatorname{rank} G_{x^0} = m$. 如果 x^0 是函数 f 限制在集合

$$M = \{x \in W \mid G(x) = 0\}$$

上的极值点，那么存在常向量 $\lambda^0 = (\lambda_1^0, \lambda_2^0, \cdots, \lambda_m^0) \in \mathbb{R}^m$，$(x^0, \lambda^0)$ 是函数

$$H(x, \lambda) = f(x) + \langle \lambda, G(x) \rangle = f(x) + [\lambda_1 g_1(x) + \lambda_2 g_2(x) + \cdots + \lambda_m g_m(x)]$$

的驻点.

证明　如果 $\nabla f(x^0) = 0$，那么 $\lambda^0 = 0$ 满足要求. 以下设 $\nabla f(x^0) \neq 0$. 依定理条件，在 x^0 的一个邻域内，$M = \{x \mid G(x) = 0\}$ 是 $n - m$ 维曲面，$S(f) = \{x \mid f(x) = f(x^0)\}$ 是 $n - 1$ 维曲面.

由性质 17.23，$T_{x^0} M$ 是 $T_{x^0} S(f)$ 的子空间，这等价于 $T_{x^0} S(f)$ (在 $\mathbb{R}^n$ 中) 的正交补空间是 $T_{x^0} M$ 的正交补空间 $N_{x^0} M$ 的子空间. 但 $T_{x^0} S(f)$ 的正交补空间维数等于 1，它由 $\nabla f(x^0)$ 生成，所以

$$\nabla f(x^0) \in \operatorname{span}_{\mathbb{R}} \left\{ \nabla g_1(x^0), \nabla g_2(x^0), \cdots, \nabla g_m(x^0) \right\} (= N_{x^0} M),$$

即存在常数 $\lambda_1^0, \lambda_2^0, \cdots, \lambda_m^0$ 满足

$$\nabla f(x^0) = -\left[\lambda_1^0 \nabla g_1(x^0) + \lambda_2^0 \nabla g_2(x^0) + \cdots + \lambda_m^0 \nabla g_m(x^0) \right].$$

所以

$$\left. \frac{\partial}{\partial x_i} H(x, \lambda) \right|_{(x^0, \lambda^0)} = \left. \left(\frac{\partial f}{\partial x_i} + \lambda_1 \frac{\partial g_1}{\partial x_i} + \lambda_2 \frac{\partial g_2}{\partial x_i} + \cdots + \lambda_m \frac{\partial g_m}{\partial x_i} \right) \right|_{(x^0, \lambda^0)} = 0$$
$$(1 \leqslant i \leqslant n),$$

而且

$$\left. \frac{\partial}{\partial \lambda_i} H(x, \lambda) \right|_{(x^0, \lambda^0)} = g_i(x^0) = 0, \ i = 1, 2, \cdots, m. \qquad \square$$

最后我们讨论极值的充分条件. 在没有约束时，判定函数极大、极小值的充分条件是考察函数 Hesse (黑塞) 矩阵生成的二次型.

定义在 $W \subset \mathbb{R}^n$ 上的 C^2 函数 f，其 Hesse 矩阵是由 f 的二阶偏导数构成的

矩阵

$$\begin{pmatrix} \dfrac{\partial^2 f}{\partial x_1 \partial x_1}(x) & \dfrac{\partial^2 f}{\partial x_1 \partial x_2}(x) & \cdots & \dfrac{\partial^2 f}{\partial x_1 \partial x_n}(x) \\ \dfrac{\partial^2 f}{\partial x_2 \partial x_1}(x) & \dfrac{\partial^2 f}{\partial x_2 \partial x_2}(x) & \cdots & \dfrac{\partial^2 f}{\partial x_2 \partial x_n}(x) \\ \vdots & \vdots & & \vdots \\ \dfrac{\partial^2 f}{\partial x_n \partial x_1}(x) & \dfrac{\partial^2 f}{\partial x_n \partial x_2}(x) & \cdots & \dfrac{\partial^2 f}{\partial x_n \partial x_n}(x) \end{pmatrix}.$$

因为二阶偏导数连续,所以矩阵是对称的.

当 Hesse 矩阵给出的二次型正定时对应极小值,二次型负定时对应极大值. 条件极值判定极大、极小的充分条件类似,只是要将相应的二次型限制在约束曲面的切空间取值.

定理 17.25 设 W 是 $\mathbb{R}^n$ 的开集,f 是定义在 $W \subset \mathbb{R}^n$ 上的 C^2 函数,$G: W \to \mathbb{R}^m$ 是 C^2 映射 [①],$\operatorname{rank} G = m$,$x^0 \in W$,$G(x^0) = 0$.

设 (x^0, λ^0) 是函数 $H(x, \lambda) = f(x) + \langle \lambda, G(x) \rangle$ 的驻点,这里 $\lambda^0 = (\lambda_1^0, \lambda_2^0, \cdots, \lambda_m^0) \in \mathbb{R}^m$ 是常向量. 记 $M = \{x \in W \mid G(x) = 0\}$,考察二次型

$$Q(v) = \sum_{i,j=1}^n \frac{\partial^2 H}{\partial x_i \partial x_j}(x^0, \lambda^0) v_i v_j, \quad v = (v_1, v_2, \cdots, v_n) \in T_{x^0} M.$$

$1°$ 若 $Q(v)$ 正定,则 x^0 是函数 $f\big|_M$ 的极小值点.

$2°$ 若 $Q(v)$ 负定,则 x^0 是函数 $f\big|_M$ 的极大值点.

$3°$ 若 $Q(v)$ 不定,则 x^0 不是函数 $f\big|_M$ 的极值点.

证明 当 $x \in M$ 时,$H(x, \lambda) = f(x)$,此时

$$f(x) - f(x^0) = H(x, \lambda) - H(x^0, \lambda).$$

将函数 $H(x, \lambda)$ 在驻点 (x^0, λ^0) 作二阶 Taylor 展开,可得

$$f(x) - f(x^0) = H(x, \lambda^0) - H(x^0, \lambda^0)$$
$$= \frac{1}{2} \sum_{i,j=1}^n \frac{\partial^2 H}{\partial x_i \partial x_j}(x^0, \lambda^0)(x_i - x_i^0)(x_j - x_j^0) + o(|x - x^0|^2).$$

这里 $x = (x_1, x_2, \cdots, x_n)$,$x^0 = (x_1^0, x_2^0, \cdots, x_n^0)$. 我们需要将 $x - x^0$ ($x \in M$) 表示为 M 的切向量与高阶无穷小之和.

记 $\tilde{x} = (x_1, x_2, \cdots, x_{n-m})$,不失一般性设在 x^0 附近 $n-m$ 维曲面 M 可表示为 C^2 映射 $\varPhi: U \subset \mathbb{R}^{n-m} \to \mathbb{R}^m$ 的图,即在 x^0 附近,

$$M = \{(\tilde{x}, \varPhi(\tilde{x})) \mid \tilde{x} \in U \subset \mathbb{R}^{n-m}\}.$$

[①] 称 G 是 C^2 映射是指 G 的每一个分量函数都有二阶连续偏导数.

所以当 $x \in M$ 时,
$$x - x^0 = (\tilde{x} - \tilde{x}^0, \Phi(\tilde{x}) - \Phi(\tilde{x}^0)),$$
利用 Φ 的可微性,
$$\Phi(\tilde{x}) - \Phi(\tilde{x}^0) = \mathrm{d}\Phi_{\tilde{x}^0}(\tilde{x} - \tilde{x}^0) + o(|\tilde{x} - \tilde{x}^0|).$$
因为 $\tilde{x} - \tilde{x}^0 \in \mathbb{R}^{n-m}$, 所以 $v = \left(\tilde{x} - \tilde{x}^0, \mathrm{d}\Phi_{\tilde{x}^0}(\tilde{x} - \tilde{x}^0)\right) \in T_{x^0}M$, 并且
$$x - x^0 = (\tilde{x} - \tilde{x}^0, \Phi(\tilde{x}) - \Phi(\tilde{x}^0)) = v + o(|\tilde{x} - \tilde{x}^0|).$$
由此推出, 当 $x \in M$ 且 $|x - x^0|$ 充分小时, $|x - x^0|$ 与 $|v|$ 是同阶无穷小量, 并且 $x - x^0 = v + o(|v|)$. 我们有
$$\sum_{i,j=1}^{n} \frac{\partial^2 H}{\partial x_i \partial x_j}(x^0, \lambda^0)(x_i - x_i^0)(x_j - x_j^0) = Q(v) + O(|x - x^0|) \cdot o(|x - x^0|)$$
$$= Q(v) + o(|v|^2),$$
代入前述 Taylor 展开式, 可得
$$f(x) - f(x^0) = \frac{1}{2}Q(v) + o(|v|^2).$$
所以当 $x \in M$ 且 $|x - x^0|$ 充分小时,

若 $Q(v)$ 正定, 则 $f(x) - f(x^0) > 0$;

若 $Q(v)$ 负定, 则 $f(x) - f(x^0) < 0$.

这就证明了定理的前两个结论.

如果 $Q(v)$ 是不定二次型, 则存在单位向量 $v_1, v_2 \in T_{x^0}M$, 使得
$$Q(v_1) > 0, \quad Q(v_2) < 0.$$
设 M 上的曲线 $\gamma_i(t)$ 满足
$$\gamma_i(0) = x^0, \quad \gamma_i'(0) = v_i, \quad i = 1, 2.$$
将 $\gamma_i(t)$ 在 $t = 0$ 作 Taylor 展开,
$$\gamma_i(t) = x^0 + v_i\, t + o(t), \quad i = 1, 2,$$
结合函数 f 在点 x^0 的 Taylor 展开可得
$$f \circ \gamma_i(t) - f \circ \gamma_i(0) = f \circ \gamma_i(t) - f(x^0) = \frac{t^2}{2}Q(v_i) + o(t^2)$$
$$= \frac{t^2}{2}\big[Q(v_i) + o(1)\big], \quad i = 1, 2.$$

所以当 $|t|$ 充分小时, $f \circ \gamma_1(t) - f(x^0) > 0$, $f \circ \gamma_2(t) - f(x^0) < 0$. 这说明 x^0 不是函数 $f|_M$ 的极值点. □

例 17.5.6 求函数 $f(x,y,z) = xyz$ 在约束条件 $x^2 + y^2 + z^2 = 1$, $x + y + z = 0$ 下的最大值和最小值.

解 因为函数定义在一个紧致集合上, 它必有最大值和最小值, 所以只要求出可能的驻点即可. 首先验证约束条件满足定理 17.24 的要求. 约束条件的 Jacobi 矩阵为

$$\begin{pmatrix} 2x & 2y & 2z \\ 1 & 1 & 1 \end{pmatrix},$$

如果它的秩为 1, 那么 $x = y = z$, 这与两个约束条件 $x^2 + y^2 + z^2 = 1$, $x + y + z = 0$ 矛盾. 所以约束条件是一个满秩映射.

作 Lagrange 函数

$$H(x, y, z, \lambda, \mu) = xyz + \lambda(x^2 + y^2 + z^2 - 1) + \mu(x + y + z),$$

得到方程组

$$\begin{cases} yz + 2\lambda x + \mu = 0, \\ xz + 2\lambda y + \mu = 0, \\ xy + 2\lambda z + \mu = 0. \end{cases}$$

从方程组中任取两个方程, 消去 μ, 可以得到

$$\begin{cases} x = y \text{ 或 } z = 2\lambda, \\ y = z \text{ 或 } x = 2\lambda, \\ z = x \text{ 或 } y = 2\lambda. \end{cases}$$

但 $x = y = z$ 不能成立, 所以极值点 (x, y, z) 总有两个坐标分量相等. 不妨设其为 $x = y$, 代入约束条件可得

$$2x^2 + z^2 = 1, \ 2x + z = 0,$$

所以 $x = y = \pm\sqrt{\dfrac{1}{6}}$, 则 $z = -2x = \mp 2\sqrt{\dfrac{1}{6}}$. 故

$$f_{\max} = \frac{\sqrt{6}}{18}, \quad f_{\min} = -\frac{\sqrt{6}}{18}. \qquad \square$$

例 17.5.7 设 $A = (a_{ij})$ 是对称矩阵, 求二次型

$$f(x) = \sum_{i,j=1}^{n} a_{ij} x_i x_j \ (x \in \mathbb{R}^n)$$

在单位球面 $S^{n-1} = \{x \in \mathbb{R}^n \mid |x|^2 = 1\}$ 上的极值.

解 约束条件
$$\varphi(x) = \sum_{i=1}^{n} x_i^2 - 1 = 0,$$
它的梯度 $\nabla \varphi = 2(x_1, x_2, \cdots, x_n)$ 在单位球面上不等于零. 构造 Lagrange 函数
$$H(x, \lambda) = \sum_{i,j=1}^{n} a_{ij} x_i x_j - \lambda \left(\sum_{i=1}^{n} x_i^2 - 1 \right),$$
求导就得到
$$\sum_{j=1}^{n} a_{ij} x_j - \lambda\, x_i = 0, \quad i = 1, 2, \cdots, n.$$
这说明驻点 (x, λ) 满足
$$A x^{\mathrm{T}} = \lambda x^{\mathrm{T}},$$
即 λ 是对称矩阵 A 的特征值，x 是相应的单位特征向量.

因为单位球面是一个紧致集合，所以函数 f 在其上一定有最大、最小值，而且极值会在条件极值的驻点达到. 设 A 的特征值为 $\lambda_1 \leqslant \lambda_2 \leqslant \cdots \leqslant \lambda_n$，相应的单位特征向量为 $v_1, v_2, \cdots, v_n$，则容易看出
$$\min f = f(v_1) = \lambda_1, \quad \max f = f(v_n) = \lambda_n,$$
特别，v_1 和 v_n 都是极值点. 下面我们将说明，若某个特征值 λ_k 满足 $\lambda_1 < \lambda_k < \lambda_n$，则相应的特征向量 v_k 不是条件极值的极值点.

函数 $H(x, \lambda)$ 在驻点 (v_k, λ_k) 的 Hesse 矩阵是
$$\left(\frac{\partial H(x, \lambda)}{\partial x_i \partial x_j} \right)(v_k, \lambda_k) = 2A - 2\lambda_k I_n.$$
考虑相应二次型在切空间 $T_{v_k} S^{n-1}$ 的取值. 单位球面 S^{n-1} 在点 v_k 的法向量为 $\frac{1}{2} \nabla \varphi(v_k) = v_k$，所以 $v_1, v_n \in T_{v_k} S^{n-1}$. 但因为
$$v_1 (A - \lambda_k I_n) v_1^{\mathrm{T}} = \lambda_1 - \lambda_k < 0,$$
$$v_n (A - \lambda_k I_n) v_n^{\mathrm{T}} = \lambda_n - \lambda_k > 0,$$
所以由定理 17.25, v_k 不是极值点.

习题 17.5

1. 问下面方程 (组) 中实常数取何值时, 方程 (组) 定义了一个 C^1 曲面? 对那些可以定义的 C^1 曲面, 找出局部的函数图像表示:

(1) $x^2 + y^2 - z^2 = c$;
   (2) $x^2 + y^2 + z^2 = c_1$, $x^2 + y^2 - z^2 = c_2$;
   (3) $xyz = c$.

2. 对习题 1 中的曲面，计算在每一点的切空间与法空间 (这里的切空间与法空间都是线性空间).

3. 设 $M \subset \mathbb{R}^n$ 是 m 维 C^1 曲面, $f : M \to \mathbb{R}$ 是 C^1 函数. 证明: 对于 M 上的每点, 存在一个 $\mathbb{R}^n$ 中的邻域 U, 使得存在 C^1 函数 $F : U \to \mathbb{R}$ 满足 $F(y) = f(y)$, $\forall y \in M \cap U$.

   提示: 使用曲面的函数图像表示.

4. 对单位球面 $x^2 + y^2 + z^2 = 1$ 上每点 $(\tilde{x}, \tilde{y}, \tilde{z})$ 与球面上该点的每个切向量 (v_1, v_2, v_3), 构造一条球面上的 C^1 曲线, 它在 $(\tilde{x}, \tilde{y}, \tilde{z})$ 的切向量恰好是 (v_1, v_2, v_3).

5. 证明: 秩为 m 的线性变换 $\mathcal{A} \in L(\mathbb{R}^m, \mathbb{R}^n)$ $(n \geqslant m)$ 的集合在线性空间 $L(\mathbb{R}^m, \mathbb{R}^n)$ 里是一个开集.

6. 设 M 是由一个位于 Ozx 平面上与 z 轴不交的圆周绕 z 轴旋转一周得到的曲面. 它称为环面 (torus). 证明它是一个二维 C^1 曲面, 并计算它上面每点的切空间.

7. 证明: $\mathbb{R}^{n_1}$ 中的 m_1 维曲面 M_1 与 $\mathbb{R}^{n_2}$ 中的 m_2 维曲面 M_2 的直积 $M_1 \times M_2$ 是 $\mathbb{R}^{n_1+n_2}$ 中的 m_1+m_2 维曲面. 并且用 M_1 上点 x 的切空间与 M_2 上点 y 的切空间表示 $M_1 \times M_2$ 上点 (x, y) 的切空间.

8. 证明: 方程 $x_1^2 + x_2^2 + \cdots + x_n^2 = 1$ 定义了 $\mathbb{R}^n$ 中一个 $n-1$ 维 C^1 曲面.

9. 证明: 行列式等于 1 的 n 阶方阵全体是 $\mathbb{R}^{n^2}$ 中的 n^2-1 维 C^1 曲面.

10. 证明: n 阶正交方阵的全体是 $\mathbb{R}^{n^2}$ 中的 $n(n-1)/2$ 维 C^1 曲面.

11. 设 M 是 $\mathbb{R}^n$ 的 C^1 曲面, $y^0 \in \mathbb{R}^n \setminus M$. 设 x 是 M 上与 y^0 的距离最大或者最小的点. 证明: 连接 x 与 y 的线段与曲面 M 垂直 (即, 与 x 点的切空间垂直).

    提示: 考虑距离的平方会容易一些.

12. 设 M 与 M' 是 $\mathbb{R}^n$ 中两个不相交的曲面. 设 $x^0 \in M$ 与 $y^0 \in M'$ 实现两个曲面之间点的距离的最大值或者最小值. 证明: 连接 x^0 与 y^0 的线段与两个曲面都垂直.

13. 利用 Lagrange 乘数法决定下列函数 f 在约束条件 $G(x) = 0$ 下的极值:
    (1) $f(x, y, z) = x^2 + 4y^2 - z^2$, $G(x, y, z) = x^2 + y^2 + z^2 - 1$;
    (2) $f(x, y, z) = zx + 2y$, $G_1(x, y, z) = x^2 + y^2 + 2z^2 - 1$, $G_2(x, y, z) = x^2 + y + z$ (只需写出极值点满足的方程);
    (3) $f(x, y, z) = x^2 + y^2 + z^2$, $G(x, y, z) = x^2 + 4y^2 - 2z^2 - 1$.

14. 应用二阶导数判别法判定习题 13 中临界点的性质.

15. 求出函数 $f(x, y) = x^3 - 3xy + y$ 在单位圆盘 $x^2 + y^2 \leqslant 1$ 里的最值 (写出最值满足的方程即可).

16. 证明: 熵 (entropy)
$$\sum_{j=1}^n x_j \ln x_j$$

在约束条件 $\sum_{j=1}^{n} x_j = 1$ 下在点 $(1/n, 1/n, \cdots, 1/n)$ 取最小值.

17. 设 $x = (x_{ij}) \in \mathbb{M}(n)$ 是 n 阶实方阵, $v_1, v_2, \cdots, v_n$ 是它的 n 个行向量, 证明:
$$|\det x| \leqslant |v_1| \cdot |v_2| \cdot \cdots \cdot |v_n|.$$

第 18 章　Riemann 积分

本章我们将讨论定义在 Euclid 空间 $\mathbb{R}^n$ 上函数的积分，建立严格的 Riemann 积分理论.

从前两册的讨论我们已经知道，Riemann 积分本质上是一个极限过程，它是在定义域细分意义下，函数某种求和的极限. 就定义域分割而言，单变量函数和多变量函数有很大的区别. 单变量函数的定义域是区间，对区间做分割得到更小的区间，每个小区间的长度是显而易见的. 但是，考虑定义在 $\mathbb{R}^n$ 的子集上函数的积分，它的定义域结构复杂，如果对定义域做分割，需要仔细定义每一小块的面积或体积. 这些问题造成了定义多变量函数的 Riemann 积分形式上要比定义单变量函数的 Riemann 积分复杂，尽管本质上它们是一样的.

本章只讨论 $n = 2$ 时 Riemann 积分的定义，因为 $n \geqslant 3$ 时，积分的定义与 $n = 2$ 的情形完全一样. 但我们会研究一般维数的积分换元公式.

涉及积分定义的两个基本问题是：1° 在什么样的集合上可以定义积分. 2° 什么样的函数可积. 我们将从定义平面子集的面积入手，过渡到函数的积分定义，一步一步地建立 Riemann 积分理论.

§18.1　$\mathbb{R}^2$ 的有面积集合

我们称 Euclid 平面 $\mathbb{R}^2$ 上形如 $I = [a, b] \times [c, d]$ 的集合为**矩形区间**，简称**区间**，它的面积 $\sigma(I)$ 等于 $(b-a)(d-c)$.

对平面的一个有界子集，一个直观的做法是利用有限个矩形来逼近该集合，通过这些矩形的面积来逼近集合的面积. 首先介绍构造这些矩形的方法，称为平面分割.

18.1.1　面积的定义

数轴的一个分割 $\pi = \{x_n\}$ 是指数轴上的一个点列 $\{x_n \mid n \in \mathbb{Z}\}$ 满足 $x_n < x_{n+1}$, $\forall n \in \mathbb{Z}$, 且

$$\lim_{n\to-\infty} x_n = -\infty, \quad \lim_{n\to+\infty} x_n = +\infty,$$

它将数轴分割成内部互不相交的一列闭区间 $\{[x_n, x_{n+1}] \mid n \in \mathbb{Z}\}$, 每个 x_n 称为分割的割点.

定义 18.1 设 $\pi_x = \{x_n\}$ 和 $\pi_y = \{y_n\}$ 分别是 x 轴和 y 轴的分割, 平面上与坐标轴平行的直线 $x = x_k$ 和 $y = y_l$ $(k, l \in \mathbb{Z})$ 将平面分为内部互不相交的一系列矩形区间, 这些区间称为**平面的一个分割**, 记为

$$\pi = (\pi_x, \pi_y) = \{I_{kl} = [x_k, x_{k+1}] \times [y_l, y_{l+1}] \mid k, l \in \mathbb{Z}\}.$$

平面上的点 (x_k, y_l) 称为分割 π 的**割点**, 并定义分割 π 的**模** $\|\pi\|$ 为

$$\|\pi\| = \sup\left\{\sqrt{(x_{k+1} - x_k)^2 + (y_{l+1} - y_l)^2} \;\middle|\; k, l \in \mathbb{Z}\right\}.$$

依定义, 分割 π 与割点集合 $\{(x_k, y_l) \mid k, l \in \mathbb{Z}\}$ 一一对应, 不同的分割对应不同的割点集合. 设 π_1 和 π_2 是平面的两个分割, 如果 π_1 的所有割点都是 π_2 的割点, 就称 π_2 是 π_1 的**加细**, 显然这时 π_2 的每一个矩形区间都落在 π_1 的某个矩形区间内, 而且 π_1 的每一个矩形区间都是若干 (有限) 个 π_2 矩形区间的并.

设 D 是平面的一个有界集合, π 是平面的一个分割, 可以用 π 的区间从内、外两方面逼近集合 D, 为此定义

$$\sigma_\pi^-(D) = \sum_{I_{kl} \subset D} \sigma(I_{kl}), \quad \sigma_\pi^+(D) = \sum_{I_{kl} \cap D \neq \varnothing} \sigma(I_{kl}),$$

由于 D 是有界集合, 这里求和都是有限和. $\sigma_\pi^-(D)$ 表示所有包含在 D 内部 (分割 π 的) 区间的面积之和, $\sigma_\pi^+(D)$ 表示与 D 有交的所有区间的面积之和, 显然 $\sigma_\pi^-(D) \leqslant \sigma_\pi^+(D)$.

性质 18.2 设分割 π_2 是分割 π_1 的加细, 则

$$\sigma_{\pi_2}^-(D) \geqslant \sigma_{\pi_1}^-(D), \quad \sigma_{\pi_2}^+(D) \leqslant \sigma_{\pi_1}^+(D).$$

证明 设 $I_{kl} \in \pi_1$, 如果 $I_{kl} \subset D$, 由于 I_{kl} 是若干个 π_2 区间的并, 这些 π_2 的区间都包含于 D, 所以,

$$\bigcup_{\substack{I_{kl} \in \pi_1 \\ I_{kl} \subset D}} I_{kl} \subset \bigcup_{\substack{I'_{kl} \in \pi_2 \\ I'_{kl} \subset D}} I'_{kl}.$$

这证明了 $\sigma_{\pi_2}^-(D) \geqslant \sigma_{\pi_1}^-(D)$.

设 $I'_{kl} \in \pi_2$, 如果 $I'_{kl} \cap D \neq \varnothing$, 那么所有包含 I'_{kl} 的 π_1 区间都与 D 有交, 所以

$$\bigcup_{\substack{I_{kl} \in \pi_1 \\ I_{kl} \cap D \neq \varnothing}} I_{kl} \supset \bigcup_{\substack{I'_{kl} \in \pi_2 \\ I'_{kl} \cap D \neq \varnothing}} I'_{kl}.$$

这证明了 $\sigma_{\pi_2}^+(D) \leqslant \sigma_{\pi_1}^+(D)$. □

上述命题表明,随着分割越来越细, $\sigma_\pi^-(D)$ 单调上升, $\sigma_\pi^+(D)$ 单调下降. 依照极限思想,我们从上、下两个方向构造面积的逼近. 令

$$\sigma^-(D) = \sup_\pi \sigma_\pi^-(D), \quad \sigma^+(D) = \inf_\pi \sigma_\pi^+(D),$$

这里上、下确界都是对平面的所有分割取的. $\sigma^-(D)$ 称为集合 D 的**内面积**, $\sigma^+(D)$ 称为集合 D 的**外面积**.

性质 18.3 $\sigma^-(D) \leqslant \sigma^+(D)$.

证明 设 π_1 和 π_2 是平面的两个分割,把两个分割不重复的割点放在一起,得到一个新的分割 $\pi = \pi_1 \cup \pi_2$. 显然, π 既是 π_1 的加细也是 π_2 的加细. 由此可得不等式

$$\sigma_{\pi_1}^-(D) \leqslant \sigma_\pi^-(D) \leqslant \sigma_\pi^+(D) \leqslant \sigma_{\pi_2}^+(D),$$

由 π_1 和 π_2 的任意性,直接推出命题. □

定义 18.4 设 D 为平面的有界集合,如果 $\sigma^-(D) = \sigma^+(D)$, 那么称 $\sigma(D) = \sigma^-(D) = \sigma^+(D)$ 是集合 D 的**面积**或者 **Jordan (若尔当) 测度**, D 称作**有面积集合**或 **Jordan 可测集**, 简称**可测集**. 测度为 0 的集合称为**零测集**.

根据性质 18.3, 一个有界集合是零测集当且仅当它的外面积等于 0. 因此平面上的有限点集是可测集,测度等于 0. 但是平面的可数点集不一定是可测集. 例如,设 S 是矩形 $I = [0, 1] \times [0, 1]$ 内的所有有理点 (即两个坐标都是有理数的点) 集合, 由于 S 没有内点, $\sigma^-(S) = 0$, 但由于 S 在 I 中稠密, 所以每个与 S 有交的矩形与 I 一定有交, 从而 $\sigma^+(S) \geqslant \sigma(I) = 1$, 所以 S 不是可测集.

18.1.2 面积的基本性质

我们首先证明第二册陈述过的一个结论: 一个有界集合是可测集当且仅当它的边界集合是零测集.

引理 18.5 D 是可测集当且仅当, 存在一列分割 $\{\pi_n\}$ 使得

$$\lim_{n \to \infty} \left[\sigma_{\pi_n}^+(D) - \sigma_{\pi_n}^-(D) \right] = 0.$$

证明 由

$$\sigma_{\pi_n}^-(D) \leqslant \sigma^-(D) \leqslant \sigma^+(D) \leqslant \sigma_{\pi_n}^+(D),$$

充分性是显然的. 为证明必要性, 依照内、外面积的定义可知, 存在两个分割列 $\{\pi_n^1\}$ 和 $\{\pi_n^2\}$ 使得

$$\lim_{n \to \infty} \sigma_{\pi_n^1}^-(D) = \sigma^-(D), \quad \lim_{n \to \infty} \sigma_{\pi_n^2}^+(D) = \sigma^+(D).$$

令 $\pi_n = \pi_n^1 \cup \pi_n^2$，我们有

$$\sigma_{\pi_n^1}^-(D) \leqslant \sigma_{\pi_n}^-(D) \leqslant \sigma_{\pi_n}^+(D) \leqslant \sigma_{\pi_n^2}^+(D).$$

由于 $\sigma^-(D) = \sigma^+(D)$，令 $n \to \infty$ 可得

$$\lim_{n \to \infty} \sigma_{\pi_n}^-(D) = \lim_{n \to \infty} \sigma_{\pi_n}^+(D). \qquad \square$$

定理 18.6 平面有界子集 D 是 Jordan 可测集的充分必要条件是，集合 D 的边界点集 ∂D 的测度 $\sigma(\partial D) = 0$。

证明 回顾集合边界的定义：点 P 称为集合 D 的边界点是指，P 的任意邻域与 D 和 D 的余集 D^c 都有非空交集。设 $\{\pi\}$ 是一个平面分割，记

$$\partial_D \pi = \{I_{kl} \in \pi \mid I_{kl} \cap D \neq \varnothing, \quad I_{kl} \cap D^c \neq \varnothing\},$$

则

$$\sigma_\pi^+(D) - \sigma_\pi^-(D) = \sum_{I_{kl} \in \partial_D \pi} \sigma(I_{kl}).$$

充分性。因为 $\sigma(\partial D) = 0$，所以存在一列分割 $\{\pi_n\}$ 满足 $\lim_{n \to \infty} \sigma_{\pi_n}^+(\partial D) = 0$，但对任何 $I_{kl} \in \partial_D \pi_n$，$I_{kl} \cap \partial D \neq \varnothing$，我们有

$$\sigma_{\pi_n}^+(D) - \sigma_{\pi_n}^-(D) = \sum_{I_{kl} \in \partial_D \pi_n} \sigma(I_{kl}) \leqslant \sigma_{\pi_n}^+(\partial D) \to 0 \quad (n \to \infty).$$

所以 D 是可测集。

必要性。任给正数 ε，下面分两步构造分割 π' 使得 $\sigma_{\pi'}^+(\partial D) \leqslant \varepsilon$。

由引理 18.5，存在分割 $\pi = \{I_{ij}\}$ 使得

$$\sigma_\pi^+(D) - \sigma_\pi^-(D) \leqslant \varepsilon.$$

因为 $\bigcup\limits_{I_{ij} \cap D \neq \varnothing} I_{ij}$ 为闭集，所以

$$\bar{D} \subset \bigcup_{I_{ij} \cap D \neq \varnothing} I_{ij}.$$

我们适当地缩小每个包含于 D 的矩形 I_{ij} 得到矩形 I_{ij}^-，使其满足如下关系与不等式：

$$\bigcup_{I_{ij} \subset D} I_{ij}^- \subset \bigcup_{I_{ij} \subset D} I_{ij}^\circ \subset \bigcup_{I_{ij} \subset D} I_{ij} \subset D,$$

$$\sigma_\pi^-(D) - \sum_{I_{ij} \subset D} \sigma(I_{ij}^-) < \varepsilon.$$

同样, 适当扩大与 D 有交的区间 I_{ij} 的四个边得到区间 I_{ij}^+, 满足

$$\sum_{I_{ij}\cap D\neq\varnothing}\sigma(I_{ij}^+)-\sigma_\pi^+(D)<\varepsilon,$$

则

$$\sum_{I_{ij}\cap D\neq\varnothing}\sigma(I_{ij}^+)-\sum_{I_{ij}\subset D}\sigma(I_{ij}^-)\leqslant[\sigma_\pi^+(D)+\varepsilon]-[\sigma_\pi^-(D)-\varepsilon]<3\varepsilon.$$

因为 $\bigcup_{I_{ij}\subset D}I_{ij}^\circ$ 为开集, 所以

$$\bigcup_{I_{ij}\subset D}I_{ij}^-\subset D^\circ.$$

又因为 $\partial D=\bar{D}\setminus D^\circ$ (参见性质 16.23), 从上面的系列包含关系式, 我们得到

$$\partial D\subset \bigcup_{I_{ij}\cap D\neq\varnothing}I_{ij}^+\Big\backslash \bigcup_{I_{ij}\subset D}I_{ij}^-.$$

将 π 的割点与矩形集合 $\{I_{ij}^+,I_{ij}^-\}$ 的顶点合在一起, 组成一个新的分割 π', 可得 $\sigma_{\pi'}^+(\partial D)\leqslant 3\varepsilon$. □

关于集合的面积, 有如下基本性质:

性质 18.7 设 D_1,D_2 是两个有界集合.

$1°$ 若 $D_1\subset D_2$, 则 $\sigma^+(D_1)\leqslant \sigma^+(D_2)$.

$2°$ $\sigma^+(D_1\cup D_2)\leqslant \sigma^+(D_1)+\sigma^+(D_2)$.

$3°$ 零测集的子集是零测集, 有限个零测集的并集是零测集.

$4°$ 若 D_1 和 D_2 都是可测集, 则 $D_1\cup D_2$ 是可测集, 且

$$\sigma(D_1\cup D_2)\leqslant \sigma(D_1)+\sigma(D_2).$$

$5°$ 若 D_1 和 D_2 都是可测集且 $D_1^\circ\cap D_2^\circ=\varnothing$, 则

$$\sigma(D_1\cup D_2)=\sigma(D_1)+\sigma(D_2).$$

证明 性质 $1°$ 是显然的.

性质 $2°$: 对任意的分割 π, 覆盖 D_1 和 D_2 的矩形区间全体也覆盖 $D_1\cup D_2$, 所以

$$\sigma_\pi^+(D_1\cup D_2)\leqslant \sigma_\pi^+(D_1)+\sigma_\pi^+(D_2),$$

由 π 的任意性知结论成立.

性质 $3°$: 由性质 $1°$ 知零测集的子集的外面积为零, 所以面积是零, 由 $2°$ 知两个零测集的并集是零测集, 因此有限个零测集的并集是零测集.

性质 4°: 由 $\partial(D_1 \cup D_2) \subset \partial D_1 \cup \partial D_2$ 知 $\partial(D_1 \cup D_2)$ 是零测集, 所以 $D_1 \cup D_2$ 是可测集. 由性质 2° 知不等式成立.

性质 5°: 若 D_1 和 D_2 的内点集合不交, 则任意矩形区间不可能同时包含于 D_1 和 D_2, 这推得对任何分割 π,

$$\sigma_\pi^-(D_1 \cup D_2) \geqslant \sigma_\pi^-(D_1) + \sigma_\pi^-(D_2),$$

即 $\sigma^-(D_1 \cup D_2) \geqslant \sigma^-(D_1) + \sigma^-(D_2)$, 结合 2° 知结论成立. □

在以上讨论中, 我们是对任意分割 π 分别取上、下确界, 定义了平面集合的内、外面积. 事实上, 只需对一类特殊的分割取极限, 亦可以给出内、外面积的等价定义, 现说明如下:

对正整数 n, 将 x 轴和 y 轴等分为长度为 $\dfrac{1}{2^n}$ 的区间

$$\left\{ \left[\frac{k}{2^n}, \frac{k+1}{2^n}\right] \;\bigg|\; k = 0, \pm 1, \pm 2, \cdots \right\},$$

由此得到平面的一个特殊分割

$$\mathcal{F}_n = \left\{ I_{kl} = \left[\frac{k}{2^n}, \frac{k+1}{2^n}\right] \times \left[\frac{l}{2^n}, \frac{l+1}{2^n}\right] \;\bigg|\; k, l = 0, \pm 1, \pm 2, \cdots \right\}.$$

它的每个矩形区间都是正方形. 显然分割 $\mathcal{F}_{n+1}$ 是分割 $\mathcal{F}_n$ 的加细, 所以对有界集合 D, $\sigma_{\mathcal{F}_n}^-(D)$ 关于 n 单调增加, $\sigma_{\mathcal{F}_n}^+(D)$ 关于 n 单调减少. 下面一个命题说明, 用特殊分割 $\mathcal{F}_n$ 来计算集合的内、外面积, 与一般分割相同.

性质 18.8 设 D 是一个有界平面集合, 则

$$\sigma^-(D) = \lim_{n \to \infty} \sigma_{\mathcal{F}_n}^-(D), \quad \sigma^+(D) = \lim_{n \to \infty} \sigma_{\mathcal{F}_n}^+(D).$$

证明 由单调性知 $\lim\limits_{n \to \infty} \sigma_{\mathcal{F}_n}^-(D)$ 和 $\lim\limits_{n \to \infty} \sigma_{\mathcal{F}_n}^+(D)$ 存在, 且

$$\lim_{n \to \infty} \sigma_{\mathcal{F}_n}^-(D) \leqslant \sup_\pi \sigma_\pi^-(D) = \sigma^-(D).$$

另一方面, 由于 D 是有界集合, 对任一固定的分割 π, π 的矩形区间只有有限个包含于 D, 设为 $\{I_1, I_2, \cdots, I_m\}$, 并记 $K = I_1 \cup I_2 \cup \cdots \cup I_m$. 对任意特殊分割 $\mathcal{F}_n = \{I_{kl}\}$, 我们将证明当 n 充分大时, 那些包含于 D 但不包含于 K 的 I_{kl}, 面积之和可以充分小.

设

$$\mathcal{F}_n' = \left\{ I_{kl} \in \mathcal{F}_n \;\Big|\; I_{kl} \cap \partial K \neq \varnothing, \text{但 } I_{kl} \nsubseteq K \right\},$$

则

$$K \subset \bigcup_{\substack{I_{kl} \in \mathcal{F}_n \\ I_{kl} \subset D}} I_{kl} \cup \bigcup_{I_{kl} \in \mathcal{F}_n'} I_{kl}.$$

所以
$$\sigma_\pi^-(D) = \sum_{j=1}^m \sigma(I_j) \leqslant \sum_{\substack{I_{kl} \in \mathcal{F}_n \\ I_{kl} \subset D}} \sigma(I_{kl}) + \sum_{I_{kl} \in \mathcal{F}_n'} \sigma(I_{kl})$$
$$\leqslant \sigma_{\mathcal{F}_n}^-(D) + \sum_{I_{kl} \in \mathcal{F}_n'} \sigma(I_{kl}).$$

对每个 j, 有
$$\sum_{I_{kl} \cap \partial I_j \neq \varnothing} \sigma(I_{kl}) \leqslant \frac{4}{2^n}\|\pi\|,$$

对 j 求和可得
$$\sum_{I_{kl} \in \mathcal{F}_n'} \sigma(I_{kl}) \leqslant \sum_{j=1}^m \sum_{I_{kl} \cap \partial I_j \neq \varnothing} \sigma(I_{kl}) \leqslant \frac{m}{2^{n-2}}\|\pi\|,$$

令 $n \to \infty$, 上式的右端就趋于 0, 所以就有
$$\sigma_\pi^-(D) \leqslant \lim_{n \to \infty} \sigma_{\mathcal{F}_n}^-(D).$$

由分割 π 的任意性得
$$\sigma^-(D) \leqslant \lim_{n \to \infty} \sigma_{\mathcal{F}_n}^-(D),$$

所以 $\sigma^-(D) = \lim\limits_{n \to \infty} \sigma_{\mathcal{F}_n}^-(D)$.

另一个等式同理可证. □

例 18.1.1 设 $y = f(x)$ 是定义在闭区间 $[a, b]$ 上的连续函数, 对应平面上的集合
$$\Gamma = \{(x, f(x)) \mid x \in [a, b]\}$$
是函数 f 的图. 利用 f 的一致连续性可以证明, Γ 的面积为 0.

为方便起见, 不妨设 $f(a) = \min f$, $f(b) = \max f$. 对任意 $\varepsilon > 0$, 存在 $\delta > 0$, 使得 $|x - y| < \delta$ 时就有
$$|f(x) - f(y)| < \varepsilon.$$
取区间 $[a, b]$ 的一个分割 $a = x_1 < x_2 < \cdots < x_n = b$ 满足 $|x_{i+1} - x_i| < \delta$, $1 \leqslant i \leqslant n-1$, 并将它扩充为 x 轴的一个分割 π_x, 将 y 轴上的 $2n$ 个点 $f(x_i) \pm \varepsilon$ $(i = 1, 2, \cdots, n)$ 扩充为 y 轴的一个分割 π_y, 由此得到一个平面分割 $\pi = (\pi_x, \pi_y)$.

集合 Γ 被分割 π 的如下矩形之并包含:
$$\Big\{[x_i, x_{i+1}] \times [f(x_i) - \varepsilon, f(x_i) + \varepsilon] \,\Big|\, i = 1, 2, \cdots, n\Big\},$$

所以
$$\sigma_\pi^+(\Gamma) \leqslant \sum_{i=1}^{n} 2\varepsilon \cdot (x_{i+1} - x_i) = 2\varepsilon \cdot (b-a),$$
这说明 Γ 是零测集.

这个例子告诉我们, 如果平面有界区域 D 的边界 ∂D 是由有限段连续函数的图构成, 那么 D 是可测集. 需要指出的是, 如果
$$\gamma(t) = (x(t),\ y(t))\colon [0,\ 1] \to \mathbb{R}^2$$
是连续映射, 它的像集
$$\Gamma = \{(x(t),\ y(x)) \mid t \in [0,\ 1]\}$$
则不一定是零测集. 著名的 Peano 曲线给出了区间 $[0,\ 1]$ 到平面区间 $[0,\ 1] \times [0,\ 1]$ 连续满射的例子 [1]. 但是, 如果 $\gamma(t)$ 是 C^1 曲线, 那么它的像集是零测集 (习题). 由此可以推出, 一个平面区域, 若它的边界是分段光滑曲线, 则它是可测集.

例 18.1.2 设 U 是 $\mathbb{R}^2$ 的非空开集, $f\colon U \to \mathbb{R}^2$ 是 C^1 映射, $E \subset U$ 是一个紧致集合, 记
$$C = \{x \in E \mid \det \mathrm{d}f(x) = 0\},$$
证明: $f(C)$ 是零测集.

注记 满足 $\det \mathrm{d}f(x) = 0$ 的点 x 称为映射 f 的临界点, 相应的值 $f(x)$ 称为映射的临界值. 这个结论称为 Sard (萨德) 定理, 它表明 C^1 映射在紧致集合中的临界值全体是一个零测集.

证明 证明需要用到映射微分 $\mathrm{d}f$ 的一致连续性. 存在常数 $d > 0$ 使得紧致集合
$$E(d/2) = \{x \in U \mid \exists y \in E,\ |x - y| \leqslant d/2\} \subset U.$$
如果 $U = \mathbb{R}^2$, 任取 $d > 0$; 如果 $U \neq \mathbb{R}^2$, 设
$$d = d(E,\ \partial U) = \inf\{|x - y| \mid x \in E,\ y \in \partial U\},$$
利用 E 的紧致性可以证明 $d > 0$.

映射 f 的微分 $\mathrm{d}f$ 在紧致集合 $E(d/2)$ 上一致连续, 所以对任意 $\varepsilon > 0$, 存在 $\delta > 0$ $(\delta < d/2)$, 当 $x \in E,\ y \in U,\ |x - y| < \delta$ 时,
$$\|\mathrm{d}f(x) - \mathrm{d}f(y)\| < \varepsilon.$$

---

[1] 参见: 常庚哲、史济怀编著,《数学分析教程 (下册)》(第 3 版) 15.8 节, 中国科学技术大学出版社, 2013.

设 $\pi = \{I_{kl}\}$ 是一个分割, 它的每个区间都是正方形, $\|\pi\| < \delta$. 若某个 $I_{kl} \cap C \neq \varnothing$, 则 $I_{kl} \subset E(d/2)$. 取一点 $x_0 \in I_{kl} \cap C$, 令 $g(x) = f(x) - \mathrm{d}f_{x_0}(x - x_0)$, 则

$$\|\mathrm{d}g(x)\| = \|\mathrm{d}f(x) - \mathrm{d}f(x_0)\| < \varepsilon, \quad \forall x \in I_{kl}.$$

因为 $\det \mathrm{d}f(x_0) = 0$, 所以

$$L = \{\mathrm{d}f_{x_0}(x - x_0) \mid x \in I_{kl}\}$$

落在一个经过原点的直线上, 且它的长度不会超过

$$2\sup\left\{\left|\mathrm{d}f_{x_0}(x - x_0)\right| \,\middle|\, x \in I_{kl}\right\} \leqslant 2\sup\{\|\mathrm{d}f(x_0)\||x - x_0| \mid x \in I_{kl}\}$$
$$\leqslant 2M\,\delta_{kl},$$

这里

$$M = \sup_{x \in E(d/2)} \|\mathrm{d}f(x)\| < +\infty,$$

δ_{kl} 是 I_{kl} 的对角线长度. 又因为 $x \in I_{kl}$ 时, 利用拟微分中值定理可得

$$\left|f(x) - f(x_0) - \mathrm{d}f_{x_0}(x - x_0)\right| = |g(x) - g(x_0)|$$
$$\leqslant \sup_{x \in I_{kl}} \|\mathrm{d}g(x)\||x - x_0| \leqslant \varepsilon\,\delta_{kl}.$$

所以集合 $f(C \cap I_{kl})$ 落在一个长不超过 $2M\,\delta_{kl}$, 宽不超过 $2\varepsilon\,\delta_{kl}$ 的矩形中, 因此

$$\sigma^+\bigl(f(C \cap I_{kl})\bigr) \leqslant 4M\delta_{kl}^2\varepsilon.$$

对任意与 C 有交的区间 I_{kl}, 上述估计均成立. 注意到正方形 I_{kl} 的面积等于 $\delta_{kl}^2/2$, 由

$$f(C) \subset \bigcup_{C \cap I_{kl} \neq \varnothing} f(C \cap I_{kl})$$

可得

$$\sigma^+\bigl(f(C)\bigr) \leqslant \sum_{C \cap I_{kl} \neq \varnothing} \sigma^+\bigl(f(C \cap I_{kl})\bigr)$$
$$\leqslant 4M\varepsilon \sum_{C \cap I_{kl} \neq \varnothing} \delta_{kl}^2 \leqslant 8M\sigma_\pi^+(C)\varepsilon,$$

这就证明了 $f(C)$ 是零测集. □

习题 18.1

1. 设区间 $I = [a, b] \times [c, d]$, 证明: 开区间 $I^\circ = (a, b) \times (c, d)$ 是可测集, 且 $\sigma(I^\circ) = \sigma(I)$.
2. 证明: $(0, 1]$ 上函数 $f(x) = \sin 1/x$ 的图像在 $\mathbb{R}^2$ 中的 Jordan 测度为零.
3. 设 D 是 $\mathbb{R}^2$ 的有界子集, 证明下述三个结论等价:
   (1) D 是零测集;
   (2) 对任意 $\varepsilon > 0$, 存在有限个区间 $I_1, I_2, \cdots, I_n$ ($n = n(\varepsilon)$) 使得
   $$D \subset \bigcup_{k=1}^n I_k \quad \text{且} \quad \sum_{k=1}^n \sigma(I_k) < \varepsilon; \tag{$*$}$$
   (3) 对任意 $\varepsilon > 0$, 存在有限个开区间 $I_1, I_2, \cdots, I_n$ ($n = n(\varepsilon)$) 使得条件 ($*$) 成立.
4. 设 D 是一个可测集, 且 $D^\circ = \varnothing$, 证明: $\sigma(D) = 0$.
5. 设 D 是一个可测集, 证明: 对任意 $\varepsilon > 0$, 存在紧致集合 $E \subset D$, 且 $\sigma^+(D \backslash E) < \varepsilon$.
6. 设 D 是 $\mathbb{R}^2$ 的一个开集. 一个开子集列 $\{D_n, n = 1, 2, \cdots\}$ 称为 D 的竭尽递增列, 如果满足:
   1° 每个 D_n 是有界开集, 而且是 Jordan 可测的.
   2° $D_1 \subset D_2 \subset \cdots \subset D_n \subset D_{n+1} \subset D_{n+2} \subset \cdots \subset D$, 而且 $\bigcup_{n=1}^\infty D_n = D$.
   证明: 若 D 是有界可测集, 则
   $$\lim_{n \to \infty} \sigma(D_n) = \sigma(D).$$
7. 设 $A \subset \mathbb{R}^2$ 是 Jordan 测度为零的集合. 证明: 它的闭包 $\bar{A}$ 也是 Jordan 测度为零的集合.
8. 设 $\gamma(t) : [0, 1] \to \mathbb{R}^2$ 是 C^1 曲线, 证明: 它的像集是零测集.
9. 设 U 是 $\mathbb{R}^2$ 中的有界开集, 且其边界 ∂U 是零测集. 设 $g : \bar{U} \to \mathbb{R}^2$ 是定义在 U 的闭包上的 C^1 映射. 证明: $g(U)$ 的边界是零测集. (注: 称映射 g 在一个紧致集合 E 上是 C^1 的, 是指存在一个包含 E 的开集 U', g 可以扩充为 U' 上的 C^1 映射.)
10. 设 E 是 $\mathbb{R}^2$ 的紧致子集, $E \subset \bigcup_{i=1}^\infty E_i$, 并且每个 E_i 是零测集. 证明: E 是零测集.
11. 证明: $n \times n$ 不可逆方阵的集合可以写成 $\mathbb{R}^{n^2}$ 中可数个 Jordan 测度为零的集合之并.

§18.2 Riemann 积分

设 $f : \mathbb{R}^2 \to \mathbb{R}$ 是一个平面上的函数, 定义 $\mathrm{supp} f$ 为集合 $\{(x, y) \in \mathbb{R}^2 \mid f(x,y) \neq 0\}$ 的闭包, $\mathrm{supp} f$ 称为函数 f 的**支撑**. 第一册和第二册已经证明, 在有限区间或有界集合上 Riemann 可积函数一定有界. 所以我们设以下讨论的函数都有界, 且具有紧致支撑, 这意味着, 存在正数 M 使得 $\sup |f| \leqslant M$, 且 $\{(x, y) \in \mathbb{R}^2 \mid f(x,y) \neq 0\}$ 是有界集合.

18.2.1 积分的定义

我们首先回顾第二册中定义的 Darboux (达布) 上和与 Darboux 下和等概念. 设 $\pi = \{I_{kl}\}$ 是一个平面分割, 记

$$M_{kl}(f) = \sup_{P \in I_{kl}} f(P), \quad m_{kl}(f) = \inf_{P \in I_{kl}} f(P),$$

定义

$$\overline{S}_\pi(f) = \sum_{I_{kl} \in \pi} M_{kl}(f)\sigma(I_{kl}),$$

$$\underline{S}_\pi(f) = \sum_{I_{kl} \in \pi} m_{kl}(f)\sigma(I_{kl}),$$

由于函数有紧致支撑, 这两个和式都是有限和. $\overline{S}_\pi(f)$ 和 $\underline{S}_\pi(f)$ 分别称为函数 f 关于分割 π 的 **Darboux** 上和与 **Darboux** 下和. 显然,

$$\underline{S}_\pi(f) \leqslant \overline{S}_\pi(f).$$

定义 18.9 $\underline{S}(f) = \sup_\pi \underline{S}_\pi(f)$ 称为函数 f 的**下积分**, $\overline{S}(f) = \inf_\pi \overline{S}_\pi(f)$ 称为函数 f 的**上积分**. 若函数 f 的上、下积分相等, 则称函数 f 是 **Riemann** 可积的 (简称可积), 并记

$$\int f \mathrm{d}\sigma = \overline{S}(f) = \underline{S}(f).$$

下述命题给出了上、下积分的基本性质, 它们的证明与面积的相应结论类似, 留作习题.

性质 18.10

1° 设分割 π_2 是分割 π_1 的加细, 则对任意函数 f, 有

$$\underline{S}_{\pi_1}(f) \leqslant \underline{S}_{\pi_2}(f), \quad \overline{S}_{\pi_1}(f) \geqslant \overline{S}_{\pi_2}(f).$$

2° 对函数 f, 有 $\underline{S}(f) \leqslant \overline{S}(f)$. 等号成立当且仅当存在一列分割 $\{\pi_n\}$ 使得

$$\lim_{n \to \infty} \left[\overline{S}_{\pi_n}(f) - \underline{S}_{\pi_n}(f) \right] = 0.$$

下面是 Riemann 积分的另一个定义, 它是用 Riemann 和收敛的形式给出的.

定义 18.11 定义在平面上的函数 f 称为 Riemann 可积的是指: 存在实数 a, 对任何正数 ε, 存在 $\delta > 0$, 对任何的分割 π, 只要 $\|\pi\| < \delta$, 都有

$$\left| \sum_{I_{kl} \in \pi} f(\xi_{kl})\sigma(I_{kl}) - a \right| < \varepsilon, \quad \forall \xi_{kl} \in I_{kl},$$

此时, 记 $a = \iint f(x,y)\mathrm{d}x\mathrm{d}y$.

定理 18.12　函数 Riemann 可积的两个定义是等价的, 并且两个定义所定义的积分值相等, 即

$$\iint f(x,y)\,\mathrm{d}x\mathrm{d}y = \underline{S}(f) = \overline{S}(f).$$

为证明上述定理, 我们首先证明一个技术性引理.

引理 18.13　设 D 是一个有界的平面矩形, $\pi' = \{I'_{ij}\}$ 是平面的一个固定分割, 对任意的分割 $\pi_1 = \{I_{kl}\}$, 记

$$\pi'_1 = \left\{ I_{kl} \in \pi_1 \mid I_{kl} \subset D, \text{ 但不存在 } I'_{ij} \in \pi' \text{ 使得 } I_{kl} \subset I'_{ij} \right\}.$$

对任意正数 ε, 存在 $\delta > 0$, 若 $\|\pi_1\| < \delta$, 就有

$$\sum_{I_{kl} \in \pi'_1} \sigma(I_{kl}) < \varepsilon.$$

也就是说, 当分割 π_1 的模充分小时, 与 π' 的分割线有交的、落在 D 中的区间, 面积之和充分小.

证明　记 M 为固定分割 $\pi' = \{I'_{ij}\}$ 中与 D 有交的矩形区间的个数, 由 D 有界知 $M < +\infty$, 设

$$m = \min\left\{ I'_{ij}\text{的边长} \mid I'_{ij} \in \pi, \ I'_{ij} \cap D \neq \varnothing \right\}.$$

给定正数 ε, 令

$$\delta = \min\left\{ \frac{m}{4}, \ \frac{\varepsilon}{8M\|\pi\|} \right\}.$$

对每个与 D 相交非空的矩形 $I'_{ij} \in \pi'$, 将它们的每一边向内收缩 δ, 得到新的矩形记为 $\tilde{I}_{ij}$.

设分割 π_1 满足 $\|\pi_1\| < \delta$, 对任意 $I_{kl} \in \pi_1$, 如果存在某个 $\tilde{I}_{ij}$ 使得 $\tilde{I}_{ij} \cap I_{kl} \neq \varnothing$, 那么 $I_{kl} \subset I'_{ij}$. 这意味着 $\forall I_{kl} \in \pi'_1$, I_{kl} 与所有的 $\tilde{I}_{ij}$ 无交, 从而成立包含关系

$$\bigcup_{I_{kl} \in \pi'_1} I_{kl} \subset D \setminus \bigcup_{I'_{ij} \cap D \neq \varnothing} \tilde{I}_{ij} \subset \bigcup_{I'_{ij} \cap D \neq \varnothing} I'_{ij} \setminus \bigcup_{I'_{ij} \cap D \neq \varnothing} \tilde{I}_{ij}.$$

由此可得

$$\sum_{I_{kl} \in \pi'_1} \sigma(I_{kl}) \leqslant \sum_{I'_{ij} \cap D \neq \varnothing} \left[\sigma(I'_{ij}) - \sigma(\tilde{I}_{ij}) \right]$$

$$\leqslant 4\delta \|\pi\| \sum_{I'_{ij} \cap D \neq \varnothing} 1 < \varepsilon. \qquad \square$$

定理 18.12 的证明　设函数 f 在 Riemann 和的意义下可积, 则对任意 $\varepsilon > 0$, 存在 $\delta > 0$, 对于模小于 δ 的任意分割 $\pi = \{I_{kl}\}$ 成立: 对于任意 $\xi_{kl} \in I_{kl}$,

$$a - \varepsilon < \sum_{I_{kl} \in \pi} f(\xi_{kl})\sigma(I_{kl}) < a + \varepsilon.$$

这说明

$$a - \varepsilon \leqslant \underline{S}_\pi(f) \leqslant \overline{S}_\pi(f) \leqslant a + \varepsilon.$$

由上、下积分的定义有

$$\underline{S}_\pi(f) \leqslant \underline{S}(f) \leqslant \overline{S}(f) \leqslant \overline{S}_\pi(f),$$

所以

$$a - \varepsilon \leqslant \underline{S}(f) \leqslant \overline{S}(f) \leqslant a + \varepsilon,$$

由 ε 的任意性, $\overline{S}(f) = \underline{S}(f) = a$.

反之, 如果函数 f 的上、下积分相等, 记 $a = \underline{S}(f) = \overline{S}(f)$, 对任意 $\varepsilon > 0$, 存在一个分割 π 使得

$$\overline{S}_\pi(f) - \underline{S}_\pi(f) < \varepsilon.$$

取一个足够大的矩形 D, 使得它的内点集合 $D^\circ \supset \mathrm{supp} f$. 对固定的分割 π 应用引理 18.13, 存在 $\delta > 0$, 对任意的分割 $\pi_1 = \{I_{kl}\}$, 当 $\|\pi_1\| < \delta$ 时, 引理结论成立, 且 $\forall I_{kl} \in \pi_1$, $I_{kl} \cap \mathrm{supp} f \neq \varnothing$ 时有 $I_{kl} \subset D$.

因为 $\underline{S}_{\pi_1}(f) \leqslant a \leqslant \overline{S}_{\pi_1}(f)$, 所以对任意 $\xi_{kl} \in I_{kl}$,

$$\left| \sum_{I_{kl} \in \pi_1} f(\xi_{kl})\sigma(I_{kl}) - a \right| \leqslant \overline{S}_{\pi_1}(f) - \underline{S}_{\pi_1}(f).$$

另一方面, 我们有

$$\begin{aligned}
\overline{S}_{\pi_1}(f) - \underline{S}_{\pi_1}(f) &= \sum_{I_{kl} \in \pi_1} (M_{kl} - m_{kl})\sigma(I_{kl}) \\
&= \sum_{\substack{\exists I'_{ij} \in \pi \\ I_{kl} \subset I'_{ij}}} (M_{kl} - m_{kl})\sigma(I_{kl}) + \sum_{I_{kl} \in \pi'_1} (M_{kl} - m_{kl})\sigma(I_{kl}) \\
&\leqslant \sum_{I'_{ij} \cap D \neq \varnothing} (M_{ij} - m_{ij})\sigma(I'_{ij}) + 2\varepsilon \sup |f| \\
&\leqslant \left[\overline{S}_\pi(f) - \underline{S}_\pi(f) \right] + 2\varepsilon \sup |f| \\
&\leqslant (1 + 2\sup |f|)\varepsilon,
\end{aligned}$$

所以
$$\Big|\sum_{I_{kl}\in\pi_1} f(\xi_{kl})\sigma(I_{kl}) - a\Big| \leqslant (1+2\sup|f|)\varepsilon, \quad \forall \xi_{kl}\in I_{kl},$$
这就证明了定理. □

推论 18.14 *函数 f 是 Riemann 可积的当且仅当*
$$\lim_{\|\pi\|\to 0}\big[\overline{S}_\pi(f) - \underline{S}_\pi(f)\big] = 0.$$

18.2.2 积分的基本性质

首先证明, 可积函数在代数运算下还是可积函数.

性质 18.15 *两个可积函数的和、差, 有限个可积函数的乘积都是可积函数.*

证明 我们只证明两个可积函数的乘积是可积函数. 设 f 和 g 是可积函数, 设 $C = \sup(|f|+|g|)$, 对任一分割 $\pi = \{I_{kl}\}$, 设 $P, Q \in I_{kl}$, 因为
$$f(P)g(P) - f(Q)g(Q) = f(P)\big[g(P) - g(Q)\big] + g(Q)\big[f(P) - f(Q)\big]$$
$$\leqslant \sup|f|\big[M_{kl}(g) - m_{kl}(g)\big] + \sup|g|\big[M_{kl}(f) - m_{kl}(f)\big],$$
我们有
$$M_{kl}(fg) - m_{kl}(fg) \leqslant C\Big\{\big[M_{kl}(g) - m_{kl}(g)\big] + \big[M_{kl}(f) - m_{kl}(f)\big]\Big\},$$
这可以推出
$$\overline{S}_\pi(fg) - \underline{S}_\pi(fg) \leqslant C\Big[\overline{S}_\pi(f) - \underline{S}_\pi(f) + \overline{S}_\pi(g) - \underline{S}_\pi(g)\Big],$$
所以依推论 18.14, fg 是可积函数. □

对于 $\mathbb{R}^2$ 的子集 D, 定义集合 D 的特征函数 χ_D 为
$$\chi_D(P) = \begin{cases} 1, & P \in D, \\ 0, & P \notin D. \end{cases}$$

性质 18.16 *设 D 为 $\mathbb{R}^2$ 的有界子集, 那么 χ_D 是可积函数当且仅当 D 是可测集. 此时*
$$\sigma(D) = \iint \chi_D\,\mathrm{d}x\mathrm{d}y$$
成立.

证明 对任意分割 π, 我们有
$$\underline{S}_\pi(\chi_D) = \sum_{I_{kl}\in\pi} m_{kl}\sigma(I_{kl}) = \sum_{I_{kl}\subset D}\sigma(I_{kl}) = \sigma_\pi^-(D),$$

同理 $\overline{S}_\pi(\chi_D) = \sigma_\pi^+(D)$,所以结论成立. □

至此,我们已经定义了具有紧致支撑函数的 Riemann 积分. 由于这类函数在一个有界集合外等于 0, 利用这一点, 可以自然地对定义域是有界可测集的函数定义积分.

设 f 是定义在集合 D 上的有界函数, 利用特征函数, 我们可以对 f 在 D 之外作 "零" 延拓, 成为全平面的函数 $f \cdot \chi_D$, 即

$$f \cdot \chi_D(P) = \begin{cases} f(P), & P \in D, \\ 0, & P \notin D. \end{cases}$$

由此我们可以定义函数 f 的积分.

定义 18.17 设 f 是定义在一个可测集 D 上的有界函数, 若 $f \cdot \chi_D$ 是可积函数, 就称 f 是在 D 上 Riemann 可积的 (简称可积), 并记

$$\int_D f \mathrm{d}\sigma = \iint_D f(x,y)\mathrm{d}x\mathrm{d}y = \iint (f \cdot \chi_D)(x,y)\mathrm{d}x\mathrm{d}y.$$

我们首先证明: 定义在零面积集合上的有界函数一定是可积的.

性质 18.18 设 D 是一个零面积集合, f 是定义在 D 上的有界函数, 则 f 在 D 上可积且

$$\iint_D f(x,y)\mathrm{d}x\mathrm{d}y = 0.$$

证明 $\forall \varepsilon > 0$, 存在分割 $\pi = \{I_{kl}\}$, $\sigma_\pi^+(D) < \varepsilon$. 我们有

$$\overline{S}_\pi(f \cdot \chi_D) - \underline{S}_\pi(f \cdot \chi_D) = \sum_{I_{kl} \cap D \neq \varnothing} \Big[M_{kl}(f \cdot \chi_D) - m_{kl}(f \cdot \chi_D)\Big]\sigma(I_{kl})$$

$$\leqslant 2\sup|f|\sigma_\pi^+(D) < 2\sup|f|\varepsilon.$$

从而 f 在 D 上可积. 又因为

$$|\overline{S}_\pi(f \cdot \chi_D)| \leqslant \sup|f|\sigma_\pi^+(D) < \sup|f|\varepsilon,$$

所以 $f \cdot \chi_D$ 的上积分等于零. □

在第二册, 我们给出了 Riemann 积分的另一个定义, 它是对定义域作任意剖分, 当剖分越来越细, 函数的 Riemann 和收敛时, 定义极限为函数的积分. 虽然从形式上看, 这个定义需要在更一般的分割下 Riemann 和收敛, 但下面我们将证明这是积分的另一个等价定义.

设 D 是一个可测集, 称 $T = \{D_j \mid j = 1,2,\cdots,n\}$ 是 D 的一个剖分, 是指每个 D_j 都是可测集, 且

1° $D = \bigcup\limits_{j} D_j$.

2° $j \neq k$ 时, 内点集合 D_j° 与 D_k° 无交.

同时定义剖分 T 的模

$$\|T\| = \max_j \sup\{|x-y| \mid x, y \in D_j\}.$$

平面分割与集合 D 的交集是一类特殊剖分. 因此, 如果一个函数在任意剖分的意义下 Riemann 可积, 那么它在分割意义下也 Riemann 可积. 我们将证明如下定理, 它可以推出两个积分定义的等价性.

定理 18.19 设 f 是可测集 D 上的可积函数, $a = \iint_D f(x,y)\,\mathrm{d}x\mathrm{d}y$, 则对任意 $\varepsilon > 0$, 存在 $\delta > 0$, 使得对 D 的任意剖分 $T = \{D_j\}$, 当 $\|T\| < \delta$ 时, 有

$$\left|\sum_j f(\xi_j)\sigma(D_j) - a\right| < \varepsilon, \quad \forall \xi_j \in D_j \ (j=1,2,\cdots,n).$$

证明 为方便起见, 我们设 D 是矩形区域. 对于剖分 $T = \{D_j\}$, 可以定义 Darboux 上和、Darboux 下和分别为

$$\overline{S}_T(f) = \sum_j M_j(f)\sigma(D_j),$$
$$\underline{S}_T(f) = \sum_j m_j(f)\sigma(D_j),$$

其中

$$M_j(f) = \sup\{f(\xi) \mid \xi \in D_j\}, \ m_j(f) = \inf\{f(\xi) \mid \xi \in D_j\}.$$

这里我们不讨论剖分的加细以及相应的单调性等细节, 而是直接证明: $\forall \varepsilon > 0$, $\exists \delta > 0$, 当 $\|T\| < \delta$ 时,

$$\overline{S}_T(f),\ \underline{S}_T(f) \in (a-\varepsilon,\ a+\varepsilon).$$

这样由于

$$\underline{S}_T(f) \leqslant \sum_j f(\xi_j)\sigma(D_j) \leqslant \overline{S}_T(f), \quad \forall \xi_j \in D_j,$$

定理成立.

由于 f 可积, 对任意 $\varepsilon > 0$, 存在平面分割 $\pi = \{I_{kl}\}$ 满足

$$\underline{S}_\pi(f),\ \overline{S}_\pi(f) \in \left(a - \frac{\varepsilon}{8},\ a + \frac{\varepsilon}{8}\right).$$

记 $\pi' = \{I_{kl} \mid I_{kl} \cap D \neq \varnothing\}$. 存在充分小的 $\delta\left(< \dfrac{1}{2}\|\pi\|\right)$ 使得: 将每个矩形 $I_{kl} \in \pi'$ 的边向内缩 δ, 得到的矩形 I'_{kl} 满足

$$\sigma\Big(\bigcup_{I_{kl} \in \pi'} (I_{kl} \setminus I'_{kl})\Big) = \sum_{I_{kl} \in \pi'} \big[\sigma(I_{kl}) - \sigma(I'_{kl})\big] < \frac{\varepsilon}{8 \sup |f|}.$$

对 D 的任意剖分 $T = \{D_j\}$, 当 $\|T\| < \delta$ 时, 可以将 $T = \{D_j\}$ 的元素分为两部分: $T_1 = \{D_j \mid \exists I_{kl} \in \pi', D_j \cap I'_{kl} \neq \varnothing\}$, $T_2 = T \setminus T_1$. 下面我们将估计 $\overline{S}_T(f)$ 与 $\overline{S}_\pi(f)$ 的误差.

对于 $D_j \in T_1$, 存在一个 $I_{kl} \in \pi'$ 满足 $D_j \cap I'_{kl} \neq \varnothing$, $\|T\| < \delta$ 就推出 $D_j \subset I_{kl}$, 所以 $m_{kl}(f) \leqslant M_j(f) \leqslant M_{kl}(f)$. 先固定一个 I_{kl}, 对所有与 I'_{kl} 有交的 D_j 求和, 可得

$$m_{kl}(f) \sum_{D_j \cap I'_{kl} \neq \varnothing} \sigma(D_j) \leqslant \sum_{D_j \cap I'_{kl} \neq \varnothing} M_j(f)\sigma(D_j) \leqslant M_{kl}(f) \sum_{D_j \cap I'_{kl} \neq \varnothing} \sigma(D_j),$$

这可以推出

$$M_{kl}(f)\Big[\sigma(I_{kl}) - \sum_{D_j \cap I'_{kl} \neq \varnothing} \sigma(D_j)\Big] \leqslant M_{kl}(f)\sigma(I_{kl}) - \sum_{D_j \cap I'_{kl} \neq \varnothing} M_j(f)\sigma(D_j)$$

$$\leqslant \big[M_{kl}(f) - m_{kl}(f)\big]\sigma(I_{kl}) +$$

$$m_{kl}(f)\Big[\sigma(I_{kl}) - \sum_{D_j \cap I'_{kl} \neq \varnothing} \sigma(D_j)\Big],$$

上述不等式中, 中间一项的绝对值不会超过左、右两项绝对值的最大者, 所以

$$\Big|\sum_{D_j \cap I'_{kl} \neq \varnothing} M_j(f)\sigma(D_j) - M_{kl}(f)\sigma(I_{kl})\Big|$$

$$\leqslant \sup|f|\Big[\sigma(I_{kl}) - \sum_{D_j \cap I'_{kl} \neq \varnothing} \sigma(D_j)\Big] + \big[M_{kl}(f) - m_{kl}(f)\big]\sigma(I_{kl})$$

$$\leqslant \sup|f|\big[\sigma(I_{kl}) - \sigma(I'_{kl})\big] + \big[M_{kl}(f) - m_{kl}(f)\big]\sigma(I_{kl}).$$

对所有 $I_{kl} \in \pi'$ 求和, 注意到对任意 $D_j \in T_1$, 有且只有唯一的 I'_{kl} 与它有交, 否则 D_j 会同时含于 π' 中的两个不同的矩形, 矛盾. 我们有

$$\Big|\sum_{D_j \in T_1} M_j(f)\sigma(D_j) - \overline{S}_\pi(f)\Big|$$

$$= \Big|\sum_{I_{kl} \in \pi'} \sum_{D_j \cap I'_{kl} \neq \varnothing} M_j(f)\sigma(D_j) - \sum_{I_{kl} \in \pi'} M_{kl}(f)\sigma(I_{kl})\Big|$$

$$\leqslant \sum_{I_{kl}\in\pi'}\left|\sum_{D_j\cap I'_{kl}\neq\varnothing} M_j(f)\sigma(D_j) - M_{kl}(f)\sigma(I_{kl})\right|$$

$$\leqslant \sup|f|\sum_{I_{kl}\in\pi'}\left[\sigma(I_{kl}) - \sigma(I'_{kl})\right] + \underline{S}_\pi(f) - \overline{S}_\pi(f) < \frac{3\varepsilon}{8}.$$

如果 $D_j \in T_2$, 因为 $\|T\| < \delta$, 所以 $D_j \in \bigcup_{I_{kl}\in\pi'}\left(I_{kl}\setminus I'_{kl}\right)$. 由此得到

$$\left|\sum_{D_j\in T_2} M_j(f)\sigma(D_j)\right| \leqslant \sup|f|\sigma\Big(\bigcup_{I_{kl}\in\pi'}(I_{kl}\setminus I'_{kl})\Big) < \frac{\varepsilon}{8}.$$

综合以上两部分的估计, 我们有

$$\left|\overline{S}_T(f) - \overline{S}_\pi(f)\right| \leqslant \left|\sum_{D_j\in T_1} M_j(f)\sigma(D_j) - \overline{S}_\pi(f)\right| + \left|\sum_{D_j\in T_2} M_j(f)\sigma(D_j)\right| < \frac{\varepsilon}{2}.$$

同理可以得到关于 $\underline{S}_T(f)$ 的估计

$$\left|\underline{S}_T(f) - \underline{S}_\pi(f)\right| < \frac{\varepsilon}{2},$$

这就证明了

$$\overline{S}_T(f),\ \underline{S}_T(f) \in (a-\varepsilon,\ a+\varepsilon). \qquad \square$$

例 18.2.1 设 $D = (0,1)\times(0,1)$, 称 $P(x,y) \in D$ 是有理点, 是指它的两个坐标都是有理数. 用既约分数表示有理点的坐标 $P = (p/q, p'/q')$, $(p,q) = (p',q') = 1$, 定义 Riemann 函数

$$f(P) = \begin{cases} \dfrac{1}{qq'}, & \text{如果 } P = \left(\dfrac{p}{q}, \dfrac{p'}{q'}\right) \text{ 是有理点}, \\ 0, & \text{如果 } P \text{ 不是有理点}. \end{cases}$$

因为无理数在区间 $(0,1)$ 稠密, 所以对任意分割 π, Darboux 下和 $\underline{S}_\pi(f) = 0$, 这推出 $\underline{S}(f) = 0$. 又因为对任意 $0 < \varepsilon < 1$, 满足 $f(P) = 1/qq' > \varepsilon$ 的有理点只有有限个, 设为 $\{P_1, P_2, \cdots, P_n\}$. 我们可以取一个分割 $\pi = \{I_{kl}\}$, 它的模 $\|\pi\|$ 充分小, 使得每个区间 I_{kl} 中至多只含一个 P_i $(1 \leqslant i \leqslant n)$, 且

$$\overline{S}_\pi(\chi_D) < 1 + \varepsilon, \quad \sum_{i=1}^n \sum_{P_i\in I_{kl}} \sigma(I_{kl}) < \varepsilon$$

同时成立.

函数 f 关于分割 π 的 Darboux 上和有估计

$$\begin{aligned}\overline{S}_\pi(f) &= \sum_{I_{kl}\in\pi} M_{kl}(f)\sigma(I_{kl}) \\ &= \sum_{M_{kl}(f)\leqslant\varepsilon} M_{kl}(f)\sigma(I_{kl}) + \sum_{M_{kl}>\varepsilon} M_{kl}(f)\sigma(I_{kl}) \\ &\leqslant \overline{S}_\pi(\chi_D)\cdot\varepsilon + \varepsilon < 3\varepsilon,\end{aligned}$$

这推出 $\overline{S}(f) = 0$.

综合以上分析可得, f 在集合 D 上 Riemann 可积, 且 $\iint_D f\,\mathrm{d}x\mathrm{d}y = 0$.

习题 18.2

1. 设 A, B 是平面的子集, 证明:
   (1) $\chi_{A\cup B} = \chi_A + \chi_B - \chi_{A\cap B}$;
   (2) $\chi_{A\cap B} = \chi_A \cdot \chi_B$.

2. 设 A, B 是平面的可测集, 证明: $A\cup B$, $A\cap B$, $A\backslash B$ 都是可测集, 且
$$\sigma(A\cup B) + \sigma(A\cap B) = \sigma(A) + \sigma(B),$$
$$\sigma(A\backslash B) = \sigma(A) - \sigma(A\cap B).$$

3. 设 D_1 和 D_2 是平面的可测集, 且 $D_1\cap D_2$ 是零测集. 函数 f 在 D_1 和 D_2 上分别可积, 证明: f 在 $D_1\cup D_2$ 上可积且
$$\int_{D_1\cup D_2} f\mathrm{d}\sigma = \int_{D_1} f\mathrm{d}\sigma + \int_{D_2} f\mathrm{d}\sigma.$$

4. 设 D 是可测集, D_1 是 D 的可测子集, f 是定义在 D 上的可积函数. 证明: f 在 D_1 上可积.

5. 设 D 是一个可测开集, f 是定义在 D 上的连续非负可积函数, 证明:
$$\lim_{n\to\infty} \left(\int_D f^n\mathrm{d}\sigma\right)^{\frac{1}{n}} = \sup_{P\in D} f(P).$$

6. 设 f 是可测集 D 上的可积函数, $P\in D$ 是一个内点且 f 在点 P 连续, 证明:
$$\lim_{r\to 0} \frac{1}{\sigma(B_r(P))} \int_{B_r(P)} f\mathrm{d}\sigma = f(P).$$

7. 设 f 是定义在一个可测集 D 上的函数, 设 $f^+(P) = \max\{f(P), 0\}$, $\forall P\in D$, $f^-(P) = -\min\{f(P), 0\}$, $\forall P\in D$. 证明: f 可积当且仅当 f^+ 和 f^- 可积, 且
$$\int_D f\mathrm{d}\sigma = \int_D f^+\mathrm{d}\sigma - \int_D f^-\mathrm{d}\sigma.$$

8. 设 f 是可测集 D 上的可积函数, 且 $f \geqslant 0$. 证明: 若 $\int_D f\mathrm{d}\sigma = 0$, 则对任意 $n \in \mathbb{N}$, 集合 $D_n = \{P \in D \mid f(P) \geqslant 1/n\}$ 是零测集.

9. 设 f, g 和 h 是定义在平面可测集 D 上的可积函数, 满足 $g \leqslant h \leqslant f$. 若 f 和 g 可积且 $\int_D f\mathrm{d}\sigma = \int_D g\mathrm{d}\sigma$, 证明: h 可积且

$$\int_D h\mathrm{d}\sigma = \int_D f\mathrm{d}\sigma = \int_D g\mathrm{d}\sigma.$$

10. 设 f 是定义在平面可测集 D 上的可积函数, f 取值不为 0 且 $1/f$ 有界, 证明: $1/f$ 在 D 上可积.

11. 设 D 是 $\mathbb{R}^2$ 的一个可测子集. $\{D_n, n = 1, 2, \cdots\}$ 是一个可测集列, 满足

$$D_1 \subset D_2 \subset \cdots \subset D_n \subset D_{n+1} \subset D_{n+2} \subset \cdots \subset D, \text{ 而且 } \bigcup_{n=1}^{\infty} D_n = D,$$

证明: $\lim_{n \to \infty} \sigma(D_n) = \sigma(D)$.

§18.3 可积函数类

上一节我们定义了函数的 Riemann 积分, 并讨论了积分的基本性质. 这里我们从连续性的角度, 讨论函数可积的条件.

首先, 利用一致连续性可以得到如下结果.

性质 18.20 设 D 是一个可测集, f 是 D 的闭包 $\overline{D}$ 上的连续函数, 则 f 在 D 上可积.

证明 由于 f 在紧致集合 $\overline{D}$ 上一致连续, 对任意 $\varepsilon > 0$, 存在 $\delta > 0$ 使得对任意 $x, y \in D$, $|x - y| < \delta$ 时, $|f(x) - f(y)| < \varepsilon$.

设分割 $\pi = \{I_{kl}\}$ 的模足够小, 满足 $\|\pi\| < \delta$, 且 $\sigma_\pi^+(\partial D) \leqslant \varepsilon$. 设 $I_{kl} \in \pi$, 如果 $I_{kl} \subset D$, 那么由一致连续性,

$$M_{kl}(f \cdot \chi_D) - m_{kl}(f \cdot \chi_D) \leqslant \varepsilon.$$

另一方面, π 中任意一个与 D 有交但不包含于 D 的矩形与 ∂D 有交. 我们有估计

$$\overline{S}_\pi(f \cdot \chi_D) - \underline{S}_\pi(f \cdot \chi_D) = \sum_{I_{kl} \subset D} \Big[M_{kl}(f \cdot \chi_D) - m_{kl}(f \cdot \chi_D)\Big]\sigma(I_{kl}) +$$

$$\sum_{I_{kl} \not\subset D} \Big[M_{kl}(f \cdot \chi_D) - m_{kl}(f \cdot \chi_D)\Big]\sigma(I_{kl})$$

$$\leqslant \varepsilon\sigma(D) + 2\sup_D |f \cdot \chi_D| \cdot \sigma_\pi^+(\partial D)$$

$$\leqslant \big[\sigma(D) + 2\sup|f|\big]\varepsilon.$$

依定义 18.9, $f \cdot \chi_D$ 可积. □

为讨论函数可积性与连续性的关系, 我们需要用第 15 章定义的函数振幅的概念. 设 f 是定义在可测集 D 上的函数, $P \in D, r > 0$, f 在点 P 的振幅 $\omega_f(P)$ 定义为

$$\omega_f(P) = \lim_{r \to 0^+} \omega_f(P, r),$$

其中 $\omega_f(P, r)$ $(r > 0)$ 定义为

$$\omega_f(P, r) = \sup\left\{|f(Q_1) - f(Q_2)| \,\big|\, Q_i \in D,\ |Q_i - P| < r,\ i = 1, 2\right\}$$
$$= \sup\left\{f(Q) \,\big|\, Q \in D,\ |Q - P| < r\right\} - \inf\left\{f(Q) \,\big|\, Q \in D,\ |Q - P| < r\right\}.$$

对任意正数 δ, 令 $D_\delta(f) = \left\{P \in D \,\big|\, \omega_f(P) \geqslant \delta\right\}$, 它是振幅不小于 δ 的点的集合.

性质 18.21

$1°$ 函数 f 在点 P 连续当且仅当 $\omega_f(P) = 0$.

$2°$ 如果 $\delta_1 > \delta_2 > 0$, 那么 $D_{\delta_1}(f) \subset D_{\delta_2}(f)$, 即集族 $\{D_\delta(f)\}$ 关于 δ 单调下降.

$3°$ 当 D 是闭集时, $\forall \delta > 0$, 集合 $D_\delta(f)$ 是闭集.

$4°$ 函数 f 的不连续点集合等于

$$\bigcup_{n=1}^{\infty} D_{1/n}(f).$$

证明 依振幅的定义, $1°$, $2°$ 和 $4°$ 显然. 为证明 $3°$, 只需证明: 如果 $\{P_n\}$ 是 $D_\delta(f)$ 内的收敛点列且 $P_n \to P \in D$, 则 $P \in D_\delta(f)$.

对任意 $r > 0 (r < \delta)$, 点列中存在一点 $P_n \in B_{r/2}(P)$. 因为

$$\omega_f(P_n, r/2) \geqslant \omega_f(P_n) \geqslant \delta,$$

所以存在 $Q, Q' \in B_{r/2}(P_n) \cap D$,

$$|f(Q) - f(Q')| > \delta - r.$$

由于 $Q, Q' \in B_r(P)$, 所以

$$\omega_f(P, r) \geqslant |f(Q) - f(Q')| \geqslant \delta - r,$$

令 $r \to 0$, 就证明了 $\omega_f(P) \geqslant \delta$, 所以 $P \in D_\delta(f)$. □

一个函数 Riemann 可积的充要条件可以用它振幅的测度来描述.

定理 18.22 设 D 是一个有界闭的可测集，f 是定义在 D 上的函数. 那么 f 是集合 D 上的 Riemann 可积函数当且仅当：对任意 $\delta > 0$, $D_\delta(f)$ 是零测集.

我们首先证明一个引理. 它的结论有类似于函数一致连续的表述方式，事实上它可以推出"紧致集合上连续函数一定一致连续"这一结论.

引理 18.23 设 f 是定义在紧致集合 $D \subset \mathbb{R}^2$ 上的一个函数，如果 f 在每一点的振幅都小于一个定数 ε, 那么存在 $\delta > 0$ 使得，对任意 $x, y \in D$, 当 $|x - y| < \delta$ 时就有
$$|f(x) - f(y)| < \varepsilon.$$

证明 我们用反证法证明. 假设引理不成立，对任意 $k \in \mathbb{N}$, 存在 $P_k, Q_k \in D$, $|P_k - Q_k| < \dfrac{1}{k}$ ($k = 1, 2, \cdots$), 但 $|f(P_k) - f(Q_k)| \geqslant \varepsilon$. 由紧致性，$\{P_k\}$ 有收敛子列，不妨设就是 $\{P_k\}$, 则 $\{Q_k\}$ 也收敛，且
$$\lim P_k = \lim Q_k = P \in D,$$
但 $|f(P_k) - f(Q_k)| \geqslant \varepsilon$. 这说明对于任意 $r > 0$ 都有 $\omega_f(P, r) \geqslant \varepsilon$, 与 $\omega_f(P) < \varepsilon$ 矛盾. □

定理 18.22 的证明 先证明充分性. 任意给定 $\varepsilon > 0$, $D_\varepsilon(f)$ 是零面积集合，因此存在一个分割 $\pi_0 = \{I_{ij}\}$ 使得 $D_\varepsilon(f) \subset \bigcup\limits_{I_{ij} \cap D_\varepsilon(f) \neq \varnothing} I_{ij}$, 且
$$\sigma_{\pi_0}^+(D_\varepsilon(f)) = \sum_{I_{ij} \cap D_\varepsilon(f) \neq \varnothing} \sigma(I_{ij}) < \varepsilon/2.$$

将与 $D_\varepsilon(f)$ 有交的每个区间 I_{ij} 的各边分别往外扩大 $\delta'/2$ 和 δ', 使之成为区间 $I_{ij}(\delta'/2)$ 和 $I_{ij}(\delta')$. 当 δ' 充分小时，
$$I_{ij} \subset I_{ij}^\circ(\delta'/2), \qquad \sum_{I_{ij} \cap D_\varepsilon(f) \neq \varnothing} \sigma\big(I_{ij}(\delta')\big) < \varepsilon.$$

令
$$D' = D \Big\backslash \bigcup_{I_{ij} \cap D_\varepsilon(f) \neq \varnothing} I_{ij}^\circ(\delta'/2),$$

则 D' 是一个有界闭集，而且在其上函数 f 的振幅小于 ε. 由引理 18.23, 存在 $\delta > 0$ 且 $\delta < \delta'/2$, 使得当 $x, y \in D'$, $|x - y| < \delta$ 时，
$$|f(x) - f(y)| < \varepsilon.$$

对任意分割 $\pi = \{J_{kl}\}$，设 $\|\pi\| < \delta$. 必要时可以取更小的 δ 使得 $\sigma_\pi^+(\partial D) < \varepsilon$. 分割 π 中与 D 有交的矩形区间可以分解为三部分：

$$\pi_1 = \{J \in \pi \mid J \not\subset D,\ J \cap D \neq \varnothing\},$$
$$\pi_2 = \{J \in \pi \mid J \subset D'\},$$
$$\pi_3 = \{J \in \pi \mid J \not\subset D',\ J \subset D\}.$$

我们有：$1°$ 对于 π_1 中的区间，因为 $\sigma_\pi^+(\partial D) < \varepsilon$，所以

$$\sum_{J_{kl} \in \pi_1} \sigma(J_{kl}) \leqslant \sigma_\pi^+(\partial D) < \varepsilon.$$

$2°$ 若 $J_{kl} \in \pi_2$，则

$$M_{kl}(f) - m_{kl}(f) < \varepsilon.$$

$3°$ 如果矩形区间 $J \in \pi_3$，那么由 D' 的定义可知，存在某个 $I_{ij} \in \pi$ 使得

$$I_{ij} \cap D_\varepsilon(f) \neq \varnothing, \quad J \cap I_{ij}^\circ(\delta'/2) \neq \varnothing,$$

由于 $\|\pi\| < \delta < \delta'/2$，所以 J 一定包含于 $I_{ij}(\delta')$. 故

$$\bigcup_{J_{kl} \in \pi_3} J_{kl} \subset \bigcup_{I_{ij} \cap D_\varepsilon(f) \neq \varnothing} I_{ij}(\delta').$$

综合以上分析，我们得到如下估计

$$\begin{aligned}
& \overline{S}_\pi(f \cdot \chi_D) - \underline{S}_\pi(f \cdot \chi_D) \\
\leqslant\ & \sum_{J_{kl} \in \pi_1} \Big[M_{kl}(f \cdot \chi_D) - m_{kl}(f \cdot \chi_D)\Big] \sigma(J_{kl}) + \\
& \sum_{J_{kl} \in \pi_2} \Big[M_{kl}(f \cdot \chi_D) - m_{kl}(f \cdot \chi_D)\Big] \sigma(J_{kl}) + \\
& \sum_{J_{kl} \in \pi_3} \Big[M_{kl}(f \cdot \chi_D) - m_{kl}(f \cdot \chi_D)\Big] \sigma(J_{kl}) \\
\leqslant\ & 2 \sup |f| \sigma_\pi^+(\partial D) + \sum_{J_{kl} \subset D'} \Big[M_{kl}(f \cdot \chi_D) - m_{kl}(f \cdot \chi_D)\Big] \sigma(J_{kl}) + \\
& \sum_{I_{ij} \cap D_\varepsilon(f) \neq \varnothing} 2 \sup |f|\, \sigma\big(I_{ij}(\delta')\big) \\
\leqslant\ & 2 \sup |f| \varepsilon + \varepsilon \sigma_\pi^-(D') + 2 \sup |f| \varepsilon \\
\leqslant\ & \big[4 \sup |f| + \sigma(D)\big] \varepsilon.
\end{aligned}$$

于是我们证明了函数 f 在 D 上可积.

反之, 设 f 在 D 上可积, 我们将证明对任意固定 $n \in \mathbb{N}$, $D_{1/n}(f)$ 是零测集. $\forall \varepsilon > 0$, 只要分割 $\pi = \{I_{kl}\}$ 的模充分小, 就有

$$\overline{S}_\pi(f \cdot \chi_D) - \underline{S}_\pi(f \cdot \chi_D) = \sum_{I_{kl} \cap D \neq \varnothing} \Big[M_{kl}(f \cdot \chi_D) - m_{kl}(f \cdot \chi_D)\Big] \sigma(I_{kl}) < \frac{\varepsilon}{n}.$$

设 A 是与 D 有交的矩形区间 I_{kl} 的边界 ∂I_{kl} 之并, 则 A 的面积 $\sigma(A) = 0$. 我们只需证明 $D'_{1/n} \overset{\text{def}}{=} D_{1/n}(f) \backslash A$ 的面积是零. 记

$$\pi_n = \{I_{kl} \in \pi \mid I_{kl} \cap D'_{1/n} \neq \varnothing\},$$

对于 $I_{kl} \in \pi_n$, 存在点 $P \in I_{kl}^\circ$ 并且 $\omega_f(P) \geqslant 1/n$. 于是存在正数 r, 使得开球 $B_r(x) \subset I_{kl}$ 且 $\omega_f(x, r) \geqslant 1/n$. 我们有

$$1/n \leqslant \omega_f(x, r) \leqslant M_{kl}(f \cdot \chi_D) - m_{kl}(f \cdot \chi_D).$$

这推出

$$\frac{1}{n}\sigma^+(D'_{1/n}) \leqslant \frac{1}{n} \sum_{I_{kl} \in \pi_n} \sigma(I_{kl}) \leqslant \sum_{I_{kl} \in \pi_n} \Big[M_{kl}(f \cdot \chi_D) - m_{kl}(f \cdot \chi_D)\Big] \sigma(I_{kl}) < \frac{\varepsilon}{n}.$$

所以 $\sigma^+(D'_{1/n}) < \varepsilon$, 这说明 $D'_{1/n}$ 是零测集. □

有限个零测集的并集还是零测集, 但可数个零测集的并集不一定是零测集. 因此对可积函数而言, 尽管振幅大于定数的集合为零测集, 但它的不连续点集合是可数个零测集的并集, 不一定是 Jordan 测度意义下的零测集.

平面的有界集合 E 称为 Lebesgue 零测集是指: 对任意 $\varepsilon > 0$, 存在一列区间 $\{I_n\}$ 满足 1° $E \subset \bigcup_{j=1}^\infty I_j$; 2° $\sum_{j=1}^\infty \sigma(I_j) < \varepsilon$.

我们有如下结论:

推论 18.24(Lebesgue 定理) 定义在可测紧致集合 D 上的函数 f 是 Riemann 可积的当且仅当, f 的不连续点集合是 Lebesgue 零测集.

证明 函数 f 的不连续点集合

$$D(f) = \bigcup_{n \geqslant 1} D_{1/n}(f).$$

如果 f 是 Riemann 可积的, 那么对任意 $n \in \mathbb{N}$, $D_{1/n}(f)$ 是 Jordan 零测集. 对任意 $\varepsilon > 0$, 存在分割 $\pi_n = \{I_{kl}\}$ 使得

$$\sum_{I_{kl} \cap D_{1/n}(f) \neq \varnothing} \sigma(I_{kl}) < \frac{\varepsilon}{2^n}.$$

或者说, 对每个 n, 存在有限个区间 $I_1, I_2, \cdots, I_{k_n}$ 满足

$$D_{1/n}(f) \subset \bigcup_{j=1}^{k_n} I_j, \quad \sum_{j=1}^{k_n} \sigma(I_j) < \frac{\varepsilon}{2^n}.$$

将这些区间放在一起, 就得到一列区间, 这些区间的并集包含 $D(f)$, 并且它们的面积之和不超过

$$\sum_{n=1}^{\infty} \frac{\varepsilon}{2^n} = \varepsilon.$$

所以 $D(f)$ 是 Lebesgue 零测集.

反之, 设 $D(f)$ 是 Lebesgue 零测集. 对任意 $\varepsilon > 0$, 存在一列区间 $\{I_n\}$, 它们的并集包含 $D(f)$, 它们的面积之和 $< \varepsilon/2$. 可以将每个区间 I_n 适当扩大为新的区间 J_n, 满足

$$I_n \subset J_n^\circ, \quad \sigma(J_n) \leqslant \sigma(I_n) + \frac{\varepsilon}{2^{n+1}}, \quad n = 1, 2, \cdots.$$

则对任意 $\delta > 0$,

$$D_\delta(f) \subset D(f) \subset \bigcup_{n=1}^{\infty} J_n^\circ.$$

$\{J_n^\circ\}$ 是紧集 $D_\delta(f)$ 的开覆盖, 它有有限子覆盖 $\{J_{k_1}^\circ, J_{k_2}^\circ, \cdots, J_{k_m}^\circ\}$, 这推出

$$\sigma^+\big(D_\delta(f)\big) \leqslant \sum_{i=1}^{m} \sigma(J_{k_i}) \leqslant \sum_{i=1}^{\infty} \sigma(J_n) < \varepsilon,$$

所以 $D_\delta(f)$ 是 Jordan 零测集. □

定理 18.22 中蕴含的集合 D 是可测紧致集合这个条件不是必需的, 事实上我们有:

推论 18.25 设 D 是 $\mathbb{R}^2$ 的可测集, f 是定义在 D 上的有界函数, 则 f 在 D 上 Riemann 可积当且仅当对任意 $\delta > 0$, 集合

$$D_\delta(f) = \{P \in D \mid \omega_f(P) \geqslant \delta\}$$

是零测集.

证明 取矩形区间 $\tilde{D}$ 满足 $\bar{D} \subset \tilde{D}^\circ$, 将 f 在 $\tilde{D}$ 的零延拓记为 $\tilde{f} = f \cdot \chi_{\bar{D}}$. 依定义, f 在 D 上可积当且仅当 $\tilde{f}$ 在 $\tilde{D}$ 上可积. 注意到

$$D_\delta(\tilde{f}) = \{P \in \tilde{D} \mid \omega_{\tilde{f}}(P) \geqslant \delta\} \subset D_\delta(f) \cup \partial D.$$

由于 ∂D 是零测集, 如果 $\forall \delta > 0$, $D_\delta(f)$ 是零测集, 那么 $D_\delta(\tilde{f})$ 是零测集, 那么 $\tilde{f}$ 可积, 所以 f 可积.

反之，如果 f 可积，那么 $\tilde{f}$ 可积，则对任意 $\delta > 0$, $D_\delta(\tilde{f})$ 是零测集，由 $D_\delta(f) \subset D_\delta(\tilde{f})$ 易知结论成立. $\square$

至此我们已经给出平面 $\mathbb{R}^2$ 上 Jordan 测度和函数积分的定义，讨论了函数可积的条件. 可以完全类似地在 $\mathbb{R}^n$ ($n \geqslant 3$) 定义积分. 例如定义 $I = [a_1, b_1] \times [a_2, b_2] \times \cdots \times [a_n, b_n]$ 为 n 维矩形区域，它的体积为 $\sigma(I) = \prod_{i=1}^{n}(b_i - a_i)$. 我们同样可以定义 $\mathbb{R}^n$ 的分割，进而定义 $\mathbb{R}^n$ 的子集的内体积、外体积和 Jordan 测度. 对于 $\mathbb{R}^n$ 上有紧致支撑的函数，它的 Riemann 积分、可积性条件等也可以同样讨论. 下面我们简要讨论 $n = 1$ 的情形.

一个区间 $I = [a, b]$ 的长度 $\sigma(I) = b - a$. 设 A 是 $\mathbb{R}$ 的有界子集，$\pi = \{I_k\}$ 是 $\mathbb{R}$ 的一个分割，定义

$$\sigma_\pi^-(A) = \sum_{I_k \subset A} \sigma(I_k),$$

$$\sigma_\pi^+(A) = \sum_{I_k \cap A \neq \varnothing} \sigma(I_k),$$

称

$$\sigma^-(A) = \sup_\pi \sigma_\pi^-(A)$$

为集合 A 的内测度,

$$\sigma^+(A) = \inf_\pi \sigma_\pi^+(A)$$

为集合 A 的外测度. 当 $\sigma^-(A) = \sigma^+(A)$ 时，称 A 是 Jordan 可测集，并称 $\sigma(A) = \sigma^+(A) = \sigma^-(A)$ 是 A 的 Jordan 测度.

对于定义在 $\mathbb{R}$ 上，具有紧致支撑的有界函数 f，类似于我们在第一册讨论过的，可以定义它的 Darboux 上和、Darboux 下和，进而定义它的 Riemann 积分. 同样有如下定理.

定理 18.26 设 $A \subset \mathbb{R}$ 是一个可测集，f 是定义在 A 上的有界函数. f 在 A 上 Riemann 可积当且仅当对任意 $\delta > 0$, 集合

$$D_\delta(f) = \{x \in A \mid \omega_f(x) \geqslant \delta\}$$

是零测集.

最后，我们以 Parseval 等式 (定理 15.54) 的证明作为本节的结束.

例 18.3.1 (Parseval 等式) 证明：设 f 是区间 $[-\pi, \pi]$ 上的 Riemann 可积函数，$\{a_n\}$ 和 $\{b_n\}$ 是它的 Fourier 系数，则

$$\frac{a_0^2}{2} + \sum_{k=1}^{\infty}(a_k^2 + b_k^2) = \frac{1}{\pi}\int_{-\pi}^{\pi} f^2(x)\mathrm{d}x.$$

证明 沿用 §15.4 的记号. 设 $\sigma_n f$ 是函数 f 的 Cesàro 和

$$\sigma_n f(x) = \frac{1}{\pi} \int_{-\pi}^{\pi} f(x-t) K_n(t) \mathrm{d}t,$$

其中

$$K_n(t) = \frac{1}{2(n+1)} \frac{\sin^2\left(\dfrac{n+1}{2}\right)t}{\sin^2 \dfrac{t}{2}}$$

是积分的 Fejér 核, 它是单位近似函数.

根据 15.4.4 小节的讨论, 我们只需证明

$$\lim_{n\to\infty} \int_{-\pi}^{\pi} |f(x) - \sigma_n f(x)|^2 \mathrm{d}x = 0,$$

其中

$$f(x) - \sigma_n f(x) = \frac{1}{\pi} \int_{-\pi}^{\pi} \bigl[f(x) - f(x-t)\bigr] K_n(t) \, \mathrm{d}t.$$

因此, 我们将精细地估计积分 $\int_{-\pi}^{\pi} |f(x) - \sigma_n f(x)|^2 \, \mathrm{d}x$. $\forall \varepsilon > 0$, 由 f 可积知 $D_\varepsilon(f)$ 是零测集, 所以存在区间 $[-\pi, \pi]$ 的分割 $\pi = \{I_1, I_2, \cdots, I_m\}$ 满足

$$\sum_{I_k \cap D_\varepsilon(f) \neq \varnothing} \sigma(I_k) < \frac{\varepsilon}{2}.$$

设 $\pi_1 = \{I_k \in \pi \mid I_k \cap D_\varepsilon(f) \neq \varnothing\}$. 将 π_1 中的每个区间 $I_k = [a, b]$ 扩大为 $\tilde{I}_k = [a - \delta_1, b + \delta_1]$ $(\delta_1 > 0)$, 当 δ_1 充分小时

$$\sum_{I_k \in \pi_1} \sigma(\tilde{I}_k) < \varepsilon.$$

记

$$\tilde{I} = [-\pi,\, \pi] \Big\backslash \bigcup_{I_k \in \pi_1} \tilde{I}_k^\circ,$$

积分 $\int_{-\pi}^{\pi} |f - \sigma_n f|^2 \, \mathrm{d}x$ 可以分解为两部分:

$$\int_{-\pi}^{\pi} |f(x) - \sigma_n f(x)|^2 \, \mathrm{d}x = \sum_{I_k \in \pi_1} \int_{\tilde{I}_k} |f - \sigma_n f|^2 \mathrm{d}x + \int_{\tilde{I}} |f - \sigma_n f|^2 \mathrm{d}x = J_1 + J_2.$$

设 $M = \sup|f|$, 我们先估计第一部分积分 J_1. 当 $x \in \tilde{I}_k$ $(I_k \in \pi_1)$ 时, 因为

$$|f(x) - \sigma_n f(x)| \leqslant \frac{1}{\pi} \int_{-\pi}^{\pi} |f(x) - f(x-t)| K_n(t) \mathrm{d}t \leqslant 2M,$$

所以
$$J_1 \leqslant 4M^2 \sum_{I_k \in \pi_1} \sigma(\tilde{I}_k) < 4M^2\varepsilon.$$

现估计第二部分积分 J_2. 记
$$\tilde{I}' = \left\{ x \in [-\pi, \pi] \mid 存在 x' \in \tilde{I}, \ |x - x'| \leqslant \frac{\delta_1}{2} \right\}.$$

函数 f 在有界闭集 $\tilde{I}'$ 上的振幅 $< \varepsilon$, 我们有与引理 18.23 相似的结果: 存在 $\delta > 0 (\delta < \delta_1/2)$, 当 $x, y \in \tilde{I}'$ 且 $|x - y| < \delta$ 时, $|f(x) - f(y)| < \varepsilon$. 这推出当 $x \in \tilde{I}$, $|t| < \delta$ 时 $|f(x) - f(x-t)| < \varepsilon$. 由此可得当 $x \in \tilde{I}$ 时,

$$|f(x) - \sigma_n f(x)| \leqslant \frac{1}{\pi} \int_{-\pi}^{\pi} |f(x) - f(x-t)| K_n(t) \, \mathrm{d}t$$
$$= \int_{|t|<\delta} |f(x) - f(x-t)| K_n(t) \, \mathrm{d}t +$$
$$\int_{|t|\geqslant\delta} |f(x) - f(x-t)| K_n(t) \, \mathrm{d}t$$
$$\leqslant \varepsilon + 2M \int_{|t|\geqslant\delta} K_n(t) \, \mathrm{d}t.$$

因为 $\{K_n(t)\}$ 是单位近似函数, 所以 n 充分大时,
$$\int_{|t|\geqslant\delta} K_n(t) \, \mathrm{d}t < \frac{\varepsilon}{2M},$$

我们有 $|f(x) - \sigma_n f(x)| < 2\varepsilon$. 由此推出
$$J_2 \leqslant 4\varepsilon^2 \sigma(\tilde{I}) \leqslant 8\pi\varepsilon^2.$$

综合以上关于 J_1 和 J_2 的估计可得, 对任意小于 1 的正数 ε, 当 n 充分大时
$$\int_{-\pi}^{\pi} |f(x) - \sigma_n f(x)|^2 \, \mathrm{d}x < (4M^2 + 8\pi)\varepsilon,$$

这就证明了结论. □

注记 Parseval 等式对 $[-\pi, \pi]$ 上有瑕点的可积且平方可积函数也成立. 不妨设 π 是函数 f 的瑕点. 因为平方可积, 所以对任意的 $\varepsilon > 0$, 存在 $\delta > 0$, 使得
$$\int_{\pi-\delta}^{\pi} f^2(x) \mathrm{d}x < \varepsilon.$$

将函数 f 分成两部分 $f(x) = f_1(x) + f_2(x)$, 其中
$$f_1(x) = \begin{cases} f(x), & -\pi \leqslant x \leqslant \pi - \delta, \\ 0, & \pi - \delta < x \leqslant \pi, \end{cases}$$

$$f_2(x) = \begin{cases} 0, & -\pi \leqslant x \leqslant \pi - \delta, \\ f(x), & \pi - \delta < x \leqslant \pi. \end{cases}$$

显然, f_1 Riemann 可积, 所以当 n 充分大时有

$$\int_{-\pi}^{\pi} |f_1(x) - \sigma_n f_1(x)|^2 \, \mathrm{d}x < \varepsilon,$$

f_2 可积且平方可积, 并满足

$$\int_{-\pi}^{\pi} f_2^2(x) \mathrm{d}x = \int_{\pi-\delta}^{\pi} f^2(x) \mathrm{d}x < \varepsilon.$$

最后当 n 充分大时有

$$\int_{-\pi}^{\pi} |f(x) - \sigma_n f_1(x)|^2 \, \mathrm{d}x \leqslant 2 \int_{-\pi}^{\pi} |f_1(x) - \sigma_n f_1(x)|^2 \, \mathrm{d}x + 2 \int_{-\pi}^{\pi} f_2^2(x) \mathrm{d}x < 4\varepsilon.$$

根据 15.4.4 小节的讨论, 可以用 $\sigma_n f_1$ 代替 $\sigma_n f$, 证明对于带瑕点的可积且平方可积函数, Parseval 等式成立.

习题 18.3

1. 证明定理 18.26.

   提示: 将函数零延拓到一个闭区间上.

2. 设 $f(x,y)$ 是区间 $I = [a, b] \times [c, d]$ 上的可积函数, 设

$$\varphi(x) = \underline{\int_c^d} f(x,y) \, \mathrm{d}y, \qquad \psi(x) = \overline{\int_c^d} f(x,y) \, \mathrm{d}y$$

   分别是 f 关于变量 y 的下积分和上积分, 证明: $\varphi(x)$ 和 $\psi(x)$ 可积, 且

$$\int_I f \, \mathrm{d}\sigma = \int_a^b \varphi(x) \mathrm{d}x = \int_a^b \psi(x) \mathrm{d}x.$$

3. 证明: 有界闭区间 $[a, b]$ 上的单调函数可积.

4. 证明: Cantor 集 (例 14.4.3) 的 Jordan 测度等于零.

5. 设 D 是一个平面可测集, $\sigma(D) > 0$, f 是 D 上一个可积函数且 $f > 0$. 证明:

$$\int_D f \mathrm{d}\sigma > 0.$$

6. 设 D 是平面 Jordan 可测集, $\{f_n\}$ 是定义在 D 上的可积函数列, 一致收敛到函数 f. 证明: f 在 D 上可积且

$$\int_D f \mathrm{d}\sigma = \lim_{n \to \infty} \int_D f_n \mathrm{d}\sigma.$$

7. 设 D_n 是一列非空 Jordan 可测开集, 满足 $D_n \subset D_{n+1}$ $(n = 1, 2, \cdots)$, 并且 $D = \bigcup_{n=1}^{\infty} D_n$ 也是 Jordan 可测集. 设 f 是 D 上的可积函数, 证明:
$$\int_D f \mathrm{d}\sigma = \lim_{n \to \infty} \int_{D_n} f \mathrm{d}\sigma.$$
提示: 利用习题 18.1 第 6 题的结果.

8. 设 E 是一个紧致集合, 证明: E 是 Jordan 零测集当且仅当它是 Lebesgue 零测集.

9. 设 f 是可测集 D 上的非负可积函数, 且 $\int_D f \mathrm{d}\sigma = 0$, 证明: 集合 $D_0 = \{P \in D \mid f(P) > 0\}$ 是 Lebesgue 零测集.

10. 按以下步骤, 构造一个定义在区间 $[0, 1]$ 上的可微函数 $F(x)$, 它的导函数 $f(x)$ 有界, 但不 Riemann 可积.

(1) 构造 $[0, 1]$ 中一列两两不交的闭子区间 $\{I_n\}$, 它们的长度之和等于 $1/2$, 并证明 $[0, 1]$ 中任意非空闭子区间 J 必定满足如下两个条件之一:

(a) $J \subset \bigcup_{n=1}^{\infty} I_n$; (b) J 包含某个区间 I_n, $n \in \mathbb{N}$.

提示: 第一步, 在 $[0, 1]$ 区间中部取长度等于 $1/4$ 的闭区间 $I_1 = [3/8, 5/8]$; 第二步, 在余下两个区间的中部取长度为 $1/16$ 的闭区间 $I_2 = [5/32, 7/32]$, $I_3 = [25/32, 27/32]$; 第三步, 在余下 4 个区间中部, 取长度为 $1/64$ 的闭区间, 以此类推.

(2) 设闭区间 $\tilde{I}_n$ 关于 I_n 的中点对称, 且它的长度 $|\tilde{I}_n|$ 等于 $|I_n|^2$, $n = 1, 2, \cdots$. 定义函数 f 为: f 在 $\tilde{I}_n$ $(n \in \mathbb{N})$ 上是金字塔形分段线性函数, 它在 $\tilde{I}_n$ 的中心取值 1, 在 $\tilde{I}_n$ 的端点取值 0; 规定 f 在其他地方取值均为 0. 证明: f 不是 Riemann 可积函数.

提示: 利用 (1) 证明对任意的分割 π, $\overline{S}_\pi(f) - \underline{S}_\pi(f) \geqslant 1/2$.

(3) 定义
$$F(x) = \sum_{n=1}^{\infty} \int_{K_n} f(t) \mathrm{d}t, \quad \forall x \in [0, 1],$$
其中 $K_n = [0, x] \cap \tilde{I}_n$, $n \in \mathbb{N}$. 证明: $F'(x) = f(x)$, $\forall x \in [0, 1]$.

*§18.4 重积分换元公式

这一节研究多重积分换元公式, 我们不局限于二维, 将讨论一般维数的情形.

换元 (也就是对积分变量的变换) 是计算积分的主要手段. 在变量变换下多重积分的积分区域、被积函数等积分形式会发生改变. 在第二册中, 我们已经描述了换元的过程, 给出了换元公式, 并利用换元计算积分, 这里将给出它的严格证明.

设 U 和 U' 是 $\mathbb{R}^n$ 的两个开集, 映射 $\varphi: U' \to U$ 是参数 (坐标) 变换. 当 $(x_1, x_2, \cdots, x_n)$ 是 U 的直角坐标, $(u_1, u_2, \cdots, u_n)$ 是 U' 的直角坐标时. 通过变换

$$x_j = x_j(u_1, u_2, \cdots, u_n),$$

$(u_1, u_2, \cdots, u_n)$ 成为 U 的曲线坐标. 我们要研究 U 上函数的 Riemann 积分

$$\int_U f(x)\mathrm{d}x = \int \cdots \int_U f(x_1, x_2, \cdots, x_n)\mathrm{d}x_1 \mathrm{d}x_2 \cdots \mathrm{d}x_n$$

在参数 $(u_1, u_2, \cdots, u_n)$ 下的计算公式.

18.4.1 行列式与体积

设 $\mathbb{R}^n$ 的任意 n 个线性无关向量 $v_1, v_2, \cdots, v_n$, 它们生成一个平行多面体

$$\Delta(v_1, v_2, \cdots, v_n) = \{x = t_1 v_1 + t_2 v_2 + \cdots + t_n v_n \mid 0 \leqslant t_i \leqslant 1, i = 1, 2, \cdots, n\}.$$

我们考虑平行多面体 $\Delta(v_1, v_2, \cdots, v_n)$ 的体积 $\sigma(v_1, v_2, \cdots, v_n)$.

设 $e_1, e_2, \cdots, e_n$ 是 $\mathbb{R}^n$ 的标准基, 显然, $\sigma(e_1, e_2, \cdots, e_n) = 1$. 如果 $v_1, v_2, \cdots, v_n$ 是一组线性无关向量, 设 $v_i = \sum_j a_{ij} e_j$ $(i = 1, 2, \cdots, n)$, 由行列式的定义可知, 它生成的平行多面体 $\Delta(v_1, v_2, \cdots, v_n)$ 的体积为

$$\sigma(v_1, v_2, \cdots, v_n) = |\det(a_{ij})|.$$

我们称 $\mathbb{R}^n$ 的两组基为同定向的, 是指它们之间的基变换矩阵的行列式为正. 因此 $\mathbb{R}^n$ 仅有两个定向, 通常将标准基 $e_1, e_2, \cdots, e_n$ 决定的定向称为正定向. 不难看出, 如果 (a_{ij}) 是一个 n 阶方阵, $\det(a_{ij})$ 表示的是由向量组 $v_i = \sum_j a_{ij} e_j$ $(1 \leqslant i \leqslant n)$ 生成的平行多面体的"有向"体积, 这就是行列式符号的几何意义.

设 $\varphi : \mathbb{R}^n \to \mathbb{R}^n$ 是可逆线性变换, 在标准基下线性变换 φ 有矩阵表示 (a_{ij}), 即

$$\varphi(e_i) = \sum_{j=1}^n a_{ij} e_j.$$

记 $v_i = \varphi(e_i)$, 从以上讨论我们知道多面体之间有关系

$$\Delta(v_1, v_2, \cdots, v_n) = \varphi\big(\Delta(e_1, e_2, \cdots, e_n)\big).$$

它们的体积有关系

$$\sigma(v_1, v_2, \cdots, v_n) = |\det(a_{ij})| \sigma(e_1, e_2, \cdots, e_n).$$

性质 18.27 设 D 是 $\mathbb{R}^n$ 的一个可测集, φ 是 $\mathbb{R}^n$ 的可逆线性变换, 则 $\varphi(D)$ 是可测集且
$$\sigma(\varphi(D)) = |\det \varphi| \sigma(D).$$

这里 $\sigma(D)$ 表示 D 的体积.

证明 由上述讨论可得, 对于 $\mathbb{R}^n$ 的任意 $(n$ 维$)$ 区间 I:
$$I = [a_1, b_1] \times [a_2, b_2] \times \cdots \times [a_n, b_n],$$

$\sigma(\varphi(I)) = |\det \varphi| \sigma(I)$ 成立.

由于 D 是可测集, 由引理 18.5 可知, 存在 $\mathbb{R}^n$ 的一列分割 $\{\pi_n\}$ 满足
$$\lim_{n \to \infty} \sigma^+_{\pi_n}(D) = \lim_{n \to \infty} \sigma^-_{\pi_n}(D) = \sigma(D).$$

设 I 是分割 π_n 的一个区间, 因为 $I \subset D$ 等价于 $\varphi(I) \subset \varphi(D)$, $I \cap D \neq \varnothing$ 等价于 $\varphi(I) \cap \varphi(D) \neq \varnothing$, 我们有
$$\sigma^-_{\pi_n}(D) = \sum_{I \subset D} \sigma(I) = \sum_{\varphi(I) \subset \varphi(D)} |\det \varphi|^{-1} \sigma(\varphi(I))$$
$$\leqslant |\det \varphi|^{-1} \sigma^-(\varphi(D)),$$

同理,
$$\sigma^+_{\pi_n}(D) = \sum_{I \cap D \neq \varnothing} \sigma(I) = \sum_{\varphi(I) \cap \varphi(D) \neq \varnothing} |\det \varphi|^{-1} \sigma(\varphi(I))$$
$$\geqslant |\det \varphi|^{-1} \sigma^+(\varphi(D)).$$

令 $n \to \infty$, 就得到
$$\sigma^+(\varphi(D)) \leqslant |\det \varphi| \sigma^+(D) = |\det \varphi| \sigma^-(D) \leqslant \sigma^-(\varphi(D)),$$

所以结论成立. □

18.4.2 换元公式

为讨论积分换元公式, 我们首先分析在 C^1 映射下, 可测集像集的可测性. 记号 $I_\delta(\bar{u})$ 表示 $\mathbb{R}^n$ 中以点 $\bar{u}$ 为中心、边长为 δ 的立方体, 它的体积为 δ^n. 利用范数 $\|\cdot\|_\infty$, $I_\delta(\bar{u})$ 可以表示为
$$I_\delta(\bar{u}) = \left\{ u \in \mathbb{R}^n \;\middle|\; \|u - \bar{u}\|_\infty \leqslant \frac{\delta}{2} \right\}.$$

引理 18.28 设 U 是 $\mathbb{R}^n$ 的开集，$\varphi: U \to \mathbb{R}^n$ 是 C^1 映射，且 $\sup \|\mathrm{d}\varphi\| < +\infty$.

$1°$ 若 $E \subset U$ 是有界集合，则 $\varphi(E)$ 也是有界集合，且存在一个只依赖于维数 n 和 $\sup \|\mathrm{d}\varphi\|$ 的常数 C，使得
$$\sigma^+(\varphi(E)) \leqslant C\sigma^+(E).$$

$2°$ 设 $D \subset U$ 是可测集，$D^\circ \neq \varnothing$，且 $\det(\mathrm{d}\varphi)$ 在 D 上处处非零，则 $\varphi(D)$ 是可测集.

证明 取 $\mathbb{R}^n$ 的一个分割
$$\pi = \{I_j(u_j)\},$$
其中每个与 E 有交的 $I_j(u_j)$ 是以 u_j 为中心，δ_j 为边长的立方体. 则对任意 $E \subset U$,
$$\varphi(E) \subset \bigcup_{I_j \cap E \neq \varnothing} \varphi(I_j).$$
当 E 有界时，只有有限个立方体与 E 有交，上式以及下面的估计说明，$\varphi(E)$ 也是有界集合.

对每个 I_j，应用拟微分中值定理，有
$$|\varphi(u) - \varphi(u_j)| < \sup \|\mathrm{d}\varphi\| |u - u_j| \leqslant \sup \|\mathrm{d}\varphi\| \sqrt{n}\delta_j,$$
所以 $\varphi(I_j)$ 包含在以 $\varphi(u_j)$ 为球心，$\sup \|\mathrm{d}\varphi\| \sqrt{n}\delta_j$ 为半径的球体中，它的外体积
$$\sigma^+(\varphi(I_j)) \leqslant C\delta_j^n.$$
这里 C 是只与 n 和 $\sup \|\mathrm{d}\varphi\|$ 有关的常数. 对 j 求和，就得到
$$\sigma^+(\varphi(E)) \leqslant C \sum_{I_j \cap E \neq \varnothing} \delta_j^n = C\,\sigma_\pi^+(E).$$
由分割 π 的任意性有
$$\sigma^+(\varphi(E)) \leqslant C\,\sigma^+(E).$$
这就证明了结论 $1°$.

为证明结论 $2°$，只需证明 $\partial\varphi(D) \subset \varphi(\partial D)$，那么由结论 $1°$，
$$\sigma^+(\partial\varphi(D) \leqslant \sigma^+(\varphi(\partial D)) \leqslant C\sigma^+(\partial D) = 0,$$
这说明 $\partial\varphi(D)$ 是零测集，所以 $\varphi(D)$ 是可测集.

任取 $y \in \partial\varphi(D)$，那么存在点列 $\{x_n\} \subset D$ 使得 $\varphi(x_n) \to y$. 由于 D 有界，点列 $\{x_n\}$ 有界，不妨设 x_n 收敛于 $x \in \bar{D} = D^\circ \cup \partial D$. 由连续性得到 $y = \varphi(x)$. 由于

φ 限制在 D° 上是开映射, 那么它将 D 的内部映成 $\varphi(D)$ 的内部 (推论 17.15), 从而 x 不属于 D 的内部, 否则 y 就会属于 $\varphi(D)$ 的内部. 因此我们有 $x \in \partial D$, 所以 $y = \varphi(x) \in \varphi(\partial D)$. □

在上一小节, 我们已经证明线性变换的行列式的绝对值是在变换之下体积的放大系数. 微分的基本原理告诉我们, C^1 映射 $\varphi : U' \to \mathbb{R}^n$ (U' 是 $\mathbb{R}^n$ 的开集) 在一点 $u \in U'$ 附近可以用微分来作一阶近似, 因此 Jacobi 行列式的绝对值 $J(u) = |\det(\mathrm{d}\varphi(u))|$ 给出 $x = \varphi(u)$ 附近的体积的放大系数的近似.

以下我们假设 U' 是 $\mathbb{R}^n$ 的有界区域, $\varphi : U' \to U$ 是参数变换. 固定一点 $\bar{u}$, 利用 φ 的可微性知

$$\varphi(u) = \varphi(\bar{u}) + \mathrm{d}\varphi(\bar{u})(u - \bar{u}) + o(|u - \bar{u}|),$$

从而仿射变换

$$\varphi_1(u) = \varphi(\bar{u}) + \mathrm{d}\varphi(\bar{u})(u - \bar{u})$$

满足 $\sigma(\varphi_1(I)) = J(\bar{u})\sigma(I)$, 这里 I 是 n 维区间. 当 I 越来越小时, 近似 $\sigma(\varphi(I)) \approx \sigma(\varphi_1(I))$ 的精度会越来越好. 因此我们期望, 若 φ 是参数变换, 则 $U = \varphi(U')$ 的体积恰好是 $J(u)$ 在 U' 上的积分. 更进一步, 我们将证明:

定理 18.29 设 $\varphi : U' \to U$ 是参数变换, 并且 φ 可以延拓为 U' 闭包上的 C^1 映射. 设 U' 是可测集, 则 $U = \varphi(U')$ 也是可测集, 对于 U 上的任意可积函数 f, 有积分换元公式

$$\int_U f(x)\mathrm{d}x = \int_{U'} f \circ \varphi(u) J(u) \mathrm{d}u.$$

这里条件 "φ 可以延拓为 U' 闭包上的 C^1 映射" 是指: 存在开集 $\widetilde{U} \supset \overline{U'}$ 和 C^1 映射 $\tilde{\varphi} : \widetilde{U} \to \mathbb{R}^n$ 使得 $\tilde{\varphi}(x) = \varphi(x)$, $\forall x \in \overline{U'}$; $\mathrm{d}x = \mathrm{d}x_1 \mathrm{d}x_2 \cdots \mathrm{d}x_n$, $\mathrm{d}u = \mathrm{d}u_1 \mathrm{d}u_2 \cdots \mathrm{d}u_n$.

为方便叙述, 在此引进一个记号. 定义集合 $D \subset \mathbb{R}^n$ 的 δ 邻域 D_δ 为集合

$$D_\delta = \{y \in \mathbb{R}^n \mid \text{存在} x \in D \text{ 使得} |x - y| \leqslant \delta\}.$$

证明 根据定理条件和引理 18.28, $U = \varphi(U')$ 是可测集. 首先我们证明, 在 U' 的任意可测紧致子集 D' 上积分换元公式成立, 然后用 D' 逼近 U' 来证明定理.

在后面的引理 18.30 中, 我们将证明如下结论: 设 D' 是 U' 的一个紧致子集, 对充分小的 $\varepsilon > 0$, 存在 $\delta > 0$, 若立方体 $I_\delta(\bar{u})$ 的中心 $\bar{u} \in D'$, 则

$$\left| \sigma(\varphi(I_\delta(\bar{u}))) - J(\bar{u})\sigma(I_\delta(\bar{u})) \right| \leqslant c_n J(\bar{u}) \sigma(I_\delta(\bar{u})) \varepsilon,$$

这里 c_n 是一个只与维数 n 有关的常数.

设 D' 是 U' 的一个可测紧致子集，取一个 D' 的 δ_0 邻域 D'_{δ_0} 包含于 U'. 对充分小的 $\varepsilon > 0$，存在 $\delta > 0$ ($\delta < \delta_0/n$) 使得上述结论在 D'_{δ_0} 中成立. 设 π 是 $\mathbb{R}^n$ 的一个分割，将分割中与紧致集合 D' 有交的矩形区间全体记为 $\pi' = \{I_j \mid j = 1, 2, \cdots, k\}$，其中每个 I_j 是以点 $\bar{u}_j$ 为中心、边长为 δ 的立方体. 根据 δ 的取法，I_j 与 D' 有交时它的中心 $\bar{u}_j \in D'_{\delta_0}$.

设 f 是定义在 $D = \varphi(D')$ 上的可积函数，将 f 作零延拓得到 $\mathbb{R}^n$ 上的函数，仍然记为 f，则 $(f \circ \varphi) J$ 是定义在 D' 上的可积函数. 先设 $f \geqslant 0$，对每个立方体 $I_j \in \pi'$，应用引理 18.30 的结论，就有

$$(1 - c_n \varepsilon) J(\bar{u}_j) \sigma(I_j) \leqslant \sigma(\varphi(I_j)) \leqslant (1 + c_n \varepsilon) J(\bar{u}_j) \sigma(I_j), \quad 1 \leqslant j \leqslant k.$$

上式两边乘上 $f(\bar{x}_j) = f \circ \varphi(\bar{u}_j)$ 并求和，就有

$$(1 - c_n \varepsilon) \sum_j J(\bar{u}_j) f \circ \varphi(\bar{u}_j) \sigma(I_j) \leqslant \sum_j \sigma(\varphi(I_j)) f(\bar{x}_j)$$
$$\leqslant (1 + c_n \varepsilon) \sum_j J(\bar{u}_j) f \circ \varphi(\bar{u}_j) \sigma(I_j).$$

当 $\delta \to 0$ 时，因为

$$\sum_j f \circ \varphi(\bar{u}_j) J(\bar{u}_j) \sigma(I_j) \to \int_{D'} f \circ \varphi(u) J(u) \, \mathrm{d}u,$$

$$\sum_j f(\bar{x}_j) \sigma(\varphi(I_j)) \to \int_D f(x) \mathrm{d}x,$$

所以至此我们已经证明，对于非负函数和可测紧致子集，定理结论成立.

对一般的可积函数 f，令

$$f^+ = (f + |f|)/2, \ f^- = (-f + |f|)/2,$$

则 f^+, f^- 是非负可积函数，且 $f = f^+ - f^-$. 积分的可加性就推出，积分换元公式在可测紧致子集上成立.

最后，我们证明结论在 U' 上成立. 对任意 $\varepsilon > 0$，取紧致可测集 $D' \subset U'$ 满足

$$\sigma(U' \setminus D') < \varepsilon,$$

这样的 D' 可以采取如下方式得到：取分割 π，使得

$$\sigma_\pi^+(U') - \sigma_\pi^-(U') < \varepsilon,$$

D' 可以取为包含在 U' 中的区间之并.

对可积函数 f, 我们有
$$\int_{\varphi(D')} f(x)\mathrm{d}x = \int_{D'} f\circ\varphi(u) J(u)\mathrm{d}u,$$
所以
$$\int_U f(x)\mathrm{d}x - \int_{U'} f\circ\varphi(u) J(u)\mathrm{d}u = \int_{U\setminus\varphi(D')} f(x)\mathrm{d}x - \int_{U'\setminus D'} f\circ\varphi(u) J(u)\mathrm{d}u.$$

引理 18.28 可推出
$$\left|\int_{U'\setminus D'} f\circ\varphi(u) J(u)\mathrm{d}u\right| \leqslant \sup|f|\cdot\sup J\cdot\sigma(U'\setminus D')$$
$$\leqslant \sup|f|\cdot\sup J\cdot\varepsilon,$$
$$\left|\int_{U\setminus\varphi(D')} f(x)\mathrm{d}x\right| \leqslant \sup|f|\,\sigma(\varphi(U'\setminus D')) \leqslant \sup|f|\cdot C\cdot\varepsilon.$$

综合以上分析, 定理成立. $\square$

定理 18.29 的证明中还有一个结论待证, 这就是如下引理, 它的证明有赖于一些精细的分析. 我们将使用范数 $\|\cdot\|_\infty$, 它与 Euclid 范数 $|\cdot|$ 有如下关系:
$$\|x\|_\infty \leqslant |x| \leqslant \sqrt{n}\|x\|_\infty.$$

引理 18.30 设 $\varphi: U' \to U$ 是参数变换. 对 $\bar{u}\in U'$, 定义
$$\varphi_1(u) = \varphi(\bar{u}) + \mathrm{d}\varphi(\bar{u})(u-\bar{u}).$$
设 D' 是 U' 的紧致子集, $\forall\varepsilon>0$, $\exists\delta>0$, 对任意 $\bar{u}\in D'$,

$1°$ 立方体 $I_\delta(\bar{u})\subset U'$, 且 $\forall u \in I_\delta(\bar{u})$,
$$\left\|\left(\mathrm{d}\varphi(\bar{u})\right)^{-1}\left(\varphi(u)-\varphi_1(u)\right)\right\|_\infty < \varepsilon\|u-\bar{u}\|_\infty.$$

$2°$ 当 ε 充分小时, 存在只与维数 n 有关的常数 c_n 使得下述不等式成立:
$$\left|\sigma(\varphi(I_\delta(\bar{u}))) - J(\bar{u})\sigma(I_\delta(\bar{u}))\right| \leqslant c_n J(\bar{u})\sigma(I_\delta(\bar{u}))\varepsilon.$$

证明 依引理条件, U' 是开集, D' 是它的紧致子集, 所以存在一个 $\delta_1 > 0$, D' 的 δ_1 邻域 $D'_{\delta_1} \subset U'$. 常数
$$M = \sup_{u\in D'_{\delta_1}} \left\|\left(\mathrm{d}\varphi(u)\right)^{-1}\right\| < +\infty,$$

映射 $\mathrm{d}\varphi$ 在紧集 D'_{δ_1} 上一致连续. 并且, $\bar{u} \in D'$ 时, 立方体 $I_{\delta_1/n}(\bar{u}) \subset D'_{\delta_1}$.

由 $\mathrm{d}\varphi$ 的一致连续性, 任给 $\varepsilon > 0$, 存在 $\delta > 0 (\delta < \delta_1/n)$, 当 $u, \bar{u} \in D'_{\delta_1}$, $|u - \bar{u}| < \delta$ 时,

$$\|\mathrm{d}\varphi(u) - \mathrm{d}\varphi(\bar{u})\| < \frac{\varepsilon}{M\sqrt{n}}.$$

固定 $\bar{u} \in D'$, 令

$$\varPhi(u) = \left(\mathrm{d}\varphi(\bar{u})\right)^{-1} \left(\varphi(u) - \varphi_1(u)\right).$$

若 $u \in I_\delta(\bar{u})$, 由拟微分中值定理 17.10, 存在 u 与 $\bar{u}$ 连线上的一点 ξ 满足

$$|\varPhi(u)| = |\varPhi(u) - \varPhi(\bar{u})| \leqslant \|\mathrm{d}\varPhi(\xi)\||u - \bar{u}|,$$

注意到 $|\xi - \bar{u}| \leqslant |u - \bar{u}| < \delta$, 因此

$$\begin{aligned}\|\mathrm{d}\varPhi(\xi)\| &= \left\|\left(\mathrm{d}\varphi(\bar{u})\right)^{-1} \left(\mathrm{d}\varphi(\xi) - \mathrm{d}\varphi(\bar{u})\right)\right\| \\ &\leqslant \left\|\left(\mathrm{d}\varphi(\bar{u})\right)^{-1}\right\| \|\mathrm{d}\varphi(\xi) - \mathrm{d}\varphi(\bar{u})\| < \frac{\varepsilon}{\sqrt{n}},\end{aligned}$$

所以

$$\begin{aligned}\left\|\left(\mathrm{d}\varphi(\bar{u})\right)^{-1} \left(\varphi(u) - \varphi_1(u)\right)\right\|_\infty &= \|\varPhi(u)\|_\infty \leqslant |\varPhi(u)| \\ &< \frac{\varepsilon}{\sqrt{n}}|u - \bar{u}| \leqslant \varepsilon\|u - \bar{u}\|_\infty.\end{aligned}$$

这就证明了结论 1°.

为证明结论 2°, 需要分析立方体 $I_\delta(\bar{u})$ 在映射 $\psi = \left(\mathrm{d}\varphi(\bar{u})\right)^{-1} \circ \varphi$ 下的像. 首先我们有等式

$$\begin{aligned}\psi(u) - \psi(\bar{u}) &= \left(\mathrm{d}\varphi(\bar{u})\right)^{-1} \left(\varphi(u) - \varphi(\bar{u})\right) \\ &= \left(\mathrm{d}\varphi(\bar{u})\right)^{-1} \left(\varphi(u) - \varphi_1(u)\right) + (u - \bar{u}),\end{aligned}$$

结合结论 1°, 可以得到如下两个估计式:

$$\begin{aligned}\|\psi(u) - \psi(\bar{u})\|_\infty &\leqslant \left\|\left(\mathrm{d}\varphi(\bar{u})\right)^{-1} \left(\varphi(u) - \varphi_1(u)\right)\right\|_\infty + \|u - \bar{u}\|_\infty \\ &\leqslant (1 + \varepsilon)\|u - \bar{u}\|_\infty,\end{aligned}$$

以及

$$\begin{aligned}\|\psi(u) - \psi(\bar{u})\|_\infty &\geqslant \|u - \bar{u}\|_\infty - \left\|\left(\mathrm{d}\varphi(\bar{u})\right)^{-1} \left(\varphi(u) - \varphi_1(u)\right)\right\|_\infty \\ &\geqslant (1 - \varepsilon)\|u - \bar{u}\|_\infty.\end{aligned}$$

从第一个估计式可以看出，当 $u \in I_\delta(\bar{u})$ 时，$\|u - \bar{u}\|_\infty \leqslant \delta/2$，这推出
$$\|\psi(u) - \psi(\bar{u})\| \leqslant (1+\varepsilon)\delta/2,$$
所以
$$\psi\big(I_\delta(\bar{u})\big) \subset I_{(1+\varepsilon)\delta}(\psi(\bar{u})).$$
下面证明第二个估计式可以推出
$$\psi\big(I_\delta(\bar{u})\big) \supset I_{(1-\varepsilon)\delta}(\psi(\bar{u})).$$
这是因为 ψ 是 C^1 同胚，所以 $\psi(I_\delta(\bar{u}))$ 是一个弧连通紧致区域，并且 ψ 将 $I_\delta(\bar{u})$ 的内点映为 $\psi(I_\delta(\bar{u}))$ 的内点，$\psi(\partial I_\delta(\bar{u})) = \partial \psi(I_\delta(\bar{u}))$. 若 $u_0^* = \psi(u_0) \in \partial \psi(I_\delta(\bar{u}))$，则 $u_0 \in \partial(I_\delta(\bar{u}))$，因此
$$\|u_0^* - \psi(\bar{u})\| = \|\psi(u_0) - \psi(\bar{u})\| \geqslant (1-\varepsilon)\frac{\delta}{2},$$
这说明
$$\psi(I_\delta(\bar{u})) \supset \left\{ u \in \mathbb{R}^n \,\bigg|\, \|u - \psi(\bar{u})\|_\infty \leqslant (1-\varepsilon)\frac{\delta}{2} \right\} = I_{(1-\varepsilon)\delta}(\psi(\bar{u})).$$
利用包含关系式
$$I_{(1-\varepsilon)\delta}(\psi(\bar{u})) \subset \psi\big(I_\delta(\bar{u})\big) \subset I_{(1+\varepsilon)\delta}(\psi(\bar{u}))$$
计算体积，可得
$$(1-\varepsilon)^n \sigma(I_\delta(\bar{u})) \leqslant \sigma\big(\psi(I_\delta(\bar{u}))\big) \leqslant (1+\varepsilon)^n \sigma(I_\delta(\bar{u})).$$
存在常数 c_n，当 $\varepsilon < 1$ 时
$$(1-\varepsilon)^n > 1 - c_n\varepsilon, \quad (1+\varepsilon)^n < 1 + c_n\varepsilon.$$
利用这一事实，并结合等式
$$\sigma\big(\psi(I_\delta(\bar{u}))\big) = \det\big(\mathrm{d}\varphi(\bar{u})\big)^{-1} \sigma\big(\varphi(I_\delta(\bar{u}))\big) = J^{-1}(\bar{u}) \sigma\big(\varphi(I_\delta(\bar{u}))\big),$$
最后我们得到
$$(1 - c_n\varepsilon) J(\bar{u}) \sigma(I_\delta(\bar{u})) \leqslant \sigma(\varphi(I_\delta(\bar{u}))) \leqslant (1 + c_n\varepsilon) J(\bar{u}) \sigma(I_\delta(\bar{u})). \qquad \square$$

利用 n 维球面坐标变换，我们重新计算在第二册 §10.4 中已经讨论过的 n 维球的体积问题，在那里我们采用的方法是累次积分. 为此，我们讨论下列更一般的结果.

例 18.4.1 设 f 为 $\mathbb{R}^n$ 上的可积函数, 利用 n 维极坐标 (例 17.3.3), 我们有如下的积分换元公式:

$$\int_{\mathbb{R}^n} f(x_1, x_2, \cdots, x_n) \mathrm{d}x_1 \mathrm{d}x_2 \cdots \mathrm{d}x_n$$
$$= \int_{E_n} f(r, \theta_1, \theta_2, \cdots, \theta_{n-1}) r^{n-1} \sin^{n-2}\theta_1 \cdots \sin\theta_{n-2} \mathrm{d}r \mathrm{d}\theta_1 \mathrm{d}\theta_2 \cdots \mathrm{d}\theta_{n-1}.$$

这里
$$E_n = \{(r, \theta_1, \theta_2, \cdots, \theta_{n-1})\}$$
其中
$$0 < r < \infty, \ 0 < \theta_1 < \pi, \ \cdots, \ 0 < \theta_{n-2} < \pi, \ -\pi < \theta_{n-1} < \pi.$$

若 f 是径向函数, 即 f 只依赖于
$$r = |x| = \sqrt{x_1^2 + x_2^2 + \cdots + x_n^2},$$
则通过化累次积分, 上述公式有一个简洁的表示:
$$\int_{\mathbb{R}^n} f(|x|) \mathrm{d}x_1 \mathrm{d}x_2 \cdots \mathrm{d}x_n = c_n \int_0^{+\infty} f(r) r^{n-1} \mathrm{d}r,$$

其中 c_n 是一个只与维数 n 有关的常数,
$$c_n = \int_0^\pi \sin^{n-2}\theta_1 \mathrm{d}\theta_1 \cdots \int_0^\pi \sin\theta_{n-2} \mathrm{d}\theta_{n-2} \int_{-\pi}^\pi \mathrm{d}\theta_{n-1}.$$

显然, 利用累次积分和下列已知结果:
$$\int_0^\pi \sin^n x \mathrm{d}x = 2 \int_0^{\frac{\pi}{2}} \sin^n x \mathrm{d}x = \begin{cases} 2\dfrac{(n-1)!!}{n!!}, & n \text{ 为奇数}, \\ \pi\dfrac{(n-1)!!}{n!!}, & n \text{ 为偶数}, \end{cases}$$

就可计算出 c_n 具体的值. 这里我们不打算采取这种烦琐计算, 而是借助积分
$$\int_{\mathbb{R}^n} \mathrm{e}^{-|x|^2} \mathrm{d}x_1 \mathrm{d}x_2 \cdots \mathrm{d}x_n.$$

虽然这是一个 n 重反常积分, 但是被积函数是正的, 因此完全仿照第二册关于函数 $\mathrm{e}^{-(x^2+y^2)}$ 在平面上的反常积分的处理, 取特殊的竭尽递增列可将积分化为下列累次积分:
$$\int_{\mathbb{R}^n} \mathrm{e}^{-|x|^2} \mathrm{d}x_1 \mathrm{d}x_2 \cdots \mathrm{d}x_n = \left(\int_{-\infty}^{+\infty} \mathrm{e}^{-t^2} \mathrm{d}t \right)^n = \pi^{n/2}.$$

这里我们用到了已知结果
$$\int_{-\infty}^{+\infty} \mathrm{e}^{-t^2}\,\mathrm{d}t = \sqrt{\pi}.$$

另一方面, 利用极坐标换元公式有
$$\int_{\mathbb{R}^n} \mathrm{e}^{-|x|^2}\,\mathrm{d}x_1\mathrm{d}x_2\cdots\mathrm{d}x_n = c_n \int_0^\infty \mathrm{e}^{-r^2} r^{n-1}\,\mathrm{d}r$$
$$= \frac{c_n}{2}\int_0^\infty t^{n/2-1}\mathrm{e}^{-t}\,\mathrm{d}t = \frac{c_n}{2}\Gamma\left(\frac{n}{2}\right).$$

于是我们得到
$$c_n = \frac{2\pi^{n/2}}{\Gamma\left(\dfrac{n}{2}\right)}.$$

具体地说,
$$c_{2n} = \frac{2\pi^n}{(n-1)!}, \quad c_{2n+1} = \frac{2^{n+1}\pi^n}{1\cdot 3\cdot 5\cdot\cdots\cdot(2n-1)}.$$

利用上述方法和结果, 我们可直接计算 n 维球
$$B_n(a) = \{(x_1, x_2, \cdots, x_n) \mid x_1^2 + x_2^2 + \cdots + x_n^2 \leqslant a^2\}$$

的体积和表面积, 这里 a 表示球的半径.

具体来说, 通过极坐标换元, n 维球体的体积为
$$\sigma(B_n(a)) = \int_{B_n(a)} \mathrm{d}x_1\mathrm{d}x_2\cdots\mathrm{d}x_n = c_n\int_0^a r^{n-1}\mathrm{d}r = \frac{c_n a^n}{n} = \frac{\pi^{n/2}}{\Gamma\left(\dfrac{n}{2}+1\right)}a^n.$$

为了计算 $n-1$ 维球面
$$S_n(a) = \partial B_n(a) = \{(x_1, x_2, \cdots, x_n) \mid x_1^2 + x_2^2 + \cdots + x_n^2 = a^2\}$$

的面积, 分别考虑球面的 "上" 半球和 "下" 半球
$$x_n = \pm\sqrt{a^2 - (x_1^2 + x_2^2 + \cdots + x_{n-1}^2)},\ (x_1, x_2, \cdots, x_{n-1}) \in B_{n-1}(a).$$

类似三维空间中二维曲面 $S: z=z(x,y), (x,y)\in D$ 面积计算公式 (见第二册 11.2.1 小节)
$$\sigma(S) = \iint_D \sqrt{1+\left(\frac{\partial z}{\partial x}\right)^2 + \left(\frac{\partial z}{\partial y}\right)^2}\,\mathrm{d}x\mathrm{d}y,$$

并根据对称性, $S_n(a)$ 的面积定义为

$$\sigma(S_n(a)) = 2\int_{B_{n-1}(a)} \sqrt{1+\left(\frac{\partial x_n}{\partial x_1}\right)^2+\left(\frac{\partial x_n}{\partial x_2}\right)^2+\cdots+\left(\frac{\partial x_n}{\partial x_{n-1}}\right)^2}\,\mathrm{d}x_1\mathrm{d}x_2\cdots\mathrm{d}x_{n-1}$$

$$= 2a\int_{B_{n-1}(a)} \frac{1}{\sqrt{a^2-r^2}}\mathrm{d}x_1\mathrm{d}x_2\cdots\mathrm{d}x_{n-1}$$

这里 $r^2 = x_1^2 + x_2^2 + \cdots + x_{n-1}^2$, 因此, 通过换元, n 维球面的面积如下:

$$\sigma(S_n(a)) = 2a\int_{B_{n-1}(a)} \frac{1}{\sqrt{a^2-r^2}}\mathrm{d}x_1\mathrm{d}x_2\cdots\mathrm{d}x_{n-1}$$

$$= 2ac_{n-1}\int_0^a \frac{r^{n-2}}{\sqrt{a^2-r^2}}\mathrm{d}r$$

$$= 2a^{n-1}c_{n-1}\int_0^1 \frac{s^{n-2}}{\sqrt{1-s^2}}\mathrm{d}s$$

$$= a^{n-1}c_{n-1}\int_0^1 t^{\frac{n-3}{2}}(1-t)^{-\frac{1}{2}}\mathrm{d}t$$

$$= a^{n-1}c_{n-1}\mathrm{B}\left(\frac{n-1}{2},\frac{1}{2}\right).$$

借助 B 函数与 Γ 函数之间的关系, 我们得到 n 维球的表面积公式

$$\sigma(S_n(a)) = \frac{2\pi^{n/2}}{\Gamma\left(\dfrac{n}{2}\right)}a^{n-1}.$$

习题 18.4

1. 设 $\mathrm{GL}(n,\mathbb{R})$ 表示 $n\times n$ 可逆矩阵的全体, 可以把它看成 $\mathbb{R}^{n^2}$ 的开集. 设 $f:\mathbb{R}^{n^2}\to\mathbb{R}$ 是连续非负具有紧致支集的函数. 证明: 对于任意 $y\in\mathrm{GL}(n,\mathbb{R})$,

$$\int_{\mathrm{GL}(n,\mathbb{R})} f(xy)|\det x|^{-n}\,\mathrm{d}x = \int_{\mathrm{GL}(n,\mathbb{R})} f(x)|\det x|^{-n}\,\mathrm{d}x$$

成立. 又问如果把 xy 换成 yx, 结论是否成立?

提示: 考虑矩阵的转置.

2. 如下定义 $\mathbb{R}^{2n+1}$ 上的乘法: $(x,y,t)\circ(x',y',t') = (x+x',\,y+y',\,t+t'+\langle x,y'\rangle-\langle x',y\rangle)$, $x,y\in\mathbb{R}^n,\,t\in\mathbb{R}$. 设 f 为 $\mathbb{R}^{2n+1}$ 上的具有紧致支集的连续函数, 证明: 对于任意的 $(x',y',t')\in\mathbb{R}^{2n+1}$,

$$\int_{\mathbb{R}^{2n+1}} f\big((x,y,t)\circ(x',y',t')\big)\,\mathrm{d}x\mathrm{d}y\mathrm{d}t = \int_{\mathbb{R}^{2n+1}} f(x,y,t)\mathrm{d}x\mathrm{d}y\mathrm{d}t$$

成立.

3. 设 f 为 $\mathbb{R}^n$ 上的具有紧致支集的连续函数.

   (1) 对任意 $t > 0$, $tx = (tx_1, tx_2, \cdots, tx_n)$, 证明:
   $$\int_{\mathbb{R}^n} f(tx)\mathrm{d}x = t^{-n}\int_{\mathbb{R}^n} f(x)\mathrm{d}x;$$

   (2) 再设 f 在原点的一个邻域内恒为零, 证明:
   $$\int_{\mathbb{R}^n} \frac{f(tx)}{|x|^n}\mathrm{d}x = \int_{\mathbb{R}^n} \frac{f(x)}{|x|^n}\mathrm{d}x,$$
   $$\int_{\mathbb{R}^n} \frac{f(x/|x|^2)}{|x|^n}\mathrm{d}x = \int_{\mathbb{R}^n} \frac{f(x)}{|x|^n}\mathrm{d}x.$$

郑重声明

高等教育出版社依法对本书享有专有出版权。任何未经许可的复制、销售行为均违反《中华人民共和国著作权法》，其行为人将承担相应的民事责任和行政责任；构成犯罪的，将被依法追究刑事责任。为了维护市场秩序，保护读者的合法权益，避免读者误用盗版书造成不良后果，我社将配合行政执法部门和司法机关对违法犯罪的单位和个人进行严厉打击。社会各界人士如发现上述侵权行为，希望及时举报，本社将奖励举报有功人员。

反盗版举报电话　（010）58581999　58582371　58582488
反盗版举报传真　（010）82086060
反盗版举报邮箱　dd@hep.com.cn
通信地址　北京市西城区德外大街4号
　　　　　高等教育出版社法律事务与版权管理部
邮政编码　100120